高等学校规划教材

大学数学基础教程

姜凤利　丁平 / 等 编著

化学工业出版社

·北京·

内 容 提 要

全书分为初等数学和高等数学两篇，共十二章，每章均包括内容结构、知识要点、精选例题解析、强化练习四部分内容．每章所选的题目难易层次分明，目的明确，内容覆盖全面，便于读者根据实际需要情况选择使用．书末附高等数学自测题、模拟题及参考答案、强化练习参考答案，供读者练习提高．

本书可作为普通高等教育、职业教育的数学课程教材，也可供成人教育自考本科、专科学生参考．

图书在版编目（CIP）数据

大学数学基础教程/姜凤利等编著．—北京：化学工业出版社，2020.10（2024.7 重印）
高等学校规划教材
ISBN 978-7-122-37483-7

Ⅰ.①大… Ⅱ.①姜… Ⅲ.①高等数学-高等学校-教材
Ⅳ.①O13

中国版本图书馆 CIP 数据核字（2020）第 142368 号

责任编辑：唐旭华　郝英华　　　　　文字编辑：林　丹　师明远
责任校对：宋　玮　　　　　　　　　装帧设计：史利平

出版发行：化学工业出版社（北京市东城区青年湖南街 13 号　邮政编码 100011）
印　　装：北京盛通数码印刷有限公司
710mm×1000mm　1/16　印张 13½　字数 272 千字　2024 年 7 月北京第 1 版第 4 次印刷

购书咨询：010-64518888　　　　　售后服务：010-64518899
网　　址：http://www.cip.com.cn
凡购买本书，如有缺损质量问题，本社销售中心负责调换。

定　　价：37.00 元

前　言

　　随着全国高等教育水平快速、高质量地发展，为适应普通高等学校教学的需要，我们以教育部制定的数学学科课程标准为依据，遵循"为本而预，为预而补，预补结合"的原则，按照现代素质教育的教学理念，结合学生数学学科的普遍水平，通过与一线教师充分地沟通与讨论，在总结多年教学经验的基础上，特编写此书，其目的是提高学生数学理论知识以适应教学发展需求。

　　本书面向普通高等教育、职业教育和成人教育等人才培养的需要，充分考虑学生数学基础实际情况，针对不同阶段的教学特点，分别将初等数学和高等数学诸多问题进行合理归类，注重加强学生对基本概念、基本内容、基本运算的掌握，增强学生对数学基本技能的训练。通过对典型例题的解析和方法归纳，帮助读者构建数学学习思维，增强解决数学问题的能力。本书力求真正贴近学生的需要，注重学习能力的培养，突出实用性和可操作性，内容深入浅出，框架一目了然，知识目标精确，例题纵横贯通，训练层次分明。

　　全书分为两篇，第一篇为初等数学，共六章；第二篇为高等数学，共六章。各章均由内容结构、知识要点、精选例题解析以及强化练习四部分组成。书中将每章的知识点进行详细梳理，对解题方法进行系统归纳。另外书末编入了高等数学自测题以及模拟题，并附有各章强化练习题、自测题和模拟题的参考答案和提示，帮助学生进行自我检验。本书内容简明扼要，例题解析精准，强化练习难易适中，使学生能够充分掌握该学科的知识要点，为全面提高学生的数学素养，继续深造打下坚实的基础。

　　本书由辽宁石油化工大学的姜凤利、丁平、赵晓颖、祝丹梅、范传强、高东日、张英宣、曹义编写，全书由姜凤利统稿。

　　本书在编写过程中得到了辽宁石油化工大学民族教育学院和理学院广大教师的支持和帮助，在此表示衷心的感谢！

　　由于编者水平有限，书中不足之处在所难免，期待专家、同行和广大读者批评指正，以待进一步提高和完善。

编者

2020 年 6 月

目 录

第一篇　初等数学

第二篇　高等数学

第一篇　初等数学

 第一章　预备知识

本章基本要求

　　简单介绍中学数学中的一些基本运算，理解集合、实数集、复数集、待定系数法、反证法、数学归纳法以及二项式定理等基本理论知识，其目的是为学习后续内容打下夯实基础．整式运算作为代数中最常见和最基本的运算，是其他代数式运算的基础，应用极其广泛．

一、内容结构

$$
\left\{
\begin{array}{l}
\text{集合}\left\{
\begin{array}{l}
\text{集合的概念}\\
\text{集合的并与交}\\
\text{集合的运算规律}
\end{array}\right.\\
\\
\text{反证法}\left\{
\begin{array}{l}
\text{命题}\\
\text{反证法的步骤}
\end{array}\right.\\
\\
\text{数学归纳法}\left\{
\begin{array}{l}
\text{数学归纳法的步骤}\\
\text{数学归纳法的分类}
\end{array}\right.\\
\\
\text{二项式定理}\left\{
\begin{array}{l}
\text{二项式定理}\\
\text{二项展开式的性质}
\end{array}\right.
\end{array}\right.
$$

二、知识要点

（一）集合

1. 定义

一般地，把一些能够确定的不同的对象看成一个整体，就说这个整体是由这些对象的全体构成的集合（或集），通常用大写字母 A，B，C，…表示．构成集合的每个对象叫做这个集合的元素（或成员），通常用小写字母 a，b，c，…表示．如果 a 是集合 A 的元素，称 a 属于 A，记为 $a \in A$，否则记为 $a \notin A$．

常用的数集如下．

① 非负整数全体构成的集合，叫做**自然数集**，记为 $\mathbf{N}$；

② 在自然数集内排除 0 的集合，叫做**正整数集**，记为 $\mathbf{N}_+$ 或 $\mathbf{N}^*$；

③ 整数全体构成的集合，叫做**整数集**，记为 $\mathbf{Z}$；

④ 有理数全体构成的集合，叫做**有理数集**，记为 $\mathbf{Q}$；

⑤ 实数全体构成的集合，叫做**实数集**，记为 $\mathbf{R}$．

2. 集合的元素三大特征

(1) 元素的确定性；

(2) 元素的无序性；

(3) 元素的互异性．

3. 集合的表示法

(1) 列举法；

(2) 描述法．

4. 集合的运算

子集：A 为 B 的子集，记为 $A \subseteq B$（或 $B \supseteq A$）．

真子集：A 为 B 的真子集，记为 $A \subset B$（或 $B \supset A$）．

集合的并：$A \cup B = \{x \mid x \in A \text{ 或 } x \in B\}$．

集合的交：$A \cap B = \{x \mid x \in A \text{ 且 } x \in B\}$．

集合的补：$C_I A = \{x \mid x \in I \text{ 且 } x \notin A\}$，其中 I 为全集．

集合的差集：$A - B = \{x \mid x \in A \text{ 且 } x \notin B\}$．

5. 集合的运算规律

等幂律：$A * A = A$

交换律：$A * B = B * A$

结合律：$A * (B * C) = (A * B) * C$

分配律：$A \cup (B \cap C) = (A \cup B) \cap (A \cup C)$

$\qquad\quad A \cap (B \cup C) = (A \cap B) \cup (A \cap C)$

德·摩根律：$C_I(A \cup B) = (C_I A) \cap (C_I B)$

$\qquad\qquad\quad C_I(A \cap B) = (C_I A) \cup (C_I B)$

注：$*$ 表示运算 $\cup$ 或 $\cap$.

（二）反证法

1. 命题的定义

可以判断正确或错误的句子叫做命题.

2. 命题的分类

原命题、逆命题、否命题、逆否命题.

若 p 为原命题条件，q 为原命题结论，则：

$$\begin{cases} \text{原命题：若 } p \text{ 则 } q \\ \text{逆命题：若 } q \text{ 则 } p \\ \text{否命题：若 } \overline{p} \text{ 则 } \overline{q} \\ \text{逆否命题：若 } \overline{q} \text{ 则 } \overline{p} \end{cases}$$

3. 反证法的步骤

（1）假设命题的结论不成立，即假设结论的反面成立.

（2）从假设出发，经过推理，得出矛盾.

（3）由矛盾可推出原假设不正确，从而肯定命题的结论正确.

（三）数学归纳法

1. 归纳法定义

由有限多个个别的特殊事例得出一般结论的推理方法称为归纳法，归纳法分为不完全归纳法和完全归纳法.

2. 数学归纳法的步骤

（1）验证命题在 $n = 1$（或 n_0）时成立.

（2）假设在 $n = k$ 时命题成立，证明 $n = k + 1$ 时命题也成立.

（3）由递推实现归纳，断定命题的正确性.

（四）二项式定理

1. 二项式定理

$$(a+b)^n = C_n^0 a^n + C_n^1 a^{n-1} b + C_n^2 a^{n-2} b^2 + \cdots + C_n^n b^n \ (n \in \mathbf{N}_+)$$

式中，$C_n^r \ (r=0,1,2,\cdots,n)$ 为二项式系数；$C_n^r a^{n-r} b^r$ 为二项展开式的通项.

2. 二项展开式的性质

性质 1.1 对称性：与首末两端"等距离"的两个二项式系数相等（$C_n^m = C_n^{n-m}$），直线 $r = \dfrac{n}{2}$ 是图像的对称轴.

性质 1.2 （增减性与最大值）$f(r) = C_n^r$ 先增后减，当 n 是偶数时，中间项 $C_n^{\frac{n}{2}}$ 取得最大值；当 n 是奇数时，中间两项 $C_n^{\frac{n-1}{2}}$，$C_n^{\frac{n+1}{2}}$ 取得最大值.

性质 1.3 各二项式系数的和，即 $C_n^0 + C_n^1 + C_n^2 + \cdots + C_n^n = 2^n$.

性质 1.4 $(a+b)^n$ 的展开式中，奇数项的二项式系数的和等于偶数项的二项式系数的和，即 $C_n^0 + C_n^2 + C_n^4 + \cdots = C_n^1 + C_n^3 + C_n^5 + \cdots = 2^{n-1}$.

三、精选例题解析

例 1 用符号 $\in$ 或 $\notin$ 填空.

(1) -3 _____ $\mathbf{N}$；(2) 3.14 _____ $\mathbf{Q}$；(3) $\dfrac{1}{3}$ _____ $\mathbf{Z}$；(4) 0 _____ ϕ；

(5) $\sqrt{3}$ _____ $\mathbf{Q}$；(6) $\dfrac{1}{2}$ _____ $\mathbf{R}$；(7) 1 _____ $\mathbf{N}_+$；(8) π _____ $\mathbf{R}$.

解：(1) $\notin$；(2) $\in$；(3) $\notin$；(4) $\notin$；(5) $\notin$；(6) $\in$；(7) $\in$；(8) $\in$.

例 2 判定下列集合 A 与 B 的关系：

(1) $A = \{x \mid x$ 是 12 的约数$\}$，$B = \{x \mid x$ 是 36 的约数$\}$；

(2) $A = \{x \mid x > 3\}$，$B = \{x \mid x > 5\}$；

(3) $A = \{x \mid x$ 是矩形$\}$，$B = \{x \mid x$ 是有一个角为直角的平行四边形$\}$.

解：(1) 因为 x 是 12 的约数 $\Rightarrow x$ 是 36 的约数，所以 $A \subseteq B$；

(2) 因为 $x > 5 \Rightarrow x > 3$，所以 $B \subseteq A$；

(3) 因为 x 是矩形 $\Leftrightarrow x$ 是有一个角为直角的平行四边形，所以 $A = B$.

例 3 已知 $A = \{(x,y) \mid 4x + y = 6\}$，$B = \{(x,y) \mid 3x + 2y = 7\}$，求 $A \bigcap B$.

分析：集合 A 与 B 的元素是有序实数对 (x, y)，A 与 B 的交集即为方程组的解集.

解：$A \bigcap B = \{(x,y)|4x+y=6\} \bigcap \{(x,y)|3x+2y=7\}$.

$$= \left\{(x,y) \left| \begin{matrix} 4x+y=6 \\ 3x+2y=7 \end{matrix} \right. \right\} = \{(1,2)\}.$$

例 4 已知 $A = \{x|x^2-16=0\}$，$B = \{x|x^2-x-12=0\}$，求 $A \bigcup B$.

解： $A = \{x|x^2-16=0\} = \{-4,4\}$，$B = \{x|x^2-x-12=0\} = \{-3,4\}$，

∴ $A \bigcup B = \{-4,-3,4\}$.

例 5 设全集 $I = \{a,b,c,d,e,f\}$，$S = \{e,f\}$，求 $C_I S$ 的子集个数.

解： 因为 $C_I S = \{a,b,c,d\}$，所以 $C_I S$ 的所有子集个数为 $2^4 = 16$，

$C_I S$ 的所有真子集个数为 $2^4 - 1 = 15$.

例 6 已知 $a \geq b > 0$，n 为正整数，且 $n \geq 2$，证明：$\sqrt[n]{a} \geq \sqrt[n]{b}$.

证明： 假设 $\sqrt[n]{a} \geq \sqrt[n]{b}$ 不成立，则有

$$\sqrt[n]{a} < \sqrt[n]{b} \Rightarrow (\sqrt[n]{a})^n < (\sqrt[n]{b})^n \Rightarrow a < b$$

与已知条件矛盾，所以原不等式成立.

例 7 已知 $a+b+c>0$，$abc>0$，$ab+bc+ca>0$，证明 $a>0$，$b>0$，$c>0$.

证明： （1）当 $a<0$ 时，因为 $abc>0$，所以 $bc<0$.

因为 $a+b+c>0$，所以 $b+c>-a>0$，$a(b+c)<0$，从而

$ab+bc+ca = a(b+c)+bc < 0$，与已知条件矛盾.

（2）当 $a=0$ 时，因为 $abc=0$，与已知条件矛盾.

综上，"$a>0$" 不成立的假设是错误的，因此 $a>0$；同理可证 $b>0$，$c>0$.

例 8 用数学归纳法证明：

$$1^2+2^2+3^2+\cdots+n^2 = \frac{n(n+1)(2n+1)}{6}$$

证明： （1）当 $n=1$ 时，左边＝右边＝1，等式成立.

（2）假设 $n=k$ 时，等式成立，即

$$1^2+2^2+3^2+\cdots+k^2 = \frac{k(k+1)(2k+1)}{6}$$

于是

$$1^2+2^2+3^2+\cdots+k^2+(k+1)^2$$

$$= \frac{k(k+1)(2k+1)}{6}+(k+1)^2 = \frac{k(k+1)(2k+1)+6(k+1)^2}{6}$$

$$= \frac{(k+1)(2k^2+7k+6)}{6} = \frac{(k+1)(k+2)(2k+3)}{6}$$

$$= \frac{(k+1)[(k+1)+1][2(k+1)+1]}{6}.$$

因此，当 $n=k+1$ 时，等式也成立，根据（1）和（2），由数学归纳法知命题对于一切正整数 n 都成立.

例 9 用数学归纳法证明：对于任意正整数 n，$a^n - b^n$ 能被 $a - b$ 整除.

证明 （1）当 $n = 1$ 时，结论成立.

（2）假设 $n = k$，k 为正整数时，$a^k - b^k$ 能被 $a - b$ 整除. 那么当 $n = k + 1$ 时：

$$a^{k+1} - b^{k+1} = a^{k+1} - a^k b + a^k b - b^{k+1}$$
$$= a^k (a - b) + b(a^k - b^k)$$

因为 $a - b$ 和 $a^k - b^k$ 都能被 $a - b$ 整除，所以上式的和也能被 $a - b$ 整除. 因此，当 $n = k + 1$ 时，结论也成立，根据（1）和（2），由数学归纳法知命题对于一切正整数 n 都成立.

例 10 展开 $\left(2\sqrt{x} - \dfrac{1}{\sqrt{x}} \right)^6$.

解： $\left(2\sqrt{x} - \dfrac{1}{\sqrt{x}} \right)^6 = \left(\dfrac{2x - 1}{\sqrt{x}} \right)^6 = \dfrac{(2x-1)^6}{x^3} = \dfrac{1}{x^3}[2x + (-1)]^6$

$$= \dfrac{1}{x^3}\left[(2x)^6 - C_6^1 (2x)^5 + C_6^2 (2x)^4 - \right.$$
$$\left. C_6^3 (2x)^3 + C_6^4 (2x)^2 - C_6^5 (2x) + C_6^6 \right]$$
$$= \dfrac{1}{x^3}(64x^6 - 192x^5 + 240x^4 - 160x^3 + 60x^2 - 12x + 1)$$
$$= 64x^3 - 192x^2 + 240x - 160 + \dfrac{60}{x} - \dfrac{12}{x^2} + \dfrac{1}{x^3}$$

例 11 求 $\left(x - \dfrac{1}{x} \right)^9$ 展开式中含 x^3 的项，并说明它是展开式的第几项.

解： $\left(x - \dfrac{1}{x} \right)^9$ 展开式的通项为

$$T_{r+1} = C_9^r x^{9-r} \left(-\dfrac{1}{x} \right)^r = (-1)^r C_9^r x^{9-2r}$$

依题意，有

$$9 - 2r = 3, \quad r = 3$$

所以，展开式中含 x^3 的项为

$$T_{3+1} = (-1)^3 C_9^3 x^3 = -84 x^3$$

它是展开式的第 4 项.

例 12 求 $(1 + 2x)^7$ 的展开式的第 4 项的二项式系数和系数.

分析： 展开式中的二项式系数和该项的系数是两个不同的概念.

解： $(1 + 2x)^7$ 的展开式的第 4 项是

$$T_4 = T_{3+1} = C_7^3 \times 1^4 \times (2x)^3 = C_7^3 \times 2^3 \times x^3$$

所以展开式的第 4 项的二项式系数为 $C_7^3 = 35$，展开式的第 4 项的系数为 $C_7^3 \times 2^3 = 280$.

四、强化练习

（一）选择题

1. 设 $S=\{x\,|\,x^2-5x+6=0\}$，$a=2$，则下列关系正确的是（　　）.

A. $a\subseteq S$　　　　B. $a\notin S$　　　　C. $\{a\}\in S$　　　　D. $\{a\}\subseteq S$

2. 设全集 $U=\{0,1,2,3,4,5\}$，$M=\{0,3,4\}$，$N=\{0,1,2,3\}$，则 $M\bigcap C_U N$ 是（　　）.

A. $\{1,2\}$　　　　B. $\{4\}$　　　　C. $\{0,1,3,5\}$　　　　D. $\{0,3\}$

3. 设集合 $M=\{x\,|\,-1\leqslant x\leqslant 10\}$，$N=\{x\,|\,x<1\ \text{或}\ x>7\}$，则 $M\bigcap N=$（　　）.

A. $\{x\,|\,7<x\leqslant 10\}$　　　　　　B. $\{x\,|\,-1\leqslant x<1\ \text{或}\ 7<x\leqslant 10\}$

C. $\{x\,|\,-1\leqslant x<1\}$　　　　　　D. $\{x\,|\,1<x\leqslant 10\}$

4. 在直角坐标平面内，由第二象限内的点组成的集合是（　　）.

A. $\{(x,y)\,|\,x<0,y>0\}$　　　　　　B. $\{(x,y)\,|\,x\leqslant 0,y\geqslant 0\}$

C. $\{(x,y)\,|\,x<0,y\geqslant 0\}$　　　　　　D. $\{(x,y)\,|\,x\leqslant 0,y<0\}$

5. 设全集 $U=\{x\,|\,x=k,k\in\mathbf{Z}\}$，$M=\{x\,|\,x=2k,k\in\mathbf{Z}\}$，$N=\{x\,|\,x=2k+1,k\in\mathbf{Z}\}$，则（　　）.

A. $M\supseteq N$　　　B. $M\bigcup N\subseteq U$　　　C. $M\subseteq N$　　　D. $M=C_U N$

6. 设集合 $S=\{(x,y)\,|\,xy>0\}$，$T=\{(x,y)\,|\,x>0\ \text{且}\ y>0\}$，则（　　）.

A. $S\bigcup T=S$　　　B. $S\bigcup T=T$　　　C. $S\bigcap T=S$　　　D. $S\bigcap T=\phi$

7. 满足条件 $M\bigcup\{1\}=\{1,2,3\}$ 的集合 M 的个数是（　　）.

A. 1　　　　B. 2　　　　C. 3　　　　D. 4

8. 设 x，y，z 都是正实数，$a=x+\dfrac{1}{y}$，$b=y+\dfrac{1}{z}$，$c=z+\dfrac{1}{x}$，则 a，b，c 三个数（　　）.

A. 至少有一个不大于 2　　　　B. 都小于 2

C. 至少有一个不小于 2　　　　D. 都大于 2

9. 否定"自然数 a,b,c 中恰有一个偶数"时的正确反设为（　　）.

A. a,b,c 都是奇数　　　　　　B. a,b,c 或都是奇数或至少有两个偶数

C. a,b,c 都是偶数　　　　　　D. a,b,c 中至少有两个偶数

10. 用数学归纳法证明 $1+a+a^2+\cdots+a^{n+1}=\dfrac{1-a^{n+1}}{1-a}$（$n\in\mathbf{N}^*$，$a\neq 1$），在验证 $n=1$ 成立时，左边所得的项为（　　）.

A. 1　　　　B. $1+a$　　　　C. $1+a+a^2$　　　　D. $1+a+a^2+a^3$

11. 用数学归纳法证明 $1-\dfrac{1}{2}+\dfrac{1}{3}-\dfrac{1}{4}+\cdots+\dfrac{1}{2n-1}-\dfrac{1}{2n}=\dfrac{1}{n+1}+\dfrac{1}{n+2}+\cdots+$

$\dfrac{1}{2n}$（$n\in \mathbf{N}^*$），则从 k 到 $k+1$ 时，左边所要添加的项为（　　）.

A. $\dfrac{1}{2k+1}$　　　　B. $\dfrac{1}{2k+2}-\dfrac{1}{2k+4}$　C. $-\dfrac{1}{2k+1}$　　　D. $\dfrac{1}{2k+1}-\dfrac{1}{2k+2}$

12. 在 $\left(\sqrt{x}+\dfrac{1}{\sqrt[3]{x}}\right)^{30}$ 的展开式中，x 的幂指数是整数的共有（　　）.

A. 4 项　　　　　B. 5 项　　　　　C. 6 项　　　　　D. 7 项

13. $(x-\sqrt{2}\,y)^8$ 的展开式中 x^6y^2 项的系数为（　　）.

A. 56　　　　　B. -56　　　　　C. 28　　　　　D. -28

14. 已知 $(1+x)^{10}=a_0+a_1(1-x)+a_2(1-x)^2+\cdots+a_{10}(1-x)^{10}$，则 a_8 等于（　　）.

A. -5　　　　　B. 5　　　　　C. 90　　　　　D. 180

15. 若 $(1-2x)^7=a_0+a_1x+a_2x^2+\cdots+a_7x^7$，则 $a_0+a_1+a_2+\cdots+a_7=$（　　）.

A. -1　　　　　B. -2　　　　　C. 0　　　　　D. 2

（二）填空题

1. 设集合 $A=\{1,2\}$，$B=\{2,3\}$，$C=\{1,3\}$，则 $A\bigcap(B\cup C)=$ _____.

2. 若 $A=\{x\,|\,2x+a=0\}$，$B=\{x\,|\,1<x<4$ 且 $x\in N\}$，且 $A\bigcap B$ 为非空集合，则 $a=$ _____.

3. 若 $A=\{y\,|\,y=x^2\}$，$B=\{y\,|\,y=1-x^2\}$，则 $A\bigcap B=$ _____.

4. 设全集 $U=\{2,3,a^2+2a-3\}$，$A=\{2,b\}$，$C_UA=\{5\}$，则 $a=$ _____，$b=$ _____.

5. 用反证法证明命题"若 $a^2+b^2=0$，则 a,b 全为 0（a,b 为实数）"，其反设为 _____.

6. "任何三角形的外角都至少有两个钝角"的否定应是 _____.

7. 用数学归纳法证明"当 $n\in \mathbf{N}^*$ 时，$1+2+2^2+2^3+\cdots+2^{5n-1}$ 是 31 的倍数"时，$n=1$ 时的原式为 _____，从 k 到 $k+1$ 时需添加的项为 _____.

8. 若 $\left(x^2+\dfrac{1}{x^3}\right)^5$ 展开式中的常数项为 _____.

9. 设 $(1-x)^8=a_0+a_1x+\cdots+a_7x^7+a_8x^8$，则 $|a_1|+|a_2|+\cdots+|a_7|+|a_8|=$ _____.

10. 若 $(a+x)^4$ 的展开式中 x^3 的系数等于 8，则实数 $a=$ _____.

（三）计算题

1. 已知集合 $A=\{x\,|\,x^2+2x-8=0\}$，$B=\{x\,|\,x^2-5x+6=0\}$，$C=\{x\,|\,x^2-$

$mx+m^2-19=0\}$，若 $B\cap C\neq\phi$，$A\cap C=\phi$，求数 m 的值.

2. 已知集合 $A=\{-1,1\}$，$B=\{x\mid x^2-2ax+b=0\}$，若 $B\neq\phi$，且 $A\cup B=A$，求数 a，b 的值.

3. 设集合 $A=\{a^2+2a-3,2,3\}$，$B=\{2,\mid a+3\mid\}$，已知 $5\in A$ 且 $5\notin B$，求数 a 的值.

4. 已知：$a+b+c>0$，$ab+bc+ca>0$，$abc>0$，求证：$a>0$，$b>0$，$c>0$.

5. 若 $n\in\mathbf{N}^*$，且 $n\geqslant2$，求证：$\dfrac{1}{n+1}+\dfrac{1}{n+2}+\cdots+\dfrac{1}{2n}>\dfrac{13}{24}$.

6. 数列 $\{a_n\}$ 满足 $S_n=2n-a_n$，$n\in\mathbf{N}^*$，先计算前 4 项后，猜想 a_n 的表达式，并用数学归纳法证明.

7. 证明：$51^{51}-1$ 能被 7 整除.

8. 在二项式 $\left(\sqrt[4]{\dfrac{1}{x}}+\sqrt[3]{x^2}\right)^n$ 的展开式中倒数第 3 项的系数为 45，求含有 x^3 的项的系数.

9. 已知 $\left(\sqrt{x}+\dfrac{1}{2\sqrt[4]{x}}\right)^n$ 的展开式中前 3 项的系数成等差数列，求展开式中含 x 的项的系数.

10. 已知函数 $f(x)=(1+x)^m+(1+2x)^n$（$m,n\in\mathbf{N}$）的展开式中 x 的系数为 11，求 x^2 的系数的最小值.

第二章 方程与不等式

本章基本要求

　　理解一元二次方程、分式方程和无理方程、二元二次方程组的相关概念，通过典型方程逐步探求这些方程的解法，并引导学生学习建立、观察归纳方程的方法，从中体会方程的模型思想；同时掌握一元一次不等式、一元二次不等式和绝对值不等式的重要定理、性质和解法，用于解答实际问题和相关证明.

一、内容结构

一元二次方程
- 一元二次方程的形式
- 一元二次方程的根的判别式
- 一元二次方程的根的求解

分式方程
- 分式方程的形式
- 分式方程的根的求解

无理方程
- 无理方程的形式
- 无理方程的根的求解

二元二次方程组
- 二元二次方程组的形式
- 二元二次方程组的求解

不等式
- 不等式的性质
- 一元一次不等式的求解
- 一元二次不等式的求解

二、知识要点

（一）一元二次方程

1. 一元二次方程概念

定义：含有一个未知数，并且未知数的最高次数为 2 的方程就叫做一元二次方程.

一般形式：$ax^2 + bx + c = 0$（$a \neq 0$）

2. 一元二次方程解法

（1）因式分解法；

（2）配方法；

（3）公式法：求根公式 $x = \dfrac{-b \pm \sqrt{b^2 - 4ac}}{2a}$.

3. 根的判别式

$\Delta = b^2 - 4ac$ 叫做一元二次方程 $ax^2 + bx + c = 0$（$a \neq 0$）的根的判别式.

（1）当 $\Delta > 0$ 时，方程有两个不相等的实数根；

（2）当 $\Delta < 0$ 时，方程有两个相等的实数根；

（3）当 $\Delta = 0$ 时，方程没有实数根.

4. 根与系数的关系

如果 x_1，x_2 是方程 $ax^2 + bx + c = 0(a \neq 0)$ 的两个根，则有：$x_1 + x_2 = -\dfrac{b}{a}$，$x_1 x_2 = \dfrac{c}{a}$；反之，若 $x_1 + x_2 = p$，$x_1 x_2 = q$，则以 x_1，x_2 为根的一元二次方程为 $x^2 - px + q = 0$.

（二）分式方程

1. 定义

只含有分式或整式，且分母里含有未知数的方程叫做分式方程.

2. 分式方程的解法

（1）去分母法.

① 去分母，化分式方程为整式方程；

② 解整式方程；

③ 验根，把整式方程的根中不适合分式方程的舍去.

（2）换元法.

（三）无理方程

1. 定义

含有根式，并且根式的被开方数含有未知数的方程叫做无理方程.

2. 无理方程的解法

（1）乘方法：用乘方的方法，设法去掉根号，将无理方程化为整式方程求解；

（2）取值范围法：根据根式的取值范围，判定无理方程的解；

（3）作除法：利用两根式之差（或和）求得二者之和（或差），然后求出根式之值，进而求解；

（4）换元法：引入辅助未知量，解关于辅助未知量的方程，进而求解；

（5）配方法：将方程两端配方成完全平方式，再开方进而求解.

（四）二元二次方程组

1. 定义

含有两个未知数，并且含有未知数的项的最高次数是 2 的整式方程叫做二元二次方程.

一般形式：$ax^2 + bxy + cy^2 + dx + ey + f = 0 (a, b, c$ 不全为 0)

2. 第一型二元二次方程组

（1）方程组：$\begin{cases} mx + ny + p = 0 \\ ax^2 + bxy + cy^2 + dx + ey + f = 0 \end{cases}$

（2）求解方法：

① 将其中的一次方程代入二次方程，将之化为一元方程求解一个未知数的值；

② 将求出的一个未知数的值代入一次方程，求解另一个未知数的值；

③ 写出方程组的解.

3. 第二型二元二次方程组

（1）方程组：$\begin{cases} a_1 x^2 + b_1 xy + c_1 y^2 + d_1 x + e_1 y + f_1 = 0 \\ a_2 x^2 + b_2 xy + c_2 y^2 + d_2 x + e_2 y + f_2 = 0 \end{cases}$

（2）求解方法：

　　① 将两个二次方程化为一个一次方程和一个二次方程，将一次方程代入二次方程，将之化为一元方程求解一个未知数的值；

　　② 将求出的一个未知数的值代入一次方程，求解另一个未知数的值；

　　③ 写出方程组的解.

（五）不等式

1. 定义

利用符号"$\geqslant,>,\leqslant,<$"中的一个把两个算式连接起来的式子叫做不等式.

2. 不等式的性质

① 如果 $a>b$，那么 $b<a$；如果 $a<b$，那么 $b>a$.

② 如果 $a>b,b>c$，那么 $a>c$.

③ 如果 $a>b$，那么 $a+c>b+c$.

④ 如果 $a>b,c>0$，那么 $ac>bc$；如果 $a>b,c<0$，那么 $ac<bc$.

⑤ 如果 $a>b,c>d$，那么 $a+c>b+d$.

⑥ 如果 $a>b>0,c>d>0$，那么 $ac>bd$.

⑦ 如果 $a>b,ab>0$，那么 $\dfrac{1}{a}<\dfrac{1}{b}$.

⑧ 如果 $a>b>0$，那么 $a^n>b^n(n\in\mathbf{N},n>1)$.

⑨ 如果 $a>b>0$，那么 $\sqrt[n]{a}>\sqrt[n]{b}(n\in\mathbf{N},n>1)$.

⑩ $|a+b|\leqslant|a|+|b|(a,b\in\mathbf{R}$，且当 a,b 同号时取等号$)$.

3. 基本不等式

（1）如果 $a\in\mathbf{R}$，那么 $a^2\geqslant0$（当且仅当 $a=0$ 时等号成立）；

（2）如果 $a,b\in\mathbf{R}$，那么 $a^2+b^2\geqslant2ab$（当且仅当 $a=b$ 时等号成立）；

（3）如果 $a,b\in\mathbf{R}$，且 $a\geqslant0,b\geqslant0$，那么 $a+b\geqslant2\sqrt{ab}$（当且仅当 $a=b$ 时等号成立）；

（4）如果 $a>0$，那么 $a+\dfrac{1}{a}\geqslant2$（当且仅当 $a=1$ 时等号成立）.

4. 一元一次不等式

（1）定义：只含有一个未知数且未知数的次数是 1、系数不等于零的不等式叫做一元一次不等式.

（2）解的情况：

$$①\ ax+b>0 \Rightarrow \begin{cases} a>0, x>-\dfrac{b}{a} \\ a<0, x<-\dfrac{b}{a} \end{cases}$$

$$②\ ax+b<0 \Rightarrow \begin{cases} a>0, x<-\dfrac{b}{a} \\ a<0, x>-\dfrac{b}{a} \end{cases}$$

5. 一元二次不等式

（1）定义：只含有一个未知数且未知数的最高次数是 2 的不等式叫做一元一次不等式.

（2）解的情况：

① 因式分解法：利用因式分解将一元二次不等式化为两个一元一次不等式组求解；

② 图像法：利用一元二次不等式与相应的一元二次方程和二次函数的有关性质求解.

6. 绝对值不等式

（1）定义：含有绝对值符号，并且绝对值符号内含有未知数的不等式叫做绝对值不等式.

（2）解的情况：

① $|x|<a(a>0) \Rightarrow$ 解集为 $\{x|-a<x<a\}$.

② $|x|>a(a>0) \Rightarrow$ 解集为 $\{x|x>a$ 或 $x<-a\}$.

注意：当 $a \leqslant 0$ 时，$|x|<a$ 无解，$|x|>a$ 的解为全体实数.

三、精选例题解析

例 1 设方程 $x^2+bx+3=0$ 的两个根为 x_1，x_2，且 $|x_1-x_2|=2$，求 b 的值.

解：$\because x_1+x_2=-b, x_1 x_2=3$

$\therefore |x_1-x_2|=\sqrt{(x_1+x_2)^2-4x_1 x_2}=\sqrt{b^2-12}$

$\because |x_1-x_2|=2$

$\therefore \sqrt{b^2-12}=2$，解得 $b=\pm 4$.

例 2 已知 $x^2-4x+1=0$，求 $x-\dfrac{1}{x}$.

解：$\because x^2-4x+1=0$

$\therefore x \neq 0$

方程两边同除以 x，得 $x + \dfrac{1}{x} = 4$

$\because \left(x - \dfrac{1}{x} \right)^2 = \left(x + \dfrac{1}{x} \right)^2 - 4 = 12$

$\therefore x - \dfrac{1}{x} = \pm 2\sqrt{3}$.

例 3 解方程 $(2x+3)^2 = 4(2x+3)$.

解： $(2x+3)^2 - 4(2x+3) = 0$

$(2x+3)[(2x+3)-4] = 0$

$(2x+3) = 0$ 或 $2x+3-4 = 0$

解得 $x_1 = -\dfrac{3}{2}$，$x_2 = \dfrac{1}{2}$.

例 4 关于 x 的一元二次方程 $(m-1)x^2 - x - 2 = 0$，若 $x = -1$ 是方程的一个根，求 m 的值及另一个根.

解： 将 $x = -1$ 代入原方程得 $m - 1 + 1 - 2 = 0$，解得 $m = 2$.

当 $m = 2$ 时，原方程为 $x^2 - x - 2 = 0$，即 $(x+1)(x-2) = 0$，得 $x_1 = -1$，$x_2 = 2$，故得另一个根为 2.

例 5 设关于 x 的方程 $ax^2 + (a+2)x + 9a = 0$，有两个不相等的实数根 x_1，x_2，且 $x_1 < 1 < x_2$，求 a 的取值范围.

解： 由方程有两个不相等的实数根知，

$$\Delta = (a+2)^2 - 4a \times 9a = -35a^2 + 4a + 4 > 0$$

解得 $-\dfrac{2}{7} < a < \dfrac{2}{5}$

$\because x_1 + x_2 = -\dfrac{a+2}{a}$，$x_1 x_2 = 9$

又 $\because x_1 < 1 < x_2$

$\therefore x_1 - 1 < 0$，$x_2 - 1 > 0$

那么 $(x_1 - 1)(x_2 - 1) = x_1 x_2 - (x_1 + x_2) + 1 = 9 + \dfrac{a+2}{a} + 1 < 0$

解得 $-\dfrac{2}{11} < a < 0$.

例 6 解方程 $\dfrac{1}{x-2} = \dfrac{1-x}{2-x} - 3$.

解： 方程两端同乘 $(x-2)$，得 $1 = -(1-x) - 3(x-2)$，

解方程得 $x = 2$. 但此时 $x - 2 = 0$，原方程的分母为 0，无意义，所以方程无解.

例 7 解方程 $\dfrac{x}{x-2}-1=\dfrac{1}{x^2-4}$.

解： 由方程得 $x-2\neq0$ 且 $x^2-4\neq0$，得 $x\neq\pm2$，方程两端同乘 $(x-2)(x+2)$，得 $x(x+2)-(x^2-4)=1$，化简得 $2x=-3$，解得 $x=-\dfrac{3}{2}$.

例 8 解方程 $\sqrt[3]{2+x}=1-\sqrt{x+1}$.

解： 设 $\sqrt[3]{2+x}=y$，则 $x=y^3-2$

原方程变为 $y=1-\sqrt{y^3-1}$，整理得 $y^3-1=(1-y)^2$

即 $(y-1)(y^2+2)=0$

解得 $y=1$，即得 $x=-1$.

例 9 解方程 $\sqrt{3x^2-2x+9}+\sqrt{3x^2-2x-4}=13$.

解： 由 $(\sqrt{3x^2-2x+9})^2-(\sqrt{3x^2-2x-4})^2=13$ 得

$$\sqrt{3x^2-2x+9}-\sqrt{3x^2-2x-4}=1$$

因此 $\sqrt{3x^2-2x+9}=7$，$\sqrt{3x^2-2x-4}=6$，得 $3x^2-2x-40=0$

解得 $x_1=-\dfrac{10}{3},x_2=4$.

例 10 解方程组 $\begin{cases}2x-y=1 & \cdots\cdots① \\ x^2-4y^2+x+3y=1 & \cdots\cdots②\end{cases}$.

解： 由①方程得，$y=2x-1$ $\qquad\cdots\cdots③$

代入②得 $15x^2-23x+8=0$，解方程得：$x_1=\dfrac{8}{15},x_2=1$，代入③得 $y_1=\dfrac{1}{15}$，$y_2=1$.

故原方程组的解为：$\begin{cases}x_1=\dfrac{8}{15} \\ y_1=\dfrac{1}{15}\end{cases}$，$\begin{cases}x_2=1 \\ y_2=1\end{cases}$.

例 11 解方程组 $\begin{cases}x+y+2xy=7 \\ x^2+4xy+y^2=13\end{cases}$.

解： 原方程组化为 $\begin{cases}x+y+2xy=7 \\ (x+y)^2+2xy=13\end{cases}$

令 $x+y=u,xy=v$，则方程组化为

$\begin{cases}u+2v=7 \\ u^2+2v=13\end{cases}$，解得 $\begin{cases}u_1=3 \\ v_1=2\end{cases}$，$\begin{cases}u_2=-2 \\ v_2=\dfrac{9}{2}\end{cases}$，即得

$$\begin{cases} x+y=3 \\ xy=2 \end{cases}, \begin{cases} x+y=-2 \\ xy=\dfrac{9}{2} \end{cases}. \quad \text{故得原方程组的解为} \begin{cases} x_1=1 \\ y_1=2 \end{cases}, \begin{cases} x_2=2 \\ y_2=1 \end{cases}.$$

例 12　解不等式 $\dfrac{3}{x-2} \leqslant 1-\dfrac{2}{x+2}$.

解： 原不等式等价于

$$\dfrac{3}{x-2} \leqslant \dfrac{x}{x+2} \Leftrightarrow \dfrac{3}{x-2}-\dfrac{x}{x+2} \leqslant 0$$

$$\Leftrightarrow \dfrac{3(x+2)-x(x-2)}{(x-2)(x+2)} \leqslant 0 \Leftrightarrow \dfrac{-x^2+5x+6}{(x-2)(x+2)} \leqslant 0$$

$$\Leftrightarrow \dfrac{(x-6)(x+1)}{(x-2)(x+2)} \geqslant 0 \Leftrightarrow \begin{cases} (x-6)(x+1)(x-2)(x+2) \geqslant 0 \\ (x+2)(x-2)>0 \end{cases}$$

或 $\begin{cases} (x-6)(x+1)(x-2)(x+2) \leqslant 0 \\ (x+2)(x-2)<0 \end{cases}$

由图像法得原不等式的解集为 $(-\infty,-2) \cup [-1,2) \cup [6,+\infty)$.

例 13　解不等式 $\dfrac{5-x}{x^2-2x-3}<-1$.

解： ① 当 $x^2-2x-3<0$，即 $x \in (-1,3)$ 时，原不等式化为

$5-x>-x^2+2x+3$，整理得 $x^2-3x+2>0$，解得 $x<1$ 或 $x>2$，

故得解集为 $(-1,1) \cup (2,3)$；

② 当 $x^2-2x-3>0$，即 $x \in (-\infty,-1) \cup (3,+\infty)$ 时，原不等式化为

$5-x<-x^2+2x+3$，整理得 $x^2-3x+2<0$，解得 $x \in (1,2)$，

故得解集为 ϕ；

综合得原不等式的解集为 $(-1,1) \cup (2,3)$.

例 14　解不等式 $|x+1|-|x-1| \geqslant \dfrac{3}{2}$.

解： 令 $g(x)=|x+1|$，$h(x)=|x-1|+\dfrac{3}{2}$，

分别作出函数 $g(x)$ 和 $h(x)$ 的图像，易求二者的交点坐标为 $\left(\dfrac{3}{4},\dfrac{7}{4}\right)$，

故原不等式的解集为 $\left[\dfrac{3}{4},+\infty\right)$.

四、强化练习

(一) 选择题

1. 已知关于 y 的方程 $y^2+my-m=0$ 有两个不相等的实数根，则（　　）.

    A. $m < -4$ 或 $m > 0$ B. $m \geqslant 0$

    C. $-4 < m < 0$ D. $m > -4$

2. 已知 $n < -2$ 或 $n > 1$，那么方程 $2(n+1)x^2 + 4nx + 3n - 2 = 0$（   ）.

    A. 无实根   B. 有两个不相等的实根

    C. 有两个相等的实根   D. 有一正根，一负根

3. 若 c 为实数，且方程 $x^2 - 3x + c = 0$ 的一个根的相反数是方程 $x^2 + 3x - c = 0$ 的一个根，则 $x^2 - 3x + c = 0$ 的根是（   ）.

    A. $1, 2$ B. $-1, -2$ C. $0, 3$ D. $0, -3$

4. 已知关于 x 的一元二次方程 $mx^2 + nx + k = 0 (m \neq 0)$ 有两个实数根，则下列关于判别式的判断正确的是（   ）.

    A. $n^2 - 4mk < 0$ B. $n^2 - 4mk = 0$

    C. $n^2 - 4mk > 0$ D. $n^2 - 4mk \geqslant 0$

5. 方程 $\dfrac{x}{x+1} = \dfrac{1}{2}$ 的解是（   ）.

    A. $x = 1$ B. $x = -1$ C. $x = 2$ D. $x = -2$

6. 方程 $\dfrac{x-2}{x-1} + \dfrac{1}{1-x} = 0$ 的解是（   ）.

    A. $x = 2$ B. $x = 0$ C. $x = 1$ D. $x = 3$

7. 若方程 $\sqrt{x^2 + 2m^2} = x - 2m$ 有一个根是 $x = 1$，则实数 $m = $（   ）.

    A. 0 B. 1 C. 2 D. 3

8. 方程组 $\begin{cases} x^2 + 2y^2 = 6 \\ ax + y = 3 \end{cases}$ 只有一个实数解，求 a 的值为（   ）.

    A. 1 B. 2 C. ± 1 D. ± 2

9. 由方程组 $\begin{cases} x - y = 1 \\ (x-1)^2 + (y+1)^2 + 4 = 0 \end{cases}$ 消去 y 后得到的方程是（   ）.

    A. $2x^2 - 2x - 3 = 0$ B. $2x^2 - 2x + 5 = 0$

    C. $2x^2 + 2x + 1 = 0$ D. $2x^2 + 2x + 9 = 0$

10. 方程组 $\begin{cases} x + y = 0 \\ 2x^2 + x + y - 3 = 0 \end{cases}$ 解的情况（   ）.

    A. 有两组相同的实数解   B. 有两组不同的实数解

    C. 没有实数解   D. 不能确定

11. 方程组 $\begin{cases} y = x^2 \\ y = x + m \end{cases}$ 有两组不同的实数解，则（   ）.

    A. $m \geqslant -\dfrac{1}{4}$ B. $m > -\dfrac{1}{4}$

    C. $-\dfrac{1}{4} < m < \dfrac{1}{4}$ D. 以上答案都不对

12. 已知 $a \neq 1$，那么有（   ）.

A. $\dfrac{2a}{1+a^2} > 1$ B. $\dfrac{2a}{1+a^2} \geq 1$ C. $\dfrac{2a}{1+a^2} < 1$ D. $\dfrac{2a}{1+a^2} \leq 1$

13. 若 $(3m-4)x > 3m-4$ 的解集为 $x < 1$，则 m 满足的条件是（   ）.

A. $m > \dfrac{4}{3}$ B. $m < -\dfrac{4}{3}$ C. $m \geq \dfrac{4}{3}$ D. $m < \dfrac{4}{3}$

14. 不等式 $x^2 + mx + \dfrac{1}{4} \leq 0$ 的解集为空集，则（   ）.

A. $m < 1$ B. $m > -1$ 或 $m < 1$

C. $-1 < m < 1$ D. $m > 1$ 或 $m < -1$

15. 不等式组 $\begin{cases} |x-1| < 3 \\ a-2x > 0 \end{cases}$ 的解集为 $-2 < x < 4$，则 a 的取值范围是（   ）.

A. $a \leq -4$ B. $a \geq -4$ C. $a \geq 8$ D. $a \leq 8$

（二）填空题

1. 已知关于 x 的方程 $\dfrac{1}{4}x^2 - (a-2)x + a^2 = 0$ 有实根，则 a 的最大整数值是_____.

2. 两数之和为 2，两数之差的绝对值为 6，则以这两个数为根的方程是_____.

3. 已知 x_1，x_2 是方程 $x^2 - 2x + a^2 = 0$ 的两个根，且 $x_1^2 - x_2^2 = 2$，则 $a = $_____.

4. 当 $m = $_____时，关于 x 的分式方程 $\dfrac{2x+m}{x-3} = -1$ 无解.

5. 请选择一组 a，b 的值，写出一个关于 x 的形如 $\dfrac{a}{x-2} = b$ 的分式方程，使它的解是 $x = 0$，这样的分式方程可以是_____.

6. 若解分式方程 $\dfrac{2x}{x+1} - \dfrac{m+1}{x^2+x} = \dfrac{x+1}{x}$ 会产生增根，则 m 的值为_____.

7. 解无理方程 $2x - \sqrt{2x+1} = 5$，若设 $\sqrt{2x+1} = y$，则原方程转化为_____.

8. 方程组 $\begin{cases} x+y=a \\ xy=b \end{cases}$ 的两组解为 $\begin{cases} x_1=a_1 \\ y_1=b_1 \end{cases}$，$\begin{cases} x_2=a_2 \\ y_2=b_2 \end{cases}$，则 $a_1 a_2 - b_1 b_2 = $_____.

9. 不等式 $|x^2-4| > 3$ 的解集是_____.

10. 若方程 $ax^2+bx+c=0$ 中 $a<0$，$\Delta>0$，两根为 x_1，x_2，且 $x_1 < x_2$，则不等式 $ax^2+bx+c<0$ 的解集是_____.

（三）计算题

1. 解方程 $(a^2-b^2)x^2 - 4abx = a^2-b^2$.

2. 若方程 $3x^2-5x+k=0$ 的两个实根为 x_1,x_2，且 $6x_1+x_2=0$，求 k 的值.

3. 设 x_1,x_2 是方程 $2x^2-(m-1)x-3=0$ 的两个根，当 m 为何值时，$x_1^2+x_2^2$ 的值最小？并求出这个最小值.

4. 解方程 $\dfrac{2x}{2x-3}-\dfrac{1}{2x+3}=1$.

5. 解方程 $\dfrac{x-9}{x-7}+\dfrac{x}{x-2}=\dfrac{x+1}{x-1}+\dfrac{x-8}{x-6}$.

6. 解方程 $3x^2-6x-2\sqrt{x^2-2x+4}+4=0$.

7. 设方程组 $\begin{cases} x^2+y^2=16 \\ x-y=m \end{cases}$ 有实数解，求 m 的取值范围.

8. 解方程组 $\begin{cases} x^2+2xy+y^2=9 \\ (x-y)^2-3(x-y)+2=0 \end{cases}$.

9. 已知 $x>0,y>0$ 且 $\dfrac{1}{x}+\dfrac{9}{y}=1$，求使不等式 $x+y\geqslant m$ 恒成立的实数 m 的取值范围.

10. 解不等式 $|x^2-4|<x+2$.

第三章　初等函数及其应用

```
┌─────────────────────────────────────────────────────┐
│                   本章基本要求                        │
│                                                       │
│    掌握函数的定义、性质和表示方法，反函数的定义及性质，│
│几大类基本初等函数（幂函数、指数函数、对数函数、三角函数│
│和反三角函数）的定义、图像和性质，复合函数和初等函数的定│
│义．通过典型例题，对函数的定义、图像和性质加深理解，把握│
│细节，准确记忆，特别需要注意的是函数的定义域与值域以及特│
│殊函数的性质．                                         │
└─────────────────────────────────────────────────────┘
```

一、内容结构

$$
\left\{
\begin{array}{l}
函数
\left\{
\begin{array}{l}
函数的概念 \\
函数的性质 \\
反函数
\end{array}
\right. \\
\\
基本初等函数
\left\{
\begin{array}{l}
幂函数 \\
指数函数 \\
对数函数 \\
三角函数 \\
反三角函数
\end{array}
\right. \\
\\
复合函数与初等函数
\left\{
\begin{array}{l}
复合函数 \\
初等函数
\end{array}
\right.
\end{array}
\right.
$$

二、知识要点

（一）函数

1. 函数的基本概念

定义 1　设 A、B 是两个非空数集，若在集合 A 中任取一个值 x，根据某一确

21

定的对应法则 f，在集合 B 中都有唯一确定的值 $f(x)$ 与它对应，那么就称 f：$A\to B$ 为从集合 A 到集合 B 的函数，记作 $y=f(x)$，$x\in A$．其中 x 叫自变量，x 的取值范围 A 叫函数 $y=f(x)$ 的定义域；与 x 的值相对应的 y 的值叫函数值，函数值的全体组成的集合 C：$\{f(x)\,|\,x\in A\}$ $(C\subseteq B)$ 叫函数 $y=f(x)$ 的值域．

2. 函数的重要性质

（1）奇偶性：设函数 $f(x)$ 的定义域为 D，且关于原点对称．对 $\forall x\in D$，若有 $f(-x)=-f(x)$，则称函数 $f(x)$ 为奇函数；若有 $f(-x)=f(x)$，则称函数 $f(x)$ 为偶函数．若 $f(-x)=-f(x)$ 和 $f(-x)=f(x)$ 都不成立，则函数 $f(x)$ 为非奇非偶函数．

（2）单调性：设函数 $f(x)$ 的定义域为 D，对 $\forall x_1$，$x_2\in D$，当 $x_1<x_2$ 时，若有 $f(x_1)<f(x_2)$，则称函数 $f(x)$ 在定义域 D 上单调递增；若有 $f(x_1)>f(x_2)$，则称函数 $f(x)$ 在定义域 D 上单调递减．

（3）周期性：设函数 $f(x)$ 的定义域为 D，若存在正数 T，对 $\forall x\in D$ 有 $(x\pm T)\in D$，且 $f(x+T)=f(x)$ 恒成立，则称函数 $f(x)$ 为周期函数，T 为函数 $f(x)$ 的一个周期（通常周期函数的周期是指最小正周期）．

（4）有界性：设函数的定义域为 D，数集 $X\subset D$．若存在正数 M，使得对于 $\forall x\in X$，都有 $|f(x)|\leqslant M$，则称函数 $f(x)$ 在 X 内有界；若这样的 M 不存在，则称函数 $f(x)$ 在 X 内无界．

3. 反函数

定义 2　设函数的定义域为 D，值域为 C．若对 $\forall y\in C$ 都有唯一的 $x\in D$ 适应关系 $f(x)=y$，那么就把此 x 值作为确定的 y 值的对应值，从而得到一个定义在 C 上的新函数．这个新函数称为 $y=f(x)$ 的反函数，记作 $x=f^{-1}(y)$．

定理　（反函数存在定理）若函数 $y=f(x)$ 是在定义域 D 上的单调函数，则它必存在反函数，且反函数也是单调的．

性质 1　原函数的定义域是反函数的值域，原函数的值域是反函数的定义域．

性质 2　原函数的图像与它的反函数的图像关于直线 $y=x$ 对称．

性质 3　原函数若为奇函数，则其反函数也为奇函数，偶函数没有反函数．

（二）基本初等函数

1. 幂函数

定义 3　一般地，形如 $y=x^\mu$ $(\mu\in\mathbf{R})$ 的函数称为幂函数．

性质 1　所有的幂函数在 $(0,+\infty)$ 都有定义，并且图像都通过点 $(1,1)$．

性质 2　若 $\mu>0$，则幂函数的图像通过原点，并且在区间 $[0,+\infty)$ 上是单调递增.

性质 3　若 $\mu<0$，则幂函数在区间 $(0,+\infty)$ 上单调递减，在第一象限内，当 x 从右边趋于原点时，图像在 y 轴右方无限地逼近 y 轴，当 $x\rightarrow+\infty$ 时，图像在 x 轴上方无限地逼近 x 轴.

2. 指数函数

定义 4　一般地，形如 $y=a^{x}(a>0,a\neq1,x\in\mathbf{R})$ 的函数称为指数函数.

性质 1　指数函数的定义域为实数集 $\mathbf{R}$，值域为 $(0,+\infty)$.

性质 2　指数函数的图像必过点 $(0,1)$.

性质 3　当 $a>1$ 时，函数 $y=a^{x}$ 为增函数；当 $0<a<1$ 时，函数 $y=a^{x}$ 为减函数.

性质 4　函数 $y=a^{x}$ 与函数 $y=\left(\dfrac{1}{a}\right)^{x}$ 的图像关于 y 轴对称.

3. 对数函数

定义 5　形如 $y=\log_{a}x(a>0,a\neq1,x>0)$ 的函数称为对数函数.

性质 1　对数函数的值域为实数集 $\mathbf{R}$.

性质 2　在定义域内，当 $a>1$ 时，函数 $y=\log_{a}x$ 为增函数；当 $0<a<1$ 时，函数 $y=\log_{a}x$ 为减函数.

性质 3　对数函数的图像必过点 $(1,0)$.

4. 三角函数

定义 6　设 α 是任意角，α 的终边上任一点 $P(x,y)$，它与原点的距离为 $r=\sqrt{x^{2}+y^{2}}$，

则：

(1) $\dfrac{y}{r}$ 称为 α 的正弦，记作 $\sin\alpha$，即 $\sin\alpha=\dfrac{y}{r}$；

(2) $\dfrac{x}{r}$ 称为 α 的余弦，记作 $\cos\alpha$，即 $\cos\alpha=\dfrac{x}{r}$；

(3) $\dfrac{y}{x}$ 称为 α 的正切，记作 $\tan\alpha$，即 $\tan\alpha=\dfrac{y}{x}$；

(4) $\dfrac{x}{y}$ 称为 α 的余切，记作 $\cot\alpha$，即 $\cot\alpha=\dfrac{x}{y}$；

(5) $\dfrac{r}{x}$ 称为 α 的正割，记作 $\sec\alpha$，即 $\sec\alpha=\dfrac{r}{x}$；

(6) $\dfrac{r}{y}$ 称为 α 的余割，记作 $\csc\alpha$，即 $\csc\alpha=\dfrac{r}{y}$.

以上六种函数是以角 α 为自变量的函数，分别称为角 α 的正弦函数、余弦函数、正切函数、余切函数、正割函数和余割函数，如表 3-1 所示为这六种三角函数的定义域、值域、周期和奇偶性.

表 3-1

函数名称	函数记号	定义域	值域	周期	奇偶性
正弦	$y=\sin x$	$\mathbf{R}$	$[-1,1]$	2π	奇
余弦	$y=\cos x$	$\mathbf{R}$	$[-1,1]$	2π	偶
正切	$y=\tan x$	$x\neq\left(n+\dfrac{1}{2}\right)\pi, n\in\mathbf{Z}$	$\mathbf{R}$	π	奇
余切	$y=\cot x$	$x\neq n\pi, n\in\mathbf{Z}$	$\mathbf{R}$	π	奇
正割	$y=\sec x$	$x\neq\left(n+\dfrac{1}{2}\right)\pi, n\in\mathbf{Z}$	$(-\infty,-1],[1,+\infty)$	2π	偶
余割	$y=\csc x$	$x\neq n\pi, n\in\mathbf{Z}$	$(-\infty,-1],[1,+\infty)$	2π	奇

公式 1 同角三角函数间的关系式.

$\sin^2\alpha+\cos^2\alpha=1$；$1+\tan^2\alpha=\sec^2\alpha$；$1+\cot^2\alpha=\csc^2\alpha$；$\tan\alpha=\dfrac{\sin\alpha}{\cos\alpha}$；

$\cot\alpha=\dfrac{\cos\alpha}{\sin\alpha}$；$\sin\alpha\csc\alpha=1$；$\cos\alpha\sec\alpha=1$；$\tan\alpha\cot\alpha=1$.

公式 2 两角和与两角差的三角函数公式.

$\sin(\alpha+\beta)=\sin\alpha\cos\beta\pm\cos\alpha\sin\beta$；

$\cos(\alpha+\beta)=\cos\alpha\cos\beta\mp\sin\alpha\sin\beta$；

$\tan(\alpha+\beta)=\dfrac{\tan\alpha\pm\tan\beta}{1\mp\tan\alpha\tan\beta}$.

公式 3 二倍角公式.

$\sin2\alpha=2\sin\alpha\cos\alpha$；

$\cos2\alpha=\cos^2\alpha-\sin^2\alpha=1-2\sin^2\alpha=2\cos^2\alpha-1$；

$\tan2\alpha=\dfrac{2\tan\alpha}{1-\tan^2\alpha}$.

公式 4 和差与积的互化公式.

$\sin\alpha\cos\beta=\dfrac{1}{2}\big[\sin(\alpha+\beta)+\sin(\alpha-\beta)\big]$；

$\cos\alpha\sin\beta=\dfrac{1}{2}\big[\sin(\alpha+\beta)-\sin(\alpha-\beta)\big]$；

$\cos\alpha\cos\beta=\dfrac{1}{2}\big[\cos(\alpha+\beta)+\cos(\alpha-\beta)\big]$；

$\sin\alpha\sin\beta=-\dfrac{1}{2}\big[\cos(\alpha+\beta)-\cos(\alpha-\beta)\big]$；

$$\sin\alpha + \sin\beta = 2\sin\frac{\alpha+\beta}{2}\cos\frac{\alpha-\beta}{2};$$

$$\sin\alpha - \sin\beta = 2\cos\frac{\alpha+\beta}{2}\sin\frac{\alpha-\beta}{2};$$

$$\cos\alpha + \cos\beta = 2\cos\frac{\alpha+\beta}{2}\cos\frac{\alpha-\beta}{2};$$

$$\cos\alpha - \cos\beta = -2\sin\frac{\alpha+\beta}{2}\sin\frac{\alpha-\beta}{2}.$$

5. 反三角函数

定义 7 函数 $y = \sin x\left(x \in \left[-\frac{\pi}{2}, \frac{\pi}{2}\right]\right)$ 的反函数称为反正弦函数，记作

$$y = \arcsin x\,(x \in [-1,1]).$$

性质 1 函数 $y = \arcsin x$ 的定义域为 $[-1,1]$，值域为 $\left[-\frac{\pi}{2}, \frac{\pi}{2}\right]$.

性质 2 函数 $y = \arcsin x$ 在其定义域内为增函数.

性质 3 函数 $y = \arcsin x$ 在其定义域内为奇函数.

定义 8 函数 $y = \cos x\,(x \in [0,\pi])$ 的反函数称为反余弦函数，记作

$$y = \arccos x\,(x \in [-1,1]).$$

性质 1 函数 $y = \arccos x$ 的定义域为 $[-1,1]$，值域为 $[0,\pi]$.

性质 2 函数 $y = \arccos x$ 在其定义域内为减函数.

性质 3 函数 $y = \arccos x$ 在其定义域内为非奇非偶函数，且有 $\arccos(-x) = \pi - \arccos x$ 成立.

定义 9 函数 $y = \tan x\left(x \in \left(-\frac{\pi}{2}, \frac{\pi}{2}\right)\right)$ 的反函数称为反正切函数，记作

$$y = \arctan x\,(x \in (-\infty,+\infty)).$$

性质 1 函数 $y = \arctan x$ 的定义域为 $(-\infty,+\infty)$，值域为 $\left(-\frac{\pi}{2}, \frac{\pi}{2}\right)$.

性质 2 函数 $y = \arctan x$ 在其定义域上为增函数.

性质 3 函数 $y = \arctan x$ 在其定义域上为奇函数.

定义 10 函数 $y = \cot x\,(x \in (0,\pi))$ 的反函数称为反余切函数，记作

$$y = \operatorname{arccot} x\,(x \in (-\infty,+\infty)).$$

性质 1 函数 $y = \operatorname{arccot} x$ 的定义域为 $(-\infty,+\infty)$，值域为 $(0,\pi)$.

性质 2 函数 $y = \operatorname{arccot} x$ 在其定义域上为减函数.

性质 3 函数 $y = \operatorname{arccot} x$ 在其定义域内为非奇非偶函数，且有等式 $\operatorname{arccot}(-x) = \pi - \operatorname{arccot} x$ 成立.

公式 1 $\arcsin x + \arccos x = \dfrac{\pi}{2}, x \in [-1,1];$

公式 2 $\arctan x + \operatorname{arccot} x = \dfrac{\pi}{2}, x \in (-\infty, +\infty)$.

（三）复合函数与初等函数

1. 复合函数

定义 11 若函数 $y = f(u)$ 的定义域为 D_1，而函数 $u = g(x)$ 的值域为 D_2，且对于所有的 $D_2 \subset D_1$，那么对 $\forall x \in D_2$ 通过函数 $u = g(x)$ 和 $y = f(u)$ 有唯一确定的数值 y 与 x 对应，从而得到一个以 x 为自变量，y 为因变量的函数，称该函数为由 f 和 u 复合而成的复合函数，记作 $y = f[g(x)]$.

2. 初等函数

定义 12 由常数及基本初等函数经过有限次的四则运算及有限次的复合步骤所构成并且可以用一个式子表示的函数称为初等函数.

三、精选例题解析

例 1 设函数 $f(x) = \dfrac{1}{\ln(3-x)} + \sqrt{16 - x^2}$，求 $f(x)$ 的定义域.

解：要使得 $f(x)$ 有意义，必须满足 $\begin{cases} 16 - x^2 \geqslant 0 \\ 3 - x > 0 \\ \ln(3-x) \neq 0 \end{cases}$ 得 $\begin{cases} -4 \leqslant x \leqslant 4 \\ x < 3 \\ 3 - x \neq 1 \end{cases}$ ，故 $f(x)$ 的定义域为 $\{x \mid -4 \leqslant x < 2 \cup 2 < x < 3\}$.

例 2 求函数 $y = \dfrac{x^2}{x^2 + 1}$ 的值域.

解：由 $y = \dfrac{x^2}{x^2 + 1}$ 得 $x^2 = \dfrac{y}{1-y} \geqslant 0$，得 $0 \leqslant y < 1$，故函数 $f(x)$ 的值域为 $[0, 1)$.

例 3 已知函数 $f\left(x + \dfrac{1}{x}\right) = x^2 + \dfrac{1}{x^2} - 5$，求 $f(x)$.

分析：本题使用变量替换法求解.

解：令 $t = x + \dfrac{1}{x}$，则 $f(t) = x^2 + \dfrac{1}{x^2} - 5 = \left(x + \dfrac{1}{x}\right)^2 - 7 = t^2 - 7$，即所求函数为 $f(x) = x^2 - 7$.

例 4 判断函数 $f(x) = \dfrac{\sqrt{4 - x^2}}{|x + 3| - 3}$ 的奇偶性.

解：函数 $f(x)$ 的定义域满足 $\begin{cases} 4 - x^2 \geqslant 0 \\ |x + 3| - 3 \neq 0 \end{cases}$，即 $-2 \leqslant x \leqslant 2$ 且 $x \neq 0$，函数

$f(x)$ 的定义域关于原点对称，且 $f(x)=\dfrac{\sqrt{4-x^2}}{x+3-3}=\dfrac{\sqrt{4-x^2}}{x}$，

又 $f(-x)=\dfrac{\sqrt{4-(-x)^2}}{-x}=-\dfrac{\sqrt{4-x^2}}{x}=-f(x)$，故函数 $f(x)$ 为奇函数.

例 5 求函数 $y=\log_2(x^2+1)-5\ (x<0)$ 的反函数.

解：由 $y=\log_2(x^2+1)-5$ 得 $x^2=2^{y+5}-1$，又因为 $x<0$，得

$x=-\sqrt{2^{y+5}-1}$，所以反函数为 $y=-\sqrt{2^{x+5}-1}$.

例 6 设 $y_1=4^{0.9}$，$y_2=8^{0.48}$，$y_3=\left(\dfrac{1}{2}\right)^{-1.5}$，比较它们的大小.

解：$y_1=4^{0.9}=2^{1.8}$，$y_2=8^{0.48}=2^{1.44}$，$y_3=\left(\dfrac{1}{2}\right)^{-1.5}=2^{1.5}$，显然 $y_1>y_3>y_2$.

例 7 已知函数 $f(x)=\dfrac{a}{a^2-1}(a^x-a^{-x})\ (a>0,$ 且 $a\ne 1)$，

（1）判断函数 $f(x)$ 的奇偶性；　　　　　（2）讨论函数 $f(x)$ 的单调性.

解：（1）函数 $f(x)$ 的定义域为 **R**，关于原点对称，又 $f(-x)=\dfrac{a}{a^2-1}(a^{-x}-a^x)=-f(x)$，故函数 $f(x)$ 为奇函数.

（2）当 $a>1$ 时，$a^2-1>0$，$y=a^x$ 为增函数，$y=a^{-x}$ 为减函数，从而 $y=a^x-a^{-x}$ 为增函数，故函数 $f(x)$ 为增函数.

当 $0<a<1$ 时，$a^2-1<0$，$y=a^x$ 为减函数，$y=a^{-x}$ 为增函数，从而 $y=a^x-a^{-x}$ 为减函数，故函数 $f(x)$ 为增函数.

综上，当 $a>0$，且 $a\ne 1$ 时，函数 $f(x)$ 在定义域内单调递增.

例 8 已知 $\tan\alpha=2$，求 $\sin^2\alpha+3\sin\alpha\cos\alpha+4\cos^2\alpha$.

解：$\sin^2\alpha+3\sin\alpha\cos\alpha+4\cos^2\alpha=\dfrac{\sin^2\alpha+3\sin\alpha\cos\alpha+4\cos^2\alpha}{\sin^2\alpha+\cos^2\alpha}$

$$=\dfrac{\tan^2\alpha+3\tan\alpha+4}{\tan^2\alpha+1}=\dfrac{4+3\times 2+4}{4+1}=\dfrac{14}{5}.$$

例 9 已知 $\sin\alpha+\cos\alpha=\dfrac{2}{3}\ (0\le\alpha<\pi)$，求 $\tan\alpha$.

解：将 $\sin\alpha+\cos\alpha=\dfrac{2}{3}$ 两边平方得 $(\sin\alpha+\cos\alpha)^2=\dfrac{4}{9}$，即 $1+2\sin\alpha\cos\alpha=\dfrac{4}{9}$，

得 $\sin\alpha\cos\alpha=-\dfrac{5}{18}$，得 $(\sin\alpha-\cos\alpha)^2=\dfrac{14}{9}$，又因为 $0\le\alpha<\pi$，$\sin\alpha-\cos\alpha=\dfrac{\sqrt{14}}{3}$，

解得 $\sin\alpha=\dfrac{2+\sqrt{14}}{6}$，$\cos\alpha=\dfrac{2-\sqrt{14}}{6}$，可得 $\tan\alpha=\dfrac{2+\sqrt{14}}{2-\sqrt{14}}$.

例 10　求函数 $y=\dfrac{1}{2}\cos^2x+\dfrac{\sqrt{3}}{2}\sin x\cos x+1(x\in\mathbf{R})$ 的最大值和最小值.

解：$y=\dfrac{1}{2}\cos^2x+\dfrac{\sqrt{3}}{2}\sin x\cos x+1=\dfrac{1}{4}(1+\cos 2x)+\dfrac{\sqrt{3}}{4}\sin 2x+1$

$$=\dfrac{1}{2}\left(\dfrac{\sqrt{3}}{2}\sin 2x+\dfrac{1}{2}\cos 2x\right)+\dfrac{5}{4}=\dfrac{1}{2}\sin\left(2x+\dfrac{\pi}{6}\right)+\dfrac{5}{4},$$

当 $2x+\dfrac{\pi}{6}=\dfrac{\pi}{2}+2k\pi,\ k\in\mathbf{Z}$ 时，y 取得最大值 $\dfrac{7}{4}$；当 $2x+\dfrac{\pi}{6}=\dfrac{3\pi}{2}+2k\pi$，

$k\in\mathbf{Z}$ 时，y 取得最小值 $\dfrac{3}{4}$.

例 11　函数 $f(x)=a^{x^2-ax-1}$ 在 $(1,+\infty)$ 上是单调递增函数，求 a 的取值范围.

分析：根据复合函数的性质，内外层函数同增异减.

解：令 $u(x)=x^2-ax-1=\left(x-\dfrac{a}{2}\right)^2-\dfrac{a^2}{4}-1$，则 $f(u)=a^u$.

当 $a>1$ 时，$f(u)=a^u$ 在 $(1,+\infty)$ 上是增函数，则 $u(x)=\left(x-\dfrac{a}{2}\right)^2-\dfrac{a^2}{4}-1$

在 $(1,+\infty)$ 上必为增函数，所以 $\dfrac{a}{2}\leqslant 1$，即 $1<a\leqslant 2$；

当 $0<a<1$ 时，$f(u)=a^u$ 在 $(1,+\infty)$ 上是减函数，则 $u(x)=\left(x-\dfrac{a}{2}\right)^2-\dfrac{a^2}{4}-1$

在 $(1,+\infty)$ 上不可能为减函数，故 $0<a<1$ 不能成立；

综上，当 $1<a\leqslant 2$ 时，$f(x)=a^{x^2-ax-1}$ 在 $(1,+\infty)$ 上是单调递增函数.

例 12　若 $\log_a(a^2+1)<\log_a 2a<0$，求 a 的取值范围.

解：由于 $a^2+1>1$ 且 $\log_a(a^2+1)<0$，可知 $0<a<1$. 不等式等价于

$\begin{cases}0<a<1\\2a>1\end{cases}$ 得 $\dfrac{1}{2}<a<1$，故 a 的取值范围为 $\dfrac{1}{2}<a<1$.

例 13　已知函数 $y=f[\log_2(x-3)]$ 的定义域为 $[4,11]$，求函数 $y=f(x)$ 的定义域.

解：由 $4\leqslant x\leqslant 11$，得 $1\leqslant x-3\leqslant 8$，故 $\log_2 1\leqslant\log_2(x-3)\leqslant\log_2 8$，即 $0\leqslant\log_2(x-3)\leqslant 3$，所以 $y=f(x)$ 的定义域为 $[0,3]$.

例 14　若函数 $f(x)$ 的定义域为 $\left(\dfrac{1}{9},1\right)$，求函数 $y=f(9^x)$ 的定义域.

解：由 $\dfrac{1}{9}<9^x<1$，得 $-1<x<0$，故 $y=f(9^x)$ 的定义域为 $-1<x<0$.

四、强化练习

(一) 选择题

1. 下列函数中，在其定义域内既是奇函数又是减函数的是（   ）．

A. $y=-x^3$ B. $y=\sin x$ C. $y=x$ D. $y=\left(\dfrac{1}{2}\right)^x$

2. 函数 $y=3^x$ 的图像与函数 $y=\left(\dfrac{1}{3}\right)^{x-2}$ 的图像关于（   ）．

A. 点 $(-1,0)$ 对称   B. 直线 $x=1$ 对称

C. 点 $(1,0)$ 对称   D. 直线 $x=-1$ 对称

3. 函数 $f(x)=\sqrt{\log_2 x-2}$ 的定义域为（   ）．

A. $(3,+\infty)$ B. $(4,+\infty)$ C. $[3,+\infty)$ D. $[4,+\infty)$

4. 设 $a=\log_{0.7}0.8$，$b=\log_{1.1}0.9$，$c=1.1$，则 a,b,c 的大小顺序为（   ）．

A. $a<b<c$ B. $b<c<a$ C. $b<a<c$ D. $c<a<b$

5. 函数 $y=\log_3(x^2-2x)$ 的单调递减区间为（   ）．

A. $(2,+\infty)$ B. $(-\infty,0)$ C. $(-\infty,1)$ D. $(1,+\infty)$

6. 若函数 $y=(a^2-1)^x$ 在 $(-\infty,+\infty)$ 上为减函数，则 a 满足（   ）．

A. $|a|<1$ B. $1<|a|<2$ C. $1<|a|<\sqrt{2}$ D. $1<a<\sqrt{2}$

7. 已知 $\cos\theta\tan\theta<0$，则角 θ 是（   ）．

A. 第一或第二象限角   B. 第二或第三象限角

C. 第三或第四象限角   D. 第一或第四象限角

8. $\sin 7°\cos 37°-\sin 83°\cos 53°$ 的值是（   ）．

A. $-\dfrac{1}{2}$ B. $\dfrac{1}{2}$ C. $\dfrac{\sqrt{3}}{2}$ D. $-\dfrac{\sqrt{3}}{2}$

9. 当 $x\in\left[-\dfrac{\pi}{2},\dfrac{\pi}{2}\right]$ 时，函数 $f(x)=\sin x+\sqrt{3}\cos x$ 的取值范围（   ）．

A. 最大值为 1，最小值为 -1 B. 最大值为 1，最小值为 $-\dfrac{1}{2}$

C. 最大值为 2，最小值为 -2 D. 最大值为 2，最小值为 -1

10. 已知 $\sin\left(\dfrac{\pi}{4}-x\right)=\dfrac{3}{5}$，则 $\sin 2x$ 的值为（   ）．

A. $\dfrac{19}{25}$ B. $\dfrac{16}{25}$ C. $\dfrac{14}{25}$ D. $\dfrac{7}{25}$

11. 已知 $\sin\alpha=\dfrac{2}{3}$，则 $\cos 2\alpha$ 的值为（   ）．

A. $\dfrac{2\sqrt{5}}{3}-1$ B. $\dfrac{1}{9}$ C. $\dfrac{5}{9}$ D. $1-\dfrac{\sqrt{5}}{3}$

12. 下列各式中，值为 $\dfrac{1}{2}$ 的是（   ）.

A. $\sin 15°\cos 15°$ B. $\cos^2\dfrac{\pi}{6}-\sin^2\dfrac{\pi}{6}$

C. $\dfrac{\tan\dfrac{\pi}{6}}{1-\tan^2\dfrac{\pi}{6}}$ D. $\sqrt{\dfrac{1+\cos\dfrac{\pi}{6}}{2}}$

13. 函数 $f(x)=(1+\sqrt{3}\tan x)\cos x$ 的最小正周期为（   ）.

A. 2π B. $\dfrac{3\pi}{2}$ C. π D. $\dfrac{\pi}{2}$

14. 下列关系式中正确的是（   ）.

A. $\sin 11°<\cos 10°<\sin 168°$ B. $\sin 168°<\sin 11°<\cos 10°$

C. $\sin 11°<\sin 168°<\cos 10°$ D. $\sin 168°<\cos 10°<\sin 11°$

15. 函数 $y=2\sin\left(2x-\dfrac{\pi}{4}\right)$ 的一个单调递减区间为（   ）.

A. $\left[\dfrac{3\pi}{8},\dfrac{7\pi}{8}\right]$ B. $\left[-\dfrac{\pi}{8},\dfrac{3\pi}{8}\right]$ C. $\left[\dfrac{3\pi}{4},\dfrac{5\pi}{4}\right]$ D. $\left[-\dfrac{\pi}{4},\dfrac{\pi}{4}\right]$

16. 函数 $y=\arccos\left(\lg\dfrac{x}{5}\right)$ 的定义域是（   ）.

A. $\left[\dfrac{1}{2},50\right]$ B. $\left[-\dfrac{1}{2},50\right]$ C. $\left[\dfrac{1}{5},50\right]$ D. $\left[-\dfrac{1}{5},50\right]$

17. 方程组 $\begin{cases}\sin(\arcsin x)=x \\ \arcsin(\sin x)=x\end{cases}$ 的解集是（   ）.

A. $[-1,1]$ B. $\left[-\dfrac{\pi}{2},\dfrac{\pi}{2}\right]$ C. $\mathbf{R}$ D. $\varnothing$

18. $\cos\left(\arcsin\dfrac{1}{2}+\arccos\dfrac{1}{2}\right)=$（   ）.

A. $\dfrac{1}{2}$ B. $\dfrac{1}{4}$ C. 0 D. $\dfrac{\pi}{3}$

19. 函数 $y=\cos x$ 在 $[\pi,2\pi]$ 上的反函数是（   ）.

A. $\arccos x$ B. $\pi+\arccos x$ C. $2\pi-\arccos x$ D. $\pi-\arccos x$

（二）填空题

1. 已知函数 $f(x)=\begin{cases}x^2+\dfrac{1}{2}, & -1<x<0 \\ e^{x-1}, & x\geqslant 0\end{cases}$ ，若 $f(1)+f(a)=2\,(a<0)$，则

$a =$ _____ .

2. 若函数 $y = f(x)$ 的定义域为 $[-1, 0)$，则 $f(x^2 - 3)$ 的定义域为 _____ .

3. 函数 $f(\sqrt{x} + 1) = x + 2\sqrt{x}$，则 $f(x) =$ _____ .

4. 函数 $f(x)$ 满足 $2f(x) + f\left(\dfrac{1}{x}\right) = 3x$，则 $f(x) =$ _____ .

5. 函数 $y = \log_{\frac{1}{2}}(-x^2 - 2x + 3)$ 的单调递减区间为 _____ .

6. 若函数 $f(x) = \dfrac{1}{2^x - 1} + a$ 是奇函数，则 $a =$ _____ .

7. 函数 $y = 3^{\frac{1}{1-x}}$ 的值域为 _____ .

8. 幂函数 $f(x) = (m^2 - m - 1)x^{m^2 + m - 3}$ 在 $(0, +\infty)$ 上为减函数，则 $m =$ _____ .

（三）计算题

1. 已知函数 $y = a + x$ 与 $y = bx - \dfrac{1}{3}$ 互为反函数，求 a, b 的值.

2. 已知函数 $f(x) = kx + \dfrac{6}{x} - 7$，且 $f(2 + \sqrt{3}) = 0$，求 $f\left(\dfrac{1}{\sqrt{3} - 2}\right)$ 的值.

3. 设 $\tan x = 2$，求 $\dfrac{\sin 2x}{1 + \cos^2 x}$ 的值.

4. 求不等式 $7^{x^2 + 2x - 3} < 1$ 的解集.

5. 若 $\tan\alpha, \cot\alpha$ 是关于 x 的方程 $2x^2 + 3x + k = 0$ 的两根，求 k 的值.

6. 已知 $\sin\alpha - \cos\alpha = \dfrac{2}{3}$，$\left(0 \leqslant \alpha \leqslant \dfrac{\pi}{2}\right)$，求 $\sin\alpha$ 及 $\cos\alpha$ 的值.

7. 已知函数 $f(x) = \log_a \dfrac{1+x}{1-x}(a > 0, 且 a \neq 1)$，

（1）求 $f(x)$ 的定义域；

（2）判断 $f(x)$ 的奇偶性，并加以证明；

（3）求使 $f(x) > 0$ 的 x 的取值范围.

8. 计算下列反三角函数的值：

（1）$\arcsin\left(\sin\dfrac{5\pi}{6}\right)$ 　　　　　　（2）$\arccos\left(\sin\dfrac{\pi}{3}\right)$

（3）$\arctan\left(2\cos\dfrac{5\pi}{6}\right)$ 　　　　　　（4）$\cos\left(\arccos\dfrac{1}{2}\right)$

9. 设 $f(x) = \lg\dfrac{2+x}{2-x}$，求 $f\left(\dfrac{x}{2}\right) + f\left(\dfrac{2}{x}\right)$ 的定义域.

10. 求函数 $y = \arcsin\dfrac{x^2 - x}{2}$ 的定义域和值域.

11. 求函数 $y = 3^{x^2 - x + 6}$ 的单调区间.

12. 若 $\tan\alpha = 2$，求

(1) $\dfrac{2\sin\alpha - \cos\alpha}{\sin\alpha + 2\cos\alpha}$.

(2) $\dfrac{4\sin\alpha - 2\cos\alpha}{5\sin\alpha + 3\cos\alpha}$.

(3) $2\sin^2\alpha - \dfrac{3}{2}\sin\alpha\cos\alpha + 5\cos^2\alpha$.

(4) $\dfrac{3\sin^2\alpha + 5\sin\alpha\cos\alpha}{5\cos^2\alpha - 2\sin\alpha\cos\alpha}$.

13. 已知 α 是三角形的内角，且 $\sin\alpha + \cos\alpha = \dfrac{1}{5}$，

(1) 求 $\tan\alpha$ 的值；

(2) 把 $\dfrac{1}{\cos^2\alpha - \sin^2\alpha}$ 用 $\tan\alpha$ 表示出来，并求其值.

14. 化简 $\dfrac{\tan(\pi - \alpha)\cos(2\pi - \alpha)\sin\left(-\alpha + \dfrac{3\pi}{2}\right)}{\cos(-\alpha - \pi)\sin(-\pi - \alpha)}$.

15. 已知函数 $f(x) = 2\sqrt{3}\sin x\cos x + 2\cos^2 x - 1, (x \in \mathbf{R})$，求函数 $f(x)$ 的最小正周期及最大值和最小值.

第四章 向量与复数

本章基本要求

向量是近代数学中重要和基本的概念之一，它是沟通代数、几何、三角的一种工具，而复数是初等数学的基础知识，同时也是复变函数论、解析数论、量子力学等学科中最基本的对象和工具．掌握向量的基本概念、线性运算、平面向量的坐标表示及运算，复数的基本概念、基本运算、表示方法和一些简单的应用，并将复数和向量有机地结合起来，体现数学"数"与"形"相结合．

一、内容结构

向量 ┬ 向量的概念
　　├ 向量的线性运算
　　└ 平面向量的坐标表示

复数 ┬ 复数的概念
　　├ 复数的代数运算
　　├ 复数的三角形式
　　└ 复数的指数形式

二、知识要点

（一）向量

1. 向量的概念

（1）定义：既有大小又有方向的量叫做向量．

（2）表示法：有向线段$\overrightarrow{AB}$或黑体小写字母 a，b，c，…表示．

（3）向量的模：向量 a 的大小叫做向量的模（或长度），记作 $|a|$.

（4）相等向量：两个向量 a 和 b 同向且等长，则称 a 和 b 相等，记作 $a=b$.

（5）零向量：长度等于 0 的向量叫做零向量，记为 $\mathbf{0}$，零向量方向不定.

（6）相反向量：与 a 大小相等，方向相反的向量，称为 a 的相反向量，记作 $-a$.

（7）平行向量：方向相同或相反的向量称为平行向量，记作 $\mathbf{a}//\mathbf{b}$，零向量与任意向量都平行.

（8）单位向量：长度等于 1 的向量称为单位向量，通常单位向量 $\boldsymbol{a}_0=\dfrac{a}{|a|}$.

2. 向量的线性运算

（1）向量的加法运算.

① 三角形法则：已知向量 a 和 b，在平面上任取一点 A，作 $\overrightarrow{AB}=a$，$\overrightarrow{BC}=b$，则向量 $\overrightarrow{AC}$ 叫做向量 a 和 a 的和，记作 $a+b$. 如图 4-1 所示.

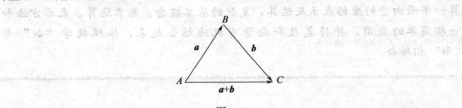

图 4-1

② 平行四边形法则：已知向量 a 和 b，在平面上任取一点 A，作 $\overrightarrow{AB}=a$，$\overrightarrow{AD}=b$，以 $\overrightarrow{AB}$ 和 $\overrightarrow{AD}$ 为邻边做 $\square ABCD$，则此平行四边形对角线上的向量 $\overrightarrow{AC}=a+b$.

③ 向量的加法运算律：

交换律：$a+b=b+a$

结合律：$(a+b)+c=a+(b+c)$

（2）向量的减法运算. $a-b=a+(-b)$ 方法同向量的加法运算. 如图 4-2 所示.

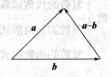

图 4-2

三角形不等式：$|a|-|b|\leqslant|a\pm b|\leqslant|a|+|b|$.

（3）数乘向量运算.

① 一般地，实数 λ 与向量 a 的积是一个向量，记作 λa，它的模为 $|\lambda a|=|\lambda|\cdot|a|$.

② 向量 $\lambda a\,(a\neq\mathbf{0})\Rightarrow\begin{cases}当 \lambda>0 时，\lambda a 与 a 方向相同\\当 \lambda<0 时，\lambda a 与 a 方向相反\\当 \lambda=0 时，\lambda a 为零向量\end{cases}$

注：无论 λ 为何值时，向量 λa 与 a 平行.

③ 数乘向量运算律.

结合律：$\lambda(\mu a)=(\lambda\mu)a$

分配律：$(\lambda+\mu)a=\lambda a+\mu a$

$$\lambda(a+b)=\lambda a+\lambda b$$

3. 平面向量的坐标表示

（1）坐标表示法：设 i、j 分别为 x 轴、y 轴的单位向量.

① 设点 $M(x,y)$，则向量 $\overrightarrow{OM}=xi+yj$；

② 设点 $A(x_1,y_1)$，$B(x_2,y_2)$，则

向量 $\overrightarrow{AB}=\overrightarrow{OB}-\overrightarrow{OA}$

$$=(x_2i+y_2j)-(x_1i+y_1j)=(x_2-x_1)i+(y_2-y_1)j=(x_2-x_1,y_2-y_1).$$

注：对任一个平面向量 a，都存在着一对有序实数 (x,y)，使得 $a=xi+yj$，有序实数对 (x,y) 叫做向量 a 的坐标，记作 $a=(x,y)$.

（2）坐标表示下向量的线性运算：

设平面直角坐标系中，$a=(x_1,y_1)$，$b=(x_2,y_2)$，则

$a+b=(x_1i+y_1j)+(x_2i+y_2j)=(x_1+x_2)i+(y_1+y_2)j=(x_1+x_2,y_1+y_2)$；

$a-b=(x_1i+y_1j)-(x_2i+y_2j)=(x_1-x_2)i+(y_1-y_2)j=(x_1-x_2,y_1-y_2)$；

$\lambda a=\lambda(x_1i+y_1j)=\lambda x_1i+\lambda y_1j=(\lambda x_1,\lambda y_1)$；

$a/\!/b\Leftrightarrow x_1y_2-x_2y_1=0$（$a$ 和 b 为非零向量）；

（3）模长公式：

① 设 $a=(x,y)$，则 $|a|=\sqrt{x^2+y^2}$；

② 设 $A(x_1,y_1)$，$B(x_2,y_2)$，则 $|\overrightarrow{AB}|=\sqrt{(x_2-x_1)^2+(y_2-y_1)^2}$.

（二）复数

1. 定义

形如 $a+bi(a\in\mathbf{R},b\in\mathbf{R})$ 的数叫做复数，a 叫做复数的实部，b 叫做复数的虚部，其中 $i(i^2=-1)$ 为虚数单位.

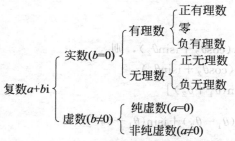

注：① 复数相等的充要条件是实部与虚部分别相等；

② 不全为零的两个复数无法比较大小；

③ 复数 $Z=a+bi$ 的模为 $|Z|=\sqrt{a^2+b^2}$.

2. 共轭复数

(1) 定义：如果两个复数的实部相等，虚部互为相反数，那么这两个复数互为共轭复数，即复数 $Z=a+bi$ 的共轭复数为 $\overline{Z}=a-bi$.

(2) 性质：

① $\overline{Z_1+Z_2}=\overline{Z_1}+\overline{Z_2}$

② $\overline{Z_1 \cdot Z_2}=\overline{Z_1} \cdot \overline{Z_2}$

③ $Z \cdot \overline{Z}=|Z|^2$

3. 复数的四则运算

设复数 $Z_1=a+bi$ 和 $Z_2=c+di$，则：

① $Z_1 \pm Z_2=(a+bi) \pm (c+di)=(a \pm c)+(b \pm d)i$

② $Z_1 \cdot Z_2=(a+bi) \cdot (c+di)=(ac-bd)+(ad+bc)i$

③ $\dfrac{a+bi}{c+di}=\dfrac{(a+bi)(c-di)}{(c+di)(c-di)}=\dfrac{(ac+bd)+(bc-ad)i}{c^2+d^2}$

4. 复数的几何表示

(1) 复数的坐标表示：$Z(a,b)$，其中 a 为横坐标、b 为纵坐标；

(2) 复数的向量表示：$\overrightarrow{OZ}$，其中 O 为原点、Z 为终点；

(3) 辐角：向量 $\overrightarrow{OZ}$ 与 x 轴的正向夹角称为复数 Z 的辐角（不唯一），记 $\arg Z$ $(0 \leqslant \arg Z < 2\pi)$ 为辐角主值，且 $\tan(\arg Z)=\dfrac{b}{a}$.

5. 复数的三角形式

(1) 设复数 $Z=a+bi$ 的模为 r，辐角主值为 θ，可知：$\begin{cases} a=r\cos\theta \\ b=r\sin\theta \end{cases}$，则复数 $Z=a+bi$ 可表示为 $Z=r\cos\theta+ir\sin\theta$.

(2) 三角形式下的复数运算.

设 $Z_1=r_1(\cos\theta_1+i\sin\theta_1)$ 和 $Z_2=r_2(\cos\theta_2+i\sin\theta_2)$，则

① $Z_1 \cdot Z_2=r_1(\cos\theta_1+i\sin\theta_1) \cdot r_2(\cos\theta_2+i\sin\theta_2)$
$\qquad =r_1 r_2[\cos(\theta_1+\theta_2)+i\sin(\theta_1+\theta_2)]$

② $\dfrac{Z_1}{Z_2}=\dfrac{r_1(\cos\theta_1+i\sin\theta_1)}{r_2(\cos\theta_2+i\sin\theta_2)}=\dfrac{r_1}{r_2}[\cos(\theta_1-\theta_2)+i\sin(\theta_1-\theta_2)]$

③ $Z^n=r^n(\cos n\theta+i\sin n\theta)(n \in \mathbf{N})$

④ $\sqrt[n]{Z}=\sqrt[n]{r}\left(\cos\dfrac{\theta+2k\pi}{n}+\mathrm{i}\sin\dfrac{\theta+2k\pi}{n}\right)(k=0,1,2,\cdots,n-1;n\in\mathbf{N})$

6. 复数的指数形式

（1）复数三角形式 $Z=r(\cos\theta+\mathrm{i}\sin\theta)$ 中，记 $\mathrm{e}^{\mathrm{i}\theta}=\cos\theta+\mathrm{i}\sin\theta$ 时，则得复数的指数形式 $Z=r\mathrm{e}^{\mathrm{i}\theta}$.

（2）三角形式下的复数运算

设 $Z_1=r_1\mathrm{e}^{\mathrm{i}\theta_1}$ 和 $Z_2=r_2\mathrm{e}^{\mathrm{i}\theta_2}$，则

① $Z_1\cdot Z_2=r_1\mathrm{e}^{\mathrm{i}\theta_1}\cdot r_2\mathrm{e}^{\mathrm{i}\theta_2}=r_1r_2\mathrm{e}^{\mathrm{i}(\theta_1+\theta_2)}$

② $\dfrac{Z_1}{Z_2}=\dfrac{r_1\mathrm{e}^{\mathrm{i}\theta_1}}{r_2\mathrm{e}^{\mathrm{i}\theta_2}}=\dfrac{r_1}{r_2}\mathrm{e}^{\mathrm{i}(\theta_1-\theta_2)}$

三、精选例题解析

例 1 $\overrightarrow{AB}-\overrightarrow{AC}+\overrightarrow{BD}-\overrightarrow{CD}=$ _____.

解： $\overrightarrow{AB}-\overrightarrow{AC}+\overrightarrow{BD}-\overrightarrow{CD}=(\overrightarrow{AB}-\overrightarrow{AC})+(\overrightarrow{BD}-\overrightarrow{CD})=\overrightarrow{CB}+\overrightarrow{BC}=\mathbf{0}$.

例 2 已知 $\boldsymbol{a}=(3,2)$，$\boldsymbol{b}=(-4,y)$，并且 $\boldsymbol{a}//\boldsymbol{b}$，则 $y=$ _____.

解： 由 $\boldsymbol{a}//\boldsymbol{b}$ 知，$\dfrac{3}{-4}=\dfrac{2}{y}$，解得 $y=-\dfrac{8}{3}$.

例 3 已知 $\boldsymbol{a}=(6,-4)$，$\boldsymbol{b}=(3,-8)$，并且 $x\boldsymbol{a}+y\boldsymbol{b}=(-3,5)$，求 x,y 值.

解： $x\boldsymbol{a}+y\boldsymbol{b}=x(6,-4)+y(3,-8)=(6x+3y,-4x-8y)=(-3,5)$

解得 $x=-\dfrac{1}{4}$，$y=-\dfrac{1}{2}$.

例 4 已知点 $A(5,1)$，$B(1,3)$ 及 $\overrightarrow{OA_1}=\dfrac{1}{3}\overrightarrow{OA}$，$\overrightarrow{OB_1}=\dfrac{1}{3}\overrightarrow{OB}$，求 $\overrightarrow{A_1B_1}$ 的坐标和长度.

解： $\overrightarrow{OA_1}=\dfrac{1}{3}\overrightarrow{OA}=\dfrac{1}{3}(5,1)=\left(\dfrac{5}{3},\dfrac{1}{3}\right)$，得点 $A_1\left(\dfrac{5}{3},\dfrac{1}{3}\right)$.

$\overrightarrow{OB_1}=\dfrac{1}{3}\overrightarrow{OB}=\dfrac{1}{3}(1,3)=\left(\dfrac{1}{3},1\right)$，得点 $B_1\left(\dfrac{1}{3},1\right)$.

故 $\overrightarrow{A_1B_1}=\left(\dfrac{1}{3}-\dfrac{5}{3},1-\dfrac{1}{3}\right)=\left(-\dfrac{4}{3},\dfrac{2}{3}\right)$ 及 $|\overrightarrow{A_1B_1}|=\sqrt{\left(-\dfrac{4}{3}\right)^2+\left(\dfrac{2}{3}\right)^2}=\dfrac{2\sqrt{5}}{3}$.

例 5 已知点 $A(0,1)$，$B(1,2)$，存在一点 P 使得 $\overrightarrow{AP}=\dfrac{2}{3}\overrightarrow{AB}$，求点 P 的坐标.

解： $\overrightarrow{OP}=\overrightarrow{OA}+\overrightarrow{AP}=\overrightarrow{OA}+\dfrac{2}{3}\overrightarrow{AB}=\overrightarrow{OA}+\dfrac{2}{3}(\overrightarrow{OB}-\overrightarrow{OA})$

$=(0,1)+\dfrac{2}{3}\times[(1,2)-(0,1)]=(0,1)+\left(\dfrac{2}{3},\dfrac{2}{3}\right)=\left(\dfrac{2}{3},\dfrac{5}{3}\right)$

故得点 P 坐标为 $\left(\dfrac{2}{3}, \dfrac{5}{3}\right)$.

例 6 已知任意两个非零向量 a，b，作 $\overrightarrow{OA}=a+b$，$\overrightarrow{OB}=a+2b$，$\overrightarrow{OC}=a+3b$，试判断 A，B，C 三点之间的位置关系.

解：$\because \overrightarrow{AB}=\overrightarrow{OB}-\overrightarrow{OA}=a+2b-(a+b)=b$

$\overrightarrow{AC}=\overrightarrow{OC}-\overrightarrow{OA}=a+3b-(a+b)=2b$

$\therefore \overrightarrow{AC}=2\overrightarrow{AB}$

故 A,B,C 三点共线.

例 7 在方程 $(3x+2y)+(5x-y)\mathrm{i}=17-2\mathrm{i}(x,y\in\mathbf{R})$ 中，$x=$ _____，$y=$ _____.

解：由两个复数相等的条件知

$$\begin{cases} 3x+2y=17 \\ 5x-y=-2 \end{cases}, \text{解得} \begin{cases} x=1 \\ y=7 \end{cases}.$$

例 8 实数 m 为何值时，复数 $(m^2-3m-4)+(m^2-5m-6)\mathrm{i}$ 是纯虚数？

解：根据复数定义知

$$a=m^2-3m-4, \quad b=m^2-5m-6$$

当 $a=0$，$b\neq0$ 时复数为纯虚数，即

$$\begin{cases} m^2-3m-4=0 \\ m^2-5m-6\neq0 \end{cases}, \text{解得} m=4 \text{ 时原复数为纯虚数}.$$

例 9 计算 $\dfrac{18-\mathrm{i}}{4-3\mathrm{i}}+\mathrm{i}(3-5\mathrm{i})-\dfrac{55+3\mathrm{i}}{5+7\mathrm{i}}$.

解：原式 $=\dfrac{(18-\mathrm{i})(4+3\mathrm{i})}{(4-3\mathrm{i})(4+3\mathrm{i})}+3\mathrm{i}-5\mathrm{i}^2-\dfrac{(55+3\mathrm{i})(5-7\mathrm{i})}{(5+7\mathrm{i})(5-7\mathrm{i})}$

$\qquad = \dfrac{75+50\mathrm{i}}{25}+3\mathrm{i}+5-\dfrac{296-370\mathrm{i}}{74}$

$\qquad =3+2\mathrm{i}+3\mathrm{i}+5-4+5\mathrm{i}$

$\qquad =4+10\mathrm{i}.$

例 10 已知复数 $Z=\dfrac{1}{2}+\mathrm{i}\sin\alpha$，且 $|Z|\leqslant1$，求角 α 和辐角主值的取值范围.

解：$\because |Z|^2=\dfrac{1}{4}+\sin^2\alpha\leqslant1, \therefore \dfrac{-\sqrt{3}}{2}\leqslant\sin\alpha\leqslant\dfrac{\sqrt{3}}{2}$，得

$$k\pi-\dfrac{\pi}{3}\leqslant\alpha\leqslant k\pi+\dfrac{\pi}{3}(k\in\mathbf{Z})$$

又设 Z 的辐角主值为 θ，则 $\tan\theta=2\sin\alpha$，所以 $-\sqrt{3}\leqslant\tan\theta\leqslant\sqrt{3}$，又 Z 的实部为正，故 θ 的取值范围是 $\left[0,\dfrac{\pi}{3}\right]\bigcup\left[\dfrac{5\pi}{3},2\pi\right)$.

例 11 设复数 $Z=\cos\theta+\mathrm{i}\sin\theta$，$\theta\in(\pi,2\pi)$，求复数 Z^2+Z 的模和辐角.

解： $Z^2+Z=(\cos\theta+i\sin\theta)^2+\cos\theta+i\sin\theta=\cos2\theta+i\sin2\theta+\cos\theta+i\sin\theta$

$$=2\cos\frac{3\theta}{2}\cos\frac{\theta}{2}+i\left(2\sin\frac{3\theta}{2}\cos\frac{\theta}{2}\right)=2\cos\frac{\theta}{2}\left(\cos\frac{3\theta}{2}+i\sin\frac{3\theta}{2}\right)$$

$$=-2\cos\frac{\theta}{2}\left[\cos\left(-\pi+\frac{3\theta}{2}\right)+i\sin\left(-\pi+\frac{3\theta}{2}\right)\right]$$

$\because\theta\in(\pi,2\pi)$，$\therefore\frac{\theta}{2}\in\left(\frac{\pi}{2},\pi\right)$，$\therefore-2\cos\frac{\theta}{2}>0$

所以复数 Z^2+Z 的模为 $-2\cos\frac{\theta}{2}$；辐角为 $(2k-1)\pi+\frac{3\pi}{2}(k\in\mathbf{Z})$.

例 12　把复数 $-6+6i$ 分别化为三角形式和指数形式.

解： 由 $a=-6$，$b=6$ 知点 $(-6,6)$ 在第二象限，故辐角为第二象限的角，且 $r=\sqrt{(-6)^2+6^2}=6\sqrt{2}$，则

三角形式为：$-6+6i=6\sqrt{2}\left(-\frac{\sqrt{2}}{2}+\frac{\sqrt{2}}{2}i\right)=6\sqrt{2}\left[\cos\left(\frac{3\pi}{4}\right)+i\sin\left(\frac{3\pi}{4}\right)\right]$,

指数形式为：$-6+6i=6\sqrt{2}e^{i\frac{3\pi}{4}}$.

四、强化练习

（一）选择题

1. 已知 $\square ABCD$ 的三个顶点 $A(-3,0),B(2,-2),C(5,2)$，则 D 的坐标为（　　）.

　A. $(0,4)$　　　　　B. $(1,1)$　　　　　C. $(4,0)$　　　　　D. $(-1,-1)$

2. 非零向量 a，b 起点相同，方向相同，则下列式子不正确的是（　　）.

　A. $a=b$　　　　　　　　　　　B. $a/\!/b$

　C. 存在实数 λ，使 $a=\lambda b$　　　D. $\frac{|a|}{|b|}>0$

3. 已知 x 轴上的一点 B 与点 $A(5,12)$ 的距离等于 13，则点 B 的坐标为（　　）.

　A. $(10,0)$　　　　　　　　　　B. $(0,0)$

　C. $(10,0)$或$(0,0)$　　　　　　D. $(-10,0)$

4. 下列各式正确的是（　　）.

　A. 若 a,b 同向，则 $|a|+|b|=|a+b|$

　B. $a+b$ 与 $|a|+|b|$ 表示的意义是相同的

　C. 若 a,b 不共线，则 $|a+b|>|a|+|b|$

　D. $|a|<|a+b|$ 永远成立

5. 已知一点 O 到 $\square ABCD$ 的三个顶点 A,B,C 的向量为 a,b,c，则向量 $\overrightarrow{OD}$ 为

( ).

    A. $a+b+c$ B. $a-b+c$ C. $a+b-c$ D. $a-b-c$

6. 若 $|\overrightarrow{AB}|=8$，$|\overrightarrow{AC}|=5$，则 $|\overrightarrow{BC}|$ 的取值范围为（ ）．

    A. $[3,8]$ B. $(3,8)$ C. $[3,13]$ D. $(3,13)$

7. 化简 $\overrightarrow{NQ}+\overrightarrow{QP}+\overrightarrow{MN}-\overrightarrow{MP}$ 的结果为（ ）．

    A. $\overrightarrow{NP}$ B. $2\overrightarrow{NM}$ C. $\boldsymbol{0}$ D. $2\overrightarrow{MN}$

8. 已知向量 $a=(1,-m)$，$b=(m^2,m)$，则向量 $a+b$ 所在的直线可能为

( ).

    A. x 轴   B. 第一、三象限的角平分线

    C. y 轴   D. 第二、四象限的角平分线

9. $i\times i^2\times i^3\times\cdots\times i^{8n}=$（ ）．

    A. 1 B. -1 C. i D. $-i$

10. 复数 $\left(\dfrac{1+i}{1-i}\right)^2$ 的值为（ ）．

    A. 1 B. -1 C. i D. $-i$

11. a,b 为复数，有以下三个命题：

① 若 $|a|=|b|$，则 $a=\pm b$

② $\sqrt{|a|^2}=|a|$

③ $|a-b|^2=(a-b)^2$

那么正确的是（ ）．

    A. 三个命题都正确   B. 仅②正确

    C. 仅①正确   D. ①、②都正确

12. 若 $w=-\dfrac{1}{2}+\dfrac{\sqrt{3}}{2}i$，则 $w^{2000}+w^{-2000}=$（ ）．

    A. -1 B. 0 C. 1 D. 2

13. 复数 $Z=\dfrac{1}{1-i}$ 的共轭复数为（ ）．

    A. $\dfrac{1}{2}+\dfrac{1}{2}i$ B. $\dfrac{1}{2}-\dfrac{1}{2}i$ C. $1-i$ D. $1+i$

14. 若复数 $Z=(a^2-2a)+(a^2-a-2)i$ 对应的点在虚轴上，则（ ）．

    A. $a\neq 2$ 或 $a\neq -1$ B. $a\neq 2$ 且 $a\neq -1$

    C. $a=2$ 或 $a=0$ D. $a=0$

15. 若 $Z=m^2(1+i)-m(4+i)-6i$ 所对应的点在第二象限，则实数 m 的取值范围为（ ）．

    A. $(0,3)$ B. $(-\infty,-2)$ C. $(-2,0)$ D. $(3,4)$

（二）填空题

1. 已知 $a=(2,-3),b=(-4,0),c=(-5,6)$，则 $-2a+3b-5c=$ _____.

2. 已知向量 $a=(x,-3),b=(1,y)$ 互为负向量，且 $|a|=|b|$，则 $x=$ _____，$y=$ _____.

3. 已知 $a=(2,1),b=(k,3)$，若 $(a+2b)//(2a-b)$，则 $k=$ _____.

4. 已知 $M(-2,7),N(10,-2)$，点 P 是线段 MN 上的点，且 $\overrightarrow{PN}=-2\overrightarrow{PM}$，则 P 点的坐标为 _____.

5. 已知正方形 $ABCD$ 的边长为 1，$\overrightarrow{AB}=a$，$\overrightarrow{AC}=c$，$\overrightarrow{BC}=b$，则 $|a+b+c|=$ _____.

6. $\dfrac{1}{2i+\dfrac{1}{2i+\dfrac{1}{i}}}=$ _____.

7. 复数 $Z=-1+\left(\dfrac{1+i}{1-i}\right)^{1997}$ 的辐角主值为 _____.

8. 在复平面内，若复数 Z 满足 $|Z+1|=|Z-i|$，则 Z 所对应的点的集合构成的图形为 _____.

9. 设 $w=-\dfrac{1}{2}+\dfrac{\sqrt{3}}{2}i$，则集合 $A=\{x\,|\,x=w^k+w^{-k}(k\in\mathbf{Z})\}$ 中元素的个数为 _____.

10. 若复数 Z 满足 $(1-2i)Z=3+i$，则 $Z=$ _____.

（三）计算题

1. 化简 $\dfrac{1}{4}(a+2b)-\dfrac{1}{6}(5a-2b)+\dfrac{1}{4}b$.

2. 已知 $A(1,4),B(3,8),C(4,10)$，证明：A,B,C 三点共线.

3. 设 A,B,C,D 为平面内的四点，且 $A(1,3),B(2,-2),C(4,1)$.

（1）若 $\overrightarrow{AB}=\overrightarrow{CD}$，求 D 点的坐标；

（2）设向量 $a=\overrightarrow{AB}$，$b=\overrightarrow{BC}$，若 $ka-b$ 与 $a+3b$ 平行，求实数 k 的值.

4. 设 O 是正五边形 $ABCDE$ 内任一点，证明：$\overrightarrow{AB}+\overrightarrow{CB}+\overrightarrow{CD}+\overrightarrow{ED}+\overrightarrow{EA}=2(\overrightarrow{DB}+\overrightarrow{CO}+\overrightarrow{OD}+\overrightarrow{ED})$.

5. 计算 $\dfrac{(1-i)^5-1}{(1+i)^5+1}$.

6. 已知 Z 是复数，$Z+2i$ 和 $\dfrac{Z}{2-i}$ 均为实数，且复数 $(Z+ai)^2$ 对应的点在第一

象限，求实数 a 的取值范围.

7. 已知复数 Z 满足 $|Z-4|=|Z-4i|$，且 $Z+\dfrac{14-Z}{Z-1}$ 为实数，求 Z.

8. 已知复数 $Z=2(\cos 120°+i\sin 120°)$，求 $\arg\overline{Z}$.

9. 已知 $Z_1=\dfrac{\sqrt{3}}{2}a+(a+1)i,Z_2=-3\sqrt{3}b+(b+2)i(a>0,b>0)$，且 $3Z_1^2+$ $Z_2^2=0$，求 Z_1 和 Z_2.

10. 求同时满足下列两个条件的所有复数 Z：

(1) $1<Z+\dfrac{10}{Z}\leqslant 6$；

(2) Z 的实部和虚部都是整数.

第五章　行列式及矩阵初步

本章基本要求

　　理解二阶、三阶行列式的定义，掌握二阶与三阶行列式的对角线法则、全排列与逆序数的定义及逆序数的计算方法．重点掌握行列式的性质并利用性质计算行列式和行列式的按行（列）展开法则．理解矩阵的概念、性质及运算，利用矩阵的初等变换将矩阵化为阶梯形、最简形；利用矩阵的理论讨论线性方程组解的情况及线性方程组的求解．

一、内容结构

$$
\left\{
\begin{array}{l}
行列式
\left\{
\begin{array}{l}
二、三阶行列式 \\
n阶行列式及其性质 \\
行列式的计算
\end{array}
\right. \\[3em]
矩阵
\left\{
\begin{array}{l}
矩阵及其运算 \\
矩阵的初等变换 \\
线性方程组
\end{array}
\right.
\end{array}
\right.
$$

二、知识要点

（一）行列式

1. 二、三阶行列式概念

定义：

记 $\begin{vmatrix} a_{11} & a_{12} \\ a_{21} & a_{22} \end{vmatrix} = a_{11}a_{22} - a_{12}a_{21}$ 为二阶行列式；

大学数学基础教程

$$
记 \begin{vmatrix} a_{11} & a_{12} & a_{13} \\ a_{21} & a_{22} & a_{23} \\ a_{31} & a_{32} & a_{33} \end{vmatrix}
$$

$$
= a_{11}a_{22}a_{33} + a_{12}a_{23}a_{31} + a_{13}a_{21}a_{32} - a_{11}a_{23}a_{32} - a_{12}a_{21}a_{33} - a_{13}a_{22}a_{31}
$$

为三阶行列式.

注：利用对角线法则进行记忆.

2. 排列与逆序

（1）排列：n 个不同元素排成一列，称为 n 个元素的全排列，简称排列.

（2）逆序：在任意排列中，若某两个元素的顺序与标准排列顺序不同，就称这两个元素构成了一个逆序. 在一个排列中，所有逆序的总和称为这个排列的逆序数. 逆序数为奇数的排列称为奇排列；逆序数为偶数的排列称为偶排列.

（3）对换：将一个排列中的某两个数的位置互换（其余均不动），得到另一个新的排列，这样的交换称为一次对换. 对换改变排列的奇偶性.

3. n 阶行列式

$$
记 D = \begin{vmatrix} a_{11} & a_{12} & \cdots & a_{1n} \\ a_{21} & a_{22} & \cdots & a_{2n} \\ \vdots & \vdots & & \vdots \\ a_{n1} & a_{n2} & \cdots & a_{nn} \end{vmatrix} = \sum (-1)^{\tau(p_1 p_2 \cdots p_n)} a_{1p_1} a_{2p_2} \cdots a_{np_n} \quad （其中 \tau 为
$$

逆序数）为 n 阶行列式.

4. 行列式的性质

性质 1 行列式的行列互换，行列式的值不变.

性质 2 对换行列式的两行（列），行列式改变符号.

推论 如果行列式有两行（列）完全相同，则行列式等于零.

性质 3 用数 k 乘行列式的某一行（列），等于用数 k 乘以此行列式.

推论 行列式中某一行（列）的所有元素的公因子可以提到行列式记号外面.

性质 4 行列式中，如果有两行（列）的对应元素成比例，则此行列式等于零.

性质 5 若行列式的某一行（列）的元素都是两个数之和，则此行列式等于两个行列式之和. 如

$$\begin{vmatrix} a_{11} & a_{12} & \cdots & a_{1n} \\ \cdots & \cdots & \cdots & \cdots \\ a_{i1}+b_{i1} & a_{i2}+b_{i2} & \cdots & a_{in}+b_{in} \\ \cdots & \cdots & \cdots & \cdots \\ a_{n1} & a_{n2} & \cdots & a_{nn} \end{vmatrix} = \begin{vmatrix} a_{11} & a_{12} & \cdots & a_{1n} \\ \cdots & \cdots & \cdots & \cdots \\ a_{i1} & a_{i2} & \cdots & a_{in} \\ \cdots & \cdots & \cdots & \cdots \\ a_{n1} & a_{n2} & \cdots & a_{nn} \end{vmatrix} + \begin{vmatrix} a_{11} & a_{12} & \cdots & a_{1n} \\ \cdots & \cdots & \cdots & \cdots \\ b_{i1} & b_{i2} & \cdots & b_{in} \\ \cdots & \cdots & \cdots & \cdots \\ a_{n1} & a_{n2} & \cdots & a_{nn} \end{vmatrix}$$

性质 6 把行列式某一行（列）的 k 倍加到另一行（列）上，行列式不变.

5. 行列式的计算

（1）几个特殊的行列式.

$$\begin{vmatrix} \lambda_1 & & & \\ & \lambda_2 & & \\ & & \ddots & \\ & & & \lambda_n \end{vmatrix} = \lambda_1 \lambda_2 \cdots \lambda_n; \qquad \begin{vmatrix} & & & \lambda_1 \\ & & \lambda_2 & \\ & \ddots & & \\ \lambda_n & & & \end{vmatrix} = (-1)^{\frac{n(n-1)}{2}} \lambda_1 \lambda_2 \cdots \lambda_n;$$

$$\begin{vmatrix} a_{11} & a_{12} & \cdots & a_{1n} \\ 0 & a_{22} & \cdots & a_{2n} \\ \vdots & \vdots & & \vdots \\ 0 & 0 & \cdots & a_{nn} \end{vmatrix} = \begin{vmatrix} a_{11} & 0 & \cdots & 0 \\ a_{21} & a_{22} & \cdots & 0 \\ \vdots & \vdots & & \vdots \\ a_{n1} & a_{n2} & \cdots & a_{nn} \end{vmatrix} = a_{11} a_{22} \cdots a_{nn} \text{（上三角、下三}$$

角行列式）.

（2）利用性质化行列式为上（下）三角行列式进行求解.

（3）将行列式按行（列）展开进行求解.

① 定义：在 n 阶行列式中，划去元素 a_{ij} 所在的第 i 行及第 j 列，由余下的元素按原来位置排成的 $n-1$ 阶行列式称为元素 a_{ij} 的余子式，记为 M_{ij}. 称 $(-1)^{i+j} M_{ij}$ 为元素 a_{ij} 的代数余子式，记为 $A_{ij} = (-1)^{i+j} M_{ij}$.

② 定理：n 阶行列式等于它的任一行（列）的所有元素与它们对应的代数余子式的乘积之和.

③ 公式：$a_{i1} A_{k1} + a_{i2} A_{k2} + \cdots + a_{in} A_{kn} = \begin{cases} D, & i=k \\ 0, & i \neq k \end{cases}$

或 $a_{1j} A_{1k} + a_{2j} A_{2k} + \cdots + a_{nj} A_{nk} = \begin{cases} D, & j=k \\ 0, & j \neq k \end{cases}$

（二）矩阵

1. 定义

由 $m \times n$ 个数 $a_{ij}(i=1,2,\cdots,m;j=1,2,\cdots,n)$ 排成的 m 行 n 列的数表，称为一个 $m \times n$ 矩阵，记作

$$A_{m \times n} = \begin{pmatrix} a_{11} & a_{12} & \cdots & a_{1n} \\ a_{21} & a_{22} & \cdots & a_{2n} \\ \cdots & \cdots & & \cdots \\ a_{m1} & a_{m2} & \cdots & a_{mn} \end{pmatrix} \text{ 或 } A = (a_{ij})_{m \times n}$$

2. 常见的几种特殊矩阵

（1）零矩阵：所有元素均为零的矩阵，称为零矩阵，记为 O；

（2）行矩阵：只有一行的矩阵称为行矩阵；

（3）列矩阵：只有一列的矩阵称为列矩阵；

（4）方阵：行数和列数相等的矩阵，称为方阵；

（5）对角矩阵：若 n 阶方阵 A 除了对角线元素存在非零元素之外，其他元素

都是零，则称为对角矩阵，记作 $A = \begin{pmatrix} a_1 & & & \\ & a_2 & & \\ & & \ddots & \\ & & & a_n \end{pmatrix} = \mathrm{diag}(a_1, a_2, \cdots, a_n)$；

（6）单位矩阵：主对角线元素都是 1 的对角矩阵，称为单位矩阵，记为 E；

（7）上（下）三角矩阵：主对角线下（上）方的元素全为 0 的方阵，称为上（下）三角矩阵；

（8）对称矩阵：满足 $A^{\mathrm{T}} = A$ 的矩阵，称为对称矩阵；

（9）同型矩阵：矩阵 A, B 的行数和列数均相等，称为同型矩阵；

（10）负矩阵：设矩阵 $A = (a_{ij})$，称 $-A = (-a_{ij})$ 为矩阵 A 的负矩阵.

3. 矩阵的运算

（1）矩阵的加减法.

设矩阵 $A = (a_{ij})_{m \times n}$ 和 $B = (b_{ij})_{m \times n}$，则

$$A + B = \begin{pmatrix} a_{11}+b_{11} & a_{12}+b_{12} & \cdots & a_{1n}+b_{1n} \\ a_{21}+b_{21} & a_{22}+b_{22} & \cdots & a_{2n}+b_{2n} \\ \cdots & \cdots & & \cdots \\ a_{n1}+b_{n1} & a_{n2}+b_{n2} & \cdots & a_{nn}+b_{nn} \end{pmatrix}$$

$$A - B = A + (-B) = \begin{pmatrix} a_{11}-b_{11} & a_{12}-b_{12} & \cdots & a_{1n}-b_{1n} \\ a_{21}-b_{21} & a_{22}-b_{22} & \cdots & a_{2n}-b_{2n} \\ \cdots & \cdots & & \cdots \\ a_{n1}-b_{n1} & a_{n2}-b_{n2} & \cdots & a_{nn}-b_{nn} \end{pmatrix}$$

矩阵加法的运算律：

① $A + B = B + A$

② $(A+B)+C=A+(B+C)$

（2）数与矩阵相乘.

设矩阵 $A=(a_{ij})_{m\times n}$，则

$$\lambda A=A\lambda=\begin{pmatrix}\lambda a_{11} & \lambda a_{12} & \cdots & \lambda a_{1n}\\ \lambda a_{21} & \lambda a_{22} & \cdots & \lambda a_{2n}\\ \cdots & \cdots & & \cdots\\ \lambda a_{n1} & \lambda a_{n2} & \cdots & \lambda a_{nn}\end{pmatrix}$$

数乘矩阵的运算律：

① $(\lambda\mu)A=\lambda(\mu A)$

② $(\lambda+\mu)A=\lambda A+\mu A$

③ $\lambda(A+B)=\lambda A+\lambda B$

（3）矩阵与矩阵相乘.

设矩阵 $A=(a_{ij})_{m\times s}$ 和 $B=(b_{ij})_{s\times n}$，则

$C=AB=(c_{ij})_{m\times n}$，其中 $c_{ij}=a_{i1}b_{1j}+a_{i2}b_{2j}+\cdots+a_{in}b_{nj}(i=1,2,\cdots,m;j=1,2,\cdots,n)$.

矩阵乘法的运算律：

① $(AB)C=A(BC)$

② $A(B+C)=AB+AC,(B+C)A=BA+CA$

③ $\lambda(AB)=(\lambda A)B=A(\lambda B)$

注：① 一般情况下，$AB\neq BA$；

② $E_mA_{m\times n}=A_{m\times n}E_n=A_{m\times n}$；

③ $A^kA^l=A^{k+l}$，$(A^k)^l=A^{kl}$（其中 k,l 为正整数）.

（4）矩阵的转置.

定义：把矩阵 A 的行换成同序数的列得到的新矩阵，叫做 A 的转置矩阵，记作 A^T.

矩阵转置的运算律：

① $(A^T)^T=A$

② $(A+B)^T=A^T+B^T$

③ $(\lambda A)^T=\lambda A^T$

④ $(AB)^T=B^TA^T$

（5）方阵的行列式.

定义：由 n 阶方阵 A 的元素所构成的行列式，叫做方阵 A 的行列式，记作 $|A|$.

矩阵转置的运算律：

① $|A^T|=A$

② $|\lambda A|=\lambda^n|A|$

③ $|AB| = |BA|$

(6) 伴随矩阵.

定义：设 A 为 n 阶方阵，称 A^* 为矩阵 A 的伴随矩阵.

$$A^* = \begin{pmatrix} A_{11} & A_{21} & \cdots & A_{n1} \\ A_{12} & A_{22} & \cdots & A_{n2} \\ \vdots & \vdots & & \vdots \\ A_{1n} & A_{2n} & \cdots & A_{nn} \end{pmatrix}, \text{其中 } A_{ij} \text{ 为 } a_{ij} \text{ 对应的代数余子式.}$$

$$AA^* = A^*A = |A|E.$$

(7) 矩阵的逆矩阵.

① 对于方阵 A，如果存在一个方阵 B，使得 $AB = BA = E$，则称 A 为可逆矩阵，称 B 为 A 的逆矩阵，记作 $B = A^{-1}$.

② 方阵 A 可逆 $\Leftrightarrow |A| \neq 0$.

③ 可逆矩阵的性质：

若 A 可逆，则 A^{-1} 也可逆，且 $(A^{-1})^{-1} = A$；

若 A, B 可逆，则 AB 也可逆，且 $(AB)^{-1} = B^{-1}A^{-1}$；

若 A 可逆，则 A^T 也可逆，且 $(A^T)^{-1} = (A^{-1})^T$；

若 A 可逆，则 $kA(k \neq 0)$ 也可逆，且 $(kA)^{-1} = \dfrac{1}{k}A^{-1}$；

若 A 可逆，则 A^* 也可逆，且 $(A^*)^{-1} = \dfrac{1}{|A|}A$；

若 A 可逆，则 $|A^{-1}| = \dfrac{1}{|A|}$.

④ 逆矩阵的求法.

若 $|A| \neq 0$，则 $A^{-1} = \dfrac{1}{|A|}A^*$.

（三）矩阵的初等变换

1. 定义

下列三种变换称为矩阵的初等行变换：

(1) 对调两行（对调 i, j 两行，记作 $r_i \leftrightarrow r_j$）；

(2) 以数 $k \neq 0$ 乘某一行中所有元素（第 i 行乘 k，记作 $r_i \times k$）；

(3) 把某一行所有元素的 k 倍加到另一行对应的元素上去（第 j 行的 k 倍加到第 i 行上，记作 $r_i + kr_j$）.

类似有矩阵的初等列变换定义，矩阵的初等行、列变换统称矩阵的初等变换.

2. 矩阵等价

（1）定义：如果矩阵 A 经过有限次初等变换变成矩阵 B，那么就称矩阵 A 与矩阵 B 等价，记作 $A \sim B$.

（2）矩阵等价关系的性质如下.

① 反身性：$A \sim A$；

② 对称性：若 $A \sim B$，则 $B \sim A$；

③ 传递性：若 $A \sim B$，$B \sim C$，则 $A \sim C$.

3. 行阶梯形矩阵

行阶梯形矩阵的特点：可画出一条阶梯线，线的下方全为 0；每一个台阶只有一行，台阶数即是非零行的行数，阶梯线的竖线（每段竖线的长度为一行）后面的第一个元素为非零元，也就是非零行的第一个非零元.

行最简形矩阵的特点：非零行的第一个非零元为 1，且这些非零元所在的列的其他元素都为 0.

（四）线性方程组

1. 齐次线性方程组

（1）一般地，记下列方程组为齐次线性方程组，简记为 $AX = 0$.

$$\begin{cases} a_{11}x_1 + a_{12}x_2 + \cdots + a_{1n}x_n = 0 \\ a_{21}x_1 + a_{22}x_2 + \cdots + a_{2n}x_n = 0 \\ \quad\vdots \\ a_{n1}x_1 + a_{n2}x_2 + \cdots + a_{nn}x_n = 0 \end{cases}$$

（2）齐次线性方程组解的判定.

① 若 $R(A) = n$，则方程组只有零解；

② 若 $R(A) < n$，则方程组有无穷解.

（3）齐次线性方程组的解法.

① 写出齐次线性方程组的系数矩阵；

② 对系数矩阵进行初等行变换，变为其行最简形矩阵；

③ 根据行最简形矩阵写出与原方程组同解的同解方程组；

④ 选取行最简形矩阵中阶梯竖线后的第一个非零未知数为非自由未知数，其余未知数为自由未知数，并令自由未知数为任意的常数，将同解方程组写成参数形式；

⑤ 写出原方程组的解.

2. 非齐次线性方程组

(1) 一般地，记下列方程组为非齐次线性方程组，简记为 $AX=b$.

$$\begin{cases} a_{11}x_1+a_{12}x_2+\cdots+a_{1n}x_n=b_1 \\ a_{21}x_1+a_{22}x_2+\cdots+a_{2n}x_n=b_2 \\ \qquad\qquad\vdots \\ a_{n1}x_1+a_{n2}x_2+\cdots+a_{nn}x_n=b_n \end{cases}$$

(2) 非齐次线性方程组解的判定.

① 若 $R(A)\neq R(Ab)$，则方程组无解；

② 若 $R(A)=R(Ab)=n$，则方程组有唯一解；

③ 若 $R(A)=R(Ab)<n$，则方程组有无穷解.

(3) 非齐次线性方程组的解法.

① 写出非齐次线性方程组的增广矩阵；

② 对增广矩阵进行初等行变换，变为其行阶梯形矩阵；

③ 观察行阶梯形矩阵的最后一个非零行，如果出现矛盾的式子，即 $0=1$，那么原方程组无解，否则原方程组有解；

④ 在原方程组有解的情况下，继续将行阶梯形矩阵化为行最简形矩阵；

⑤ 根据行最简形矩阵写出与原方程组同解的同解方程组；

⑥ 选取行最简形矩阵中阶梯竖线后的第一个非零未知数为非自由未知数，其余未知数为自由未知数，并令自由未知数为任意的常数，将同解方程组写成参数形式；

⑦ 写出原方程组的解.

三、精选例题解析

例 1 求解方程

$$\begin{vmatrix} 1 & 1 & 1 \\ 2 & 3 & x \\ 4 & 9 & x^2 \end{vmatrix}=0.$$

解：方程左端的三阶行列式

$D=3x^2+4x+18-9x-2x^2-12=x^2-5x+6$

由 $x^2-5x+6=0$，解得 $x=2$ 或 $x=3$.

例 2 设 $\begin{vmatrix} a_{11} & a_{12} & a_{13} \\ a_{21} & a_{22} & a_{23} \\ a_{31} & a_{32} & a_{33} \end{vmatrix}=1$，求 $\begin{vmatrix} 6a_{11} & -2a_{12} & -10a_{13} \\ -3a_{21} & a_{22} & 5a_{23} \\ -3a_{31} & a_{32} & 5a_{33} \end{vmatrix}$.

解：
$$\begin{vmatrix} 6a_{11} & -2a_{12} & -10a_{13} \\ -3a_{21} & a_{22} & 5a_{23} \\ -3a_{31} & a_{32} & 5a_{33} \end{vmatrix} = -2 \begin{vmatrix} -3a_{11} & a_{12} & 5a_{13} \\ -3a_{21} & a_{22} & 5a_{23} \\ -3a_{31} & a_{32} & 5a_{33} \end{vmatrix}$$

$$= -2 \times (-3) \times 5 \begin{vmatrix} a_{11} & a_{12} & a_{13} \\ a_{21} & a_{22} & a_{23} \\ a_{31} & a_{32} & a_{33} \end{vmatrix} = -2 \times (-3) \times 5 \times 1 = 30.$$

例 3　计算

$$D = \begin{vmatrix} 3 & 1 & -1 & 2 \\ -5 & 1 & 3 & -4 \\ 2 & 0 & 1 & -1 \\ 1 & -5 & 3 & -3 \end{vmatrix}.$$

解：$D = - \begin{vmatrix} 1 & 3 & -1 & 2 \\ 1 & -5 & 3 & -4 \\ 0 & 2 & 1 & -1 \\ -5 & 1 & 3 & -3 \end{vmatrix} = - \begin{vmatrix} 1 & 3 & -1 & 2 \\ 0 & -8 & 4 & -6 \\ 0 & 2 & 1 & -1 \\ 0 & 16 & -2 & 7 \end{vmatrix}$

$$= \begin{vmatrix} 1 & 3 & -1 & 2 \\ 0 & 2 & 1 & -1 \\ 0 & -8 & 4 & -6 \\ 0 & 16 & -2 & 7 \end{vmatrix} = \begin{vmatrix} 1 & 3 & -1 & 2 \\ 0 & 2 & 1 & -1 \\ 0 & 0 & 8 & -10 \\ 0 & 0 & -10 & 15 \end{vmatrix}$$

$$= \begin{vmatrix} 1 & 3 & -1 & 2 \\ 0 & 2 & 1 & -1 \\ 0 & 0 & 8 & -10 \\ 0 & 0 & 0 & \dfrac{5}{2} \end{vmatrix} = 40.$$

例 4　计算

$$D = \begin{vmatrix} 1 & 0 & 2 & 5 \\ -1 & 2 & 1 & 3 \\ 2 & -1 & 0 & 1 \\ 1 & 3 & 4 & 2 \end{vmatrix}.$$

解：$D = \begin{vmatrix} 1 & 0 & 0 & 0 \\ -1 & 2 & 3 & 8 \\ 2 & -1 & -4 & -9 \\ 1 & 3 & 2 & -3 \end{vmatrix} = 1 \times (-1)^{1+1} \begin{vmatrix} 2 & 3 & 8 \\ -1 & -4 & -9 \\ 3 & 2 & -3 \end{vmatrix}$

$$D = \begin{vmatrix} 2 & 3 & 8 \\ -1 & -4 & -9 \\ 3 & 2 & -3 \end{vmatrix} = \begin{vmatrix} 0 & -5 & -10 \\ -1 & -4 & -9 \\ 0 & -10 & -30 \end{vmatrix}$$

$$= (-1) \times (-1)^{2+1} \begin{vmatrix} -5 & -10 \\ -10 & -30 \end{vmatrix} = 50.$$

例 5 求排列 32514 的逆序数.

解： 在排列 32514 中，

3 排在首位，逆序数为 0；

2 的前面比 2 大的数有一个，故逆序数为 1；

5 的前面没有比 5 大的数，故逆序数为 0；

1 的前面比 1 大的数有三个，故逆序数为 3；

4 的前面比 4 大的数有一个，故逆序数为 1；

故排列的逆序数为 $\tau = 0+1+0+3+1=5$.

例 6 设 $A = \begin{pmatrix} 1 & 1 & 1 \\ 1 & 1 & -1 \\ 1 & -1 & 1 \end{pmatrix}, B = \begin{pmatrix} 1 & 2 & 3 \\ -1 & -2 & 4 \\ 0 & 5 & 1 \end{pmatrix}$，求 $3A^T B - 2A$.

解： 由于 A 为对称矩阵，因此 $A^T = A$，故

$$A^T B = AB = \begin{pmatrix} 1 & 1 & 1 \\ 1 & 1 & -1 \\ 1 & -1 & 1 \end{pmatrix} \begin{pmatrix} 1 & 2 & 3 \\ -1 & -2 & 4 \\ 0 & 5 & 1 \end{pmatrix} = \begin{pmatrix} 0 & 5 & 8 \\ 0 & -5 & 6 \\ 2 & 9 & 0 \end{pmatrix};$$

于是 $3A^T B - 2A = 3\begin{pmatrix} 0 & 5 & 8 \\ 0 & -5 & 6 \\ 2 & 9 & 0 \end{pmatrix} - 2\begin{pmatrix} 1 & 1 & 1 \\ 1 & 1 & -1 \\ 1 & -1 & 1 \end{pmatrix}$

$$= \begin{pmatrix} 0 & 15 & 24 \\ 0 & -15 & 18 \\ 6 & 27 & 0 \end{pmatrix} - \begin{pmatrix} 2 & 2 & 2 \\ 2 & 2 & -2 \\ 2 & -2 & 2 \end{pmatrix} = \begin{pmatrix} -2 & 13 & 22 \\ -2 & -17 & 20 \\ 4 & 29 & -2 \end{pmatrix}.$$

例 7 设列矩阵 $X = (x_1, x_2, \cdots, x_n)^T$ 满足 $X^T X = 1$，E 为 n 阶单位矩阵，$H = E - 2XX^T$，证明 H 是对称矩阵，且 $HH^T = E$.

证明： $H^T = (E - 2XX^T)^T = E^T - 2(XX^T)^T = E - 2XX^T = H$，

所以 H 是对称矩阵.

$HH^T = H^2 = (E - 2XX^T)^2 = E - 4XX^T + 4(XX^T)(XX^T)$

$\quad = E - 4XX^T + 4X(X^T X)X^T = E - 4XX^T + 4XX^T = E.$

例 8 设 A 为三阶矩阵，$|A| = \dfrac{1}{2}$，求 $|(2A)^{-1} - 5A^*|$.

解：因 $|\boldsymbol{A}| = \dfrac{1}{2} \neq 0$，故 $\boldsymbol{A}$ 可逆，于是

$$\boldsymbol{A}^* = |\boldsymbol{A}|\boldsymbol{A}^{-1} = \frac{1}{2}\boldsymbol{A}^{-1} \ \text{及} \ (2\boldsymbol{A})^{-1} = \frac{1}{2}\boldsymbol{A}^{-1}$$

得 $(2\boldsymbol{A})^{-1} - 5\boldsymbol{A}^* = \dfrac{1}{2}\boldsymbol{A}^{-1} - \dfrac{5}{2}\boldsymbol{A}^{-1} = -2\boldsymbol{A}^{-1}$

故 $|(2\boldsymbol{A})^{-1} - 5\boldsymbol{A}^*| = |-2\boldsymbol{A}^{-1}| = (-2)^3|\boldsymbol{A}|^{-1} = -16.$

例 9　设方阵 $\boldsymbol{A}$ 满足 $\boldsymbol{A}^2 - \boldsymbol{A} - 2\boldsymbol{E} = \boldsymbol{O}$，证明 $(\boldsymbol{A}+2\boldsymbol{E})$ 可逆，并求 $(\boldsymbol{A}+2\boldsymbol{E})^{-1}$.

证明：由 $\boldsymbol{A}^2 - \boldsymbol{A} - 2\boldsymbol{E} = \boldsymbol{O}$ 得：

$(\boldsymbol{A}+2\boldsymbol{E})(\boldsymbol{A}-3\boldsymbol{E}) = -4\boldsymbol{E}$

$(\boldsymbol{A}+2\boldsymbol{E})\left[-\dfrac{1}{4}(\boldsymbol{A}-3\boldsymbol{E})\right] = \boldsymbol{E}$

所以 $(\boldsymbol{A}+2\boldsymbol{E})$ 可逆，且 $(\boldsymbol{A}+2\boldsymbol{E})^{-1} = -\dfrac{1}{4}(\boldsymbol{A}-3\boldsymbol{E}).$

例 10　判断矩阵 $\boldsymbol{A} = \begin{pmatrix} 2 & 1 & 1 \\ 3 & 1 & 2 \\ 1 & -1 & 0 \end{pmatrix}$ 是否可逆，若可逆求 $\boldsymbol{A}^{-1}$.

解：因为 $|\boldsymbol{A}| = \begin{vmatrix} 2 & 1 & 1 \\ 3 & 1 & 2 \\ 1 & -1 & 0 \end{vmatrix} = 2 \neq 0$，所以 $\boldsymbol{A}$ 是可逆的.

又 $A_{11} = (-1)^{1+1}\begin{vmatrix} 1 & 2 \\ -1 & 0 \end{vmatrix} = 2$，类似得 $A_{12} = 2$，$A_{13} = -4$，$A_{21} = -1$，

$A_{22} = -1$，$A_{23} = 3$，$A_{31} = 1$，$A_{32} = -1$，$A_{33} = -1$

故 $\boldsymbol{A}^{-1} = \dfrac{1}{|\boldsymbol{A}|}\boldsymbol{A}^* = \dfrac{1}{2}\begin{pmatrix} 2 & -1 & 1 \\ 2 & -1 & -1 \\ -4 & 3 & -1 \end{pmatrix}.$

例 11　设 $\boldsymbol{A} = \begin{pmatrix} 0 & 3 & 3 \\ 1 & 1 & 0 \\ -1 & 2 & 3 \end{pmatrix}$，$\boldsymbol{AB} = \boldsymbol{A} + 2\boldsymbol{B}$，求 $\boldsymbol{B}$.

解：由 $\boldsymbol{AB} = \boldsymbol{A} + 2\boldsymbol{B}$ 得 $(\boldsymbol{A}-2\boldsymbol{E})\boldsymbol{B} = \boldsymbol{A}$，即

$$\boldsymbol{B} = (\boldsymbol{A}-2\boldsymbol{E})^{-1}\boldsymbol{A} = \begin{pmatrix} -2 & 3 & 3 \\ 1 & -1 & 0 \\ -1 & 2 & 1 \end{pmatrix}^{-1}\begin{pmatrix} 0 & 3 & 3 \\ 1 & 1 & 0 \\ -1 & 2 & 3 \end{pmatrix}$$

$$= \frac{1}{2} \begin{pmatrix} -1 & 3 & 3 \\ -1 & 1 & 3 \\ 1 & 1 & -1 \end{pmatrix} \begin{pmatrix} 0 & 3 & 3 \\ 1 & 1 & 0 \\ -1 & 2 & 3 \end{pmatrix} = \begin{pmatrix} 0 & 3 & 3 \\ -1 & 2 & 3 \\ 1 & 1 & 0 \end{pmatrix}.$$

例 12 化矩阵 $A = \begin{pmatrix} 1 & 1 & 2 & 2 \\ 2 & 5 & 3 & 4 \\ 0 & 3 & 2 & -3 \\ 2 & 2 & 1 & 1 \end{pmatrix}$ 为行最简形矩阵.

解： $A = \begin{pmatrix} 1 & 1 & 2 & 2 \\ 2 & 5 & 3 & 4 \\ 0 & 3 & 2 & -3 \\ 2 & 2 & 1 & 1 \end{pmatrix} \sim \begin{pmatrix} 1 & 1 & 2 & 2 \\ 0 & 3 & -1 & 0 \\ 0 & 3 & 2 & -3 \\ 0 & 0 & -1 & -1 \end{pmatrix} \sim \begin{pmatrix} 1 & 1 & 2 & 2 \\ 0 & 3 & -1 & 0 \\ 0 & 0 & 3 & -3 \\ 0 & 0 & -1 & -1 \end{pmatrix}$

$$\sim \begin{pmatrix} 1 & 1 & 2 & 2 \\ 0 & 3 & -1 & 0 \\ 0 & 0 & 1 & -1 \\ 0 & 0 & 0 & 0 \end{pmatrix} \sim \begin{pmatrix} 1 & 0 & 0 & \frac{13}{3} \\ 0 & 1 & 0 & -\frac{1}{3} \\ 0 & 0 & 1 & -1 \\ 0 & 0 & 0 & 0 \end{pmatrix}.$$

例 13 求齐次线性方程组 $\begin{cases} x_1 + 2x_2 + 4x_3 - 3x_4 = 0 \\ 3x_1 + 5x_2 + 6x_3 - 4x_4 = 0 \\ 4x_1 + 5x_2 - 2x_3 + 3x_4 = 0 \end{cases}$ 的通解.

解： $A = \begin{pmatrix} 1 & 2 & 4 & -3 \\ 3 & 5 & 6 & -4 \\ 4 & 5 & -2 & 3 \end{pmatrix} \sim \begin{pmatrix} 1 & 2 & 4 & -3 \\ 0 & -1 & -6 & 5 \\ 0 & -3 & -18 & 15 \end{pmatrix} \sim \begin{pmatrix} 1 & 2 & 4 & -3 \\ 0 & 1 & 6 & -5 \\ 0 & 0 & 0 & 0 \end{pmatrix}$

$$\sim \begin{pmatrix} 1 & 2 & 4 & -3 \\ 0 & 1 & 6 & -5 \\ 0 & 0 & 0 & 0 \end{pmatrix} \sim \begin{pmatrix} 1 & 0 & -8 & 7 \\ 0 & 1 & 6 & -5 \\ 0 & 0 & 0 & 0 \end{pmatrix}.$$

同解方程组为 $\begin{cases} x_1 = 8x_3 - 7x_4 \\ x_2 = -6x_3 + 5x_4 \end{cases}$ ，将其改写成

$\begin{cases} x_1 = 8x_3 - 7x_4 \\ x_2 = -6x_3 + 5x_4 \\ x_3 = x_3 \\ x_4 = x_4 \end{cases}$ ，故原方程组的通解为 $x = \begin{pmatrix} x_1 \\ x_2 \\ x_3 \\ x_4 \end{pmatrix} = c_1 \begin{pmatrix} 8 \\ -6 \\ 1 \\ 0 \end{pmatrix} + c_2 \begin{pmatrix} -7 \\ 5 \\ 0 \\ 1 \end{pmatrix}$ $(c_1, c_2 \in \mathbf{R}).$

例 14　求非齐次线性方程组 $\begin{cases} x_1+2x_2-x_3-2x_4=0 \\ 2x_1-x_2-x_3+x_4=1 \\ 3x_1+x_2-2x_3-x_4=1 \end{cases}$ 的通解.

解：

$$\boldsymbol{B}=(Ab)=\begin{pmatrix} 1 & 2 & -1 & -2 & 0 \\ 2 & -1 & -1 & 1 & 1 \\ 3 & 1 & -2 & -1 & 1 \end{pmatrix} \sim \begin{pmatrix} 1 & 2 & -1 & -2 & 0 \\ 0 & -5 & 1 & 5 & 1 \\ 0 & -5 & 1 & 5 & 1 \end{pmatrix}$$

$$\sim \begin{pmatrix} 1 & 2 & -1 & -2 & 0 \\ 0 & -5 & 1 & 5 & 1 \\ 0 & 0 & 0 & 0 & 0 \end{pmatrix} \sim \begin{pmatrix} 1 & -3 & 0 & 3 & 1 \\ 0 & -5 & 1 & 5 & 1 \\ 0 & 0 & 0 & 0 & 0 \end{pmatrix}$$

同解方程组为 $\begin{cases} x_1=3x_2-3x_4+1 \\ x_2=x_2 \\ x_3=5x_2-5x_4+1 \\ x_4=x_4 \end{cases}$

故原方程组的通解为 $x=\begin{pmatrix} x_1 \\ x_2 \\ x_3 \\ x_4 \end{pmatrix}=c_1\begin{pmatrix} 3 \\ 1 \\ 5 \\ 0 \end{pmatrix}+c_2\begin{pmatrix} -3 \\ 0 \\ -5 \\ 1 \end{pmatrix}+\begin{pmatrix} 1 \\ 0 \\ 1 \\ 0 \end{pmatrix}$ $(c_1,c_2\in\mathbf{R})$.

四、强化练习

（一）选择题

1. 在 5 阶行列式中，若项 $a_{1i}a_{23}a_{35}a_{5j}a_{44}$ 的符号为正，则（　　）.

A. $i=1$，$j=3$　　B. $i=2$，$j=3$　　C. $i=1$，$j=2$　　D. $i=2$，$j=1$

2. 已知 $\begin{vmatrix} a_{11} & a_{12} & a_{13} \\ a_{21} & a_{22} & a_{23} \\ a_{31} & a_{32} & a_{33} \end{vmatrix}=3$，则 $\begin{vmatrix} 2a_{11} & -3a_{31}+5a_{21} & a_{21} \\ 2a_{12} & -3a_{32}+5a_{22} & a_{22} \\ 2a_{13} & -3a_{33}+5a_{23} & a_{23} \end{vmatrix}=$（　　）.

A. -18　　　　B. 18　　　　C. -9　　　　D. 27

3. 设 a,b 为实数，若 $\begin{vmatrix} -1 & b & 0 \\ -b & 1 & 0 \\ a & 0 & -1 \end{vmatrix}\neq0$，则（　　）.

A. $b\neq0$　　　　B. $a\neq0$　　　　C. $b\neq\pm1$　　　　D. $a\neq\pm1$

4. $\begin{vmatrix} a_1 & 0 & 0 & b_1 \\ 0 & a_2 & b_2 & 0 \\ 0 & b_3 & a_3 & 0 \\ b_4 & 0 & 0 & a_4 \end{vmatrix}=$（　　）.

A. $a_1 a_2 a_3 a_4 - b_1 b_2 b_3 b_4$
B. $a_1 a_2 a_3 a_4 + b_1 b_2 b_3 b_4$

C. $(a_1 a_2 - b_1 b_2)(a_3 a_4 - b_3 b_4)$
D. $(a_1 a_4 - b_1 b_4)(a_2 a_3 - b_2 b_3)$

5. 在 5 阶行列式中，符号为正的项是（　　）.

A. $a_{13} a_{24} a_{32} a_{41} a_{55}$
B. $a_{21} a_{32} a_{41} a_{15} a_{54}$

C. $a_{31} a_{25} a_{43} a_{14} a_{52}$
D. $a_{15} a_{31} a_{22} a_{44} a_{53}$

6. 设有矩阵 $\boldsymbol{A}_{3\times 2}, \boldsymbol{B}_{2\times 3}, \boldsymbol{C}_{3\times 3}$，则下列运算中可行的是（　　）.

A. $\boldsymbol{AC}$　　　　B. $\boldsymbol{CB}$　　　　C. $\boldsymbol{ABC}$　　　　D. $\boldsymbol{AB} - \boldsymbol{BC}$

7. 设 $\boldsymbol{A}, \boldsymbol{B}$ 是 n 阶方阵，$\boldsymbol{E}$ 为单位矩阵，以下命题正确的是（　　）.

A. $(\boldsymbol{A}+\boldsymbol{B})^2 = \boldsymbol{A}^2 + 2\boldsymbol{AB} + \boldsymbol{B}^2$
B. $(\boldsymbol{A}+\boldsymbol{B})(\boldsymbol{A}-\boldsymbol{B}) = \boldsymbol{A}^2 - \boldsymbol{B}^2$

C. $(\boldsymbol{A}+\boldsymbol{E})(\boldsymbol{A}-\boldsymbol{E}) = \boldsymbol{A}^2 - \boldsymbol{E}$
D. $(\boldsymbol{AB})^2 = \boldsymbol{A}^2 \boldsymbol{B}^2$

8. 设 $\boldsymbol{A}, \boldsymbol{B}, \boldsymbol{X}$ 都是 n 阶可逆方阵，且满足 $\boldsymbol{XA} = \boldsymbol{B}$，则有 $\boldsymbol{X} = $（　　）.

A. $\dfrac{\boldsymbol{B}}{\boldsymbol{A}}$　　　　B. $\boldsymbol{BA}^{-1}$　　　　C. $\boldsymbol{A}^{-1}\boldsymbol{B}$　　　　D. $\dfrac{\boldsymbol{A}}{\boldsymbol{B}}$

9. 设 $\boldsymbol{A}$ 是 3 阶可逆方阵，且 $|\boldsymbol{A}| = 2$，则 $|-2\boldsymbol{A}^2| = $（　　）.

A. -32　　　　B. 32　　　　C. -8　　　　D. 8

10. 设 $\boldsymbol{A}, \boldsymbol{B}$ 都是 n 阶方阵，满足 $\boldsymbol{AB} = \boldsymbol{O}$，则（　　）.

A. $\boldsymbol{A} = \boldsymbol{B} = \boldsymbol{O}$
B. $\boldsymbol{A} + \boldsymbol{B} = \boldsymbol{O}$

C. $|\boldsymbol{A}| = 0$ 或 $|\boldsymbol{B}| = 0$
D. $|\boldsymbol{A}| + |\boldsymbol{B}| = 0$

11. 当 $ad \neq bc$ 时，$\begin{pmatrix} a & b \\ c & d \end{pmatrix}^{-1} = $（　　）.

A. $\begin{pmatrix} d & -c \\ -b & a \end{pmatrix}$
B. $\dfrac{1}{ad-bc}\begin{pmatrix} d & -b \\ -c & a \end{pmatrix}$

C. $\dfrac{1}{bc-ad}\begin{pmatrix} d & -c \\ -b & a \end{pmatrix}$
D. $\dfrac{1}{ad-bc}\begin{pmatrix} d & -c \\ -b & a \end{pmatrix}$

12. 已知 n 阶方阵 $\boldsymbol{A}, \boldsymbol{B}$ 均为可逆矩阵，k 为常数，下列仍为可逆矩阵的是（　　）.

A. $k\boldsymbol{AB}$
B. $\boldsymbol{A} + \boldsymbol{B}$

C. $\boldsymbol{AB}$
D. $k(\boldsymbol{A}+\boldsymbol{B})(k \neq 0)$

13. 已知矩阵 $\begin{pmatrix} 3 & 2c+d \\ a-b & 4 \end{pmatrix} = \begin{pmatrix} a+b & 5 \\ 1 & c-d \end{pmatrix}$，则 a, b, c, d 分别为（　　）.

A. $2, 1, 3, 1$　　　B. $1, 3, -1, 2$　　　C. $1, 2, -1, 3$　　　D. $2, 1, 3, -1$

14. 设 $\boldsymbol{A}, \boldsymbol{B}, \boldsymbol{C}$ 为同阶方阵，$\boldsymbol{E}$ 为单位矩阵，若 $\boldsymbol{ABC} = \boldsymbol{E}$，则下列结论成立的是（　　）.

A. $\boldsymbol{BCA} = \boldsymbol{E}$　　　B. $\boldsymbol{CBA} = \boldsymbol{E}$　　　C. $\boldsymbol{ACB} = \boldsymbol{E}$　　　D. $\boldsymbol{BAC} = \boldsymbol{E}$

15. 设 $\boldsymbol{A}$ 为 3 阶方阵，$|\boldsymbol{A}| = 2$，$\boldsymbol{A}^*$ 是 $\boldsymbol{A}$ 的伴随矩阵，则 $|\boldsymbol{A}^*| = $（　　）.

A. 2   B. 4   C. 8   D. 16

（二）填空题

1. 4 阶行列式中，带有负号且包含因子 $a_{11}a_{23}$ 的项为 _____.

2. 如果 n 阶行列式中，$n!$ 项中负项的个数为偶数，则 $n \geqslant$ _____.

3. 行列式 $\begin{vmatrix} -3 & 0 & 4 \\ 5 & 0 & 3 \\ 2 & -2 & 1 \end{vmatrix}$ 中，元素 2 的代数余子式为 _____.

4. 在函数 $f(x) = \begin{vmatrix} 2x & 1 & -1 \\ -x & -x & x \\ 1 & 2 & -x \end{vmatrix}$ 中，x^3 的系数为 _____.

5. 已知 $\begin{vmatrix} x & 3 & 1 \\ y & 0 & 1 \\ z & 2 & 1 \end{vmatrix} = 1$，则 $\begin{vmatrix} x-3 & y-3 & z-3 \\ 5 & 2 & 4 \\ 1 & 1 & 1 \end{vmatrix} =$ _____.

6. 设 A 为 3 阶矩阵，且 $|A| = 2$，则 $||A|A^T| =$ _____.

7. 设 $A = (1 \quad 2 \quad 3)$，$B = \begin{pmatrix} 3 \\ 2 \\ 1 \end{pmatrix}$，则 $AB =$ _____；$BA =$ _____.

8. $A^2 - B^2 = (A+B)(A-B)$ 的充分必要条件是 _____.

9. 设 $B = \begin{pmatrix} 5 & 4 \\ 3 & 2 \end{pmatrix}$，$C = \begin{pmatrix} 2 & 1 \\ -3 & 4 \end{pmatrix}$，且 $BAC = E$，则 $A^{-1} =$ _____.

10. 设 $A = \begin{pmatrix} 1 & 2 \\ 4 & 3 \end{pmatrix}$，$B = \begin{pmatrix} x & 1 \\ 2 & y \end{pmatrix}$，则当 x, y 之间满足 _____ 时，有 $AB = BA$ 成立.

（三）计算题

1. 若 $(-1)^{\tau(i432k)+\tau(52j14)} a_{i5}a_{42}a_{3j}a_{21}a_{k4}$ 是五阶行列式 $|a_{ij}|$ 的一项，则 i, j, k 应为何值？此时该项的符号是什么？

2. 证明
$$\begin{vmatrix} a^2 & ab & b^2 \\ 2a & a+b & 2b \\ 1 & 1 & 1 \end{vmatrix} = (a-b)^3.$$

3. 计算

$$D = \begin{vmatrix} 0 & -1 & -1 & 2 \\ 1 & -1 & 0 & 2 \\ -1 & 2 & -1 & 0 \\ 2 & 1 & 1 & 0 \end{vmatrix}.$$

4. 设

$$D = \begin{vmatrix} 3 & -5 & 2 & 1 \\ 1 & 1 & 0 & -5 \\ -1 & 3 & 1 & 3 \\ 2 & -4 & -1 & -3 \end{vmatrix}, D \text{ 的 } (i, j) \text{ 元的代数余子式记作 } A_{ij}, \text{ 求}$$

$A_{11} + A_{12} + A_{13} + A_{14}$.

5. 已知 $\boldsymbol{A} = \begin{pmatrix} 3 & -1 & 2 & 0 \\ 1 & 5 & 7 & 9 \\ 2 & 4 & 6 & 8 \end{pmatrix}, \boldsymbol{B} = \begin{pmatrix} 7 & 5 & -2 & 4 \\ 5 & 1 & 9 & 7 \\ 3 & 2 & -1 & 6 \end{pmatrix}$, 且 $\boldsymbol{A} + 2\boldsymbol{X} = \boldsymbol{B}$, 求 $\boldsymbol{X}$.

6. 求矩阵 $\boldsymbol{A} = \begin{pmatrix} 1 & 0 & 1 \\ 2 & 1 & 0 \\ -3 & 2 & -5 \end{pmatrix}$ 的逆矩阵.

7. 已知矩阵 $\boldsymbol{X}$ 满足 $\boldsymbol{AX} + \boldsymbol{E} = \boldsymbol{A}^2 + \boldsymbol{X}$, 其中

$$\boldsymbol{A} = \begin{pmatrix} 1 & 0 & 1 \\ 0 & 2 & 0 \\ 1 & 0 & 1 \end{pmatrix}$$

求矩阵 $\boldsymbol{X}$.

8. 求齐次线性方程组 $\begin{cases} x_1 + 2x_2 + 2x_3 + x_4 = 0 \\ 2x_1 + x_2 - 2x_3 - 2x_4 = 0 \\ x_1 - x_2 - 4x_3 - 3x_4 = 0 \end{cases}$ 的通解.

9. 求非齐次线性方程组 $\begin{cases} x_1 - 2x_2 + 3x_3 - x_4 = 1 \\ 3x_1 - x_2 + 5x_3 - 3x_4 = 2 \\ 2x_1 + x_2 + 2x_3 - 2x_4 = 3 \end{cases}$ 的通解.

10. 求非齐次线性方程组 $\begin{cases} x_1 + x_2 - 3x_3 - x_4 = 1 \\ 3x_1 - x_2 - 3x_3 + 4x_4 = 4 \\ x_1 + 5x_2 - 9x_3 - 8x_4 = 0 \end{cases}$ 的通解.

第六章　解析几何

本章基本要求

掌握平面解析几何基础知识，包括直线和二次曲线（圆、椭圆、双曲线、抛物线）的定义、性质、图像，二次曲线的判别以及参数方程、极坐标方程，理解极坐标与参数方程的定义，极坐标和参数方程以及直角坐标之间的相互转化.

一、内容结构

$$
\left\{
\begin{array}{l}
\text{直线}\left\{
\begin{array}{l}
\text{直线方程类型} \\
\text{点线、线线间的位置关系}
\end{array}
\right. \\[2em]
\text{圆锥曲线}\left\{
\begin{array}{l}
\text{圆} \\
\text{椭圆} \\
\text{双曲线} \\
\text{抛物线}
\end{array}
\right. \\[3em]
\text{极坐标与参数方程}
\end{array}
\right.
$$

二、知识要点

（一）直线

1. 直线方程

（1）直线的倾斜角. 在直角坐标系中，对于一条与 x 轴相交的直线，我们规定直线向上的方向与 x 轴的正方向所成的最小正角 α 称为直线的倾斜角. 倾斜角 α 的取值范围是 $0 \leqslant \alpha < \pi$.

（2）直线的斜率. 当倾斜角 $\alpha \neq \dfrac{\pi}{2}$ 时，称 $k = \tan\alpha$ 为直线的斜率.

（3）直线方程的类型（见表 6-1）.

表 6-1

名称	方程	适用范围
点斜式	$y - y_0 = k(x - x_0)$	不含垂直 x 轴的直线
斜截式	$y = kx + b$	不含垂直 x 轴的直线
两点式	$\dfrac{y - y_1}{y_2 - y_1} = \dfrac{x - x_1}{x_2 - x_1}$，$(x_1, y_1)$，$(x_2, y_2)$ 为直线上的两点	不含垂直 x 轴的直线
截距式	$\dfrac{x}{a} + \dfrac{y}{b} = 1$，$a, b$ 分别为直线在 x 轴和 y 轴的截距	不含垂直于坐标轴和经过原点的直线
一般式	$Ax + By + C = 0$，A, B 不同时为 0	平面直接坐标系中的任何直线

2. 点线、线线间的位置关系

（1）点与直线的位置关系. 定点 $M(x_0, y_0)$ 与直线 $Ax + By + C = 0$ 间的距离 $d = \dfrac{|Ax_0 + By_0 + C|}{\sqrt{A^2 + B^2}}$，当 $d = 0$ 时，即 $Ax_0 + By_0 + C = 0$ 时，定点 $M(x_0, y_0)$ 在直线 $Ax + By + C = 0$ 上.

（2）线线间的位置关系. 设已知两条直线 l_1, l_2 的方程分别为

$l_1: y = k_1 x + b_1;$ 或 $A_1 x + B_1 y + C_1 = 0;$

$l_2: y = k_2 x + b_2.$ $A_2 x + B_2 y + C_2 = 0.$

① $l_1 // l_2$ 且不重合 $\Leftrightarrow k_1 = k_2$，$b_1 \neq b_2 \Leftrightarrow \dfrac{A_1}{A_2} = \dfrac{B_1}{B_2} \neq \dfrac{C_1}{C_2}$；

② l_1 与 l_2 相交 $\Leftrightarrow k_1 \neq k_2 \Leftrightarrow \dfrac{A_1}{A_2} \neq \dfrac{B_1}{B_2}$；

③ $l_1 \perp l_2 \Leftrightarrow k_1 k_2 = -1 \Leftrightarrow A_1 A_2 + B_1 B_2 = 0$；

④ l_1 与 l_2 相交，且夹角 θ 的正切值 $\tan\theta = \dfrac{|k_1 - k_2|}{1 + k_1 k_2} = \dfrac{|A_1 B_2 - A_2 B_1|}{A_1 A_2 + B_1 B_2}$ $(k_1 k_2 \neq -1)$.

（二）圆锥曲线

1. 圆方程

（1）圆的标准方程 $(x - a)^2 + (y - b)^2 = r^2$，表示圆心为 (a, b)，半径为 r 的圆.

（2）圆的一般方程 $x^2 + y^2 + Dx + Ey + F = 0$ $(D^2 + E^2 - 4F > 0)$，表示圆心

为 $\left(-\dfrac{D}{2},-\dfrac{E}{2}\right)$，半径为 $\sqrt{\dfrac{D^2+E^2-4F}{2}}$ 的圆.

2. 椭圆方程（见表 6-2）

表 6-2

定义	动点到两个定点之和等于定长的点的轨迹	
标准方程	$\dfrac{x^2}{a^2}+\dfrac{y^2}{b^2}=1(a>b>0)$	$\dfrac{x^2}{b^2}+\dfrac{y^2}{a^2}=1(a>b>0)$
图像		
取值范围	$-a\leqslant x\leqslant a,-b\leqslant y\leqslant b$	$-b\leqslant x\leqslant b,-a\leqslant y\leqslant a$
对称性	对称轴:坐标轴;对称中心:$(0,0)$	
顶点	$A_1(-a,0),A_2(a,0),$ $B_1(0,-b),B_2(0,b)$	$A_1(0,-a),A_2(0,a),$ $B_1(-b,0),B_2(b,0)$
轴	长轴 $A_1A_2=2a$,短轴 $B_1B_2=2b$	
焦距	$F_1F_2=2c(c=\sqrt{a^2-b^2})$	
准线	$x=\pm\dfrac{a^2}{c}$	$y=\pm\dfrac{a^2}{c}$
离心率	$e=\dfrac{c}{a}\in(0,1)$	
焦半径	$r_1=\lvert ex_0+a\rvert,r_2=\lvert a-ex_0\rvert$	$r_1=\lvert ey_0+a\rvert,r_2=\lvert a-ey_0\rvert$
通径	$H_1H_2=\dfrac{2b^2}{a}$	$H_1H_2=\dfrac{2b^2}{a}$

3. 双曲线方程（见表 6-3）

表 6-3

定义	动点到两个定点的距离之差的绝对值等于定长的点的轨迹	
标准方程	$\dfrac{x^2}{a^2}-\dfrac{y^2}{b^2}=1(a>0,b>0)$	$\dfrac{y^2}{a^2}-\dfrac{x^2}{b^2}=1(a>0,b>0)$

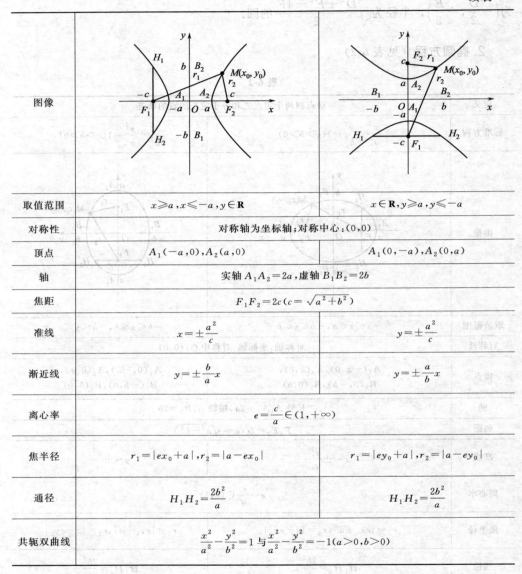

图像		
取值范围	$x\geqslant a,x\leqslant -a,y\in \mathbf{R}$	$x\in \mathbf{R},y\geqslant a,y\leqslant -a$
对称性	对称轴为坐标轴;对称中心:$(0,0)$	
顶点	$A_1(-a,0),A_2(a,0)$	$A_1(0,-a),A_2(0,a)$
轴	实轴 $A_1A_2=2a$,虚轴 $B_1B_2=2b$	
焦距	$F_1F_2=2c(c=\sqrt{a^2+b^2})$	
准线	$x=\pm \dfrac{a^2}{c}$	$y=\pm \dfrac{a^2}{c}$
渐近线	$y=\pm \dfrac{b}{a}x$	$y=\pm \dfrac{a}{b}x$
离心率	$e=\dfrac{c}{a}\in (1,+\infty)$	
焦半径	$r_1=\lvert ex_0+a\rvert,r_2=\lvert a-ex_0\rvert$	$r_1=\lvert ey_0+a\rvert,r_2=\lvert a-ey_0\rvert$
通径	$H_1H_2=\dfrac{2b^2}{a}$	$H_1H_2=\dfrac{2b^2}{a}$
共轭双曲线	$\dfrac{x^2}{a^2}-\dfrac{y^2}{b^2}=1$ 与 $\dfrac{x^2}{a^2}-\dfrac{y^2}{b^2}=-1(a>0,b>0)$	

4. 抛物线方程（见表 6-4）

表 6-4

定义	动点到定点的距离等于动点到定直线的距离的点的轨迹			
标准方程	$y^2=2px(p>0)$	$y^2=-2px(p>0)$	$x^2=2py(p>0)$	$x^2=-2py(p>0)$

图像				
取值范围	$x \geqslant 0, y \in \mathbb{R}$	$x \leqslant 0, y \in \mathbb{R}$	$x \in \mathbb{R}, y \geqslant 0$	$x \in \mathbb{R}, y \leqslant 0$
焦点坐标	$\left(\dfrac{p}{2}, 0\right)$	$\left(-\dfrac{p}{2}, 0\right)$	$\left(0, \dfrac{p}{2}\right)$	$\left(0, -\dfrac{p}{2}\right)$
准线方程	$x = -\dfrac{p}{2}$	$x = \dfrac{p}{2}$	$y = -\dfrac{p}{2}$	$y = \dfrac{p}{2}$
离心率	$e = 1$			
焦半径	$MF = x_0 + \dfrac{p}{2}$	$MF = \dfrac{p}{2} - x_0$	$MF = y_0 + \dfrac{p}{2}$	$MF = \dfrac{p}{2} - y_0$
通径	$H_1 H_2 = 2p$			

5. 圆锥曲线与直线相交

设平面内的直线 $l: y = kx + b$ 和圆锥曲线 $C: F(x, y) = 0$ 相交于 $A(x_1, y_1)$，$B(x_2, y_2)$ 两点，则线段 AB 的长度

$$AB = \sqrt{1+k^2}\sqrt{(x_1+x_2)^2 - 4x_1 x_2} = \sqrt{1+\frac{1}{k^2}}\sqrt{(y_1+y_2)^2 - 4y_1 y_2}.$$

（三）极坐标与参数方程

1. 极坐标系

在平面内取一定点 O，从 O 点出发作一条水平向右的射线 Ox，并取定长度单位和转角的正方向（规定逆时针方向旋转为正角），这样构成了极坐标系. 定点 O 称为极点，射线 Ox 称为极轴. 平面内任意一点 M 可用有序实数对 (ρ, θ) 表示，其中 ρ 为 OM 的长度，θ 为从 Ox 旋转到 OM 的角度，称为极角，规定 $\rho \geqslant 0$，$\theta \in [0, 2\pi]$ 或 $\theta \in [-\pi, \pi]$. 如图 6-1 所示.

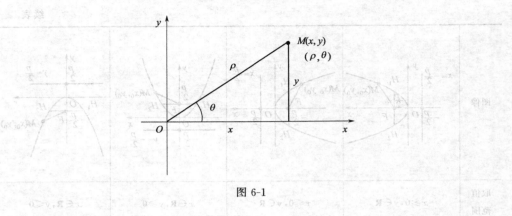

图 6-1

2. 极坐标和直角坐标的相互转换

设点 M 为平面上的任意点，它的直角坐标为 (x, y)，极坐标为 (ρ, θ)，由图 6-1 可知

$$\begin{cases} x = \rho \cos\theta \\ y = \rho \sin\theta \end{cases}, \begin{cases} \rho^2 = x^2 + y^2 \\ \tan\theta = \dfrac{y}{x}(x \neq 0) \end{cases}$$

3. 参数方程

一般地，在平面直角坐标系中，曲线上任意一点的 M 的坐标 x, y 都是关于变量 t 的函数，即 $\begin{cases} x = \varphi(t) \\ y = \phi(t) \end{cases}$ $(a \leqslant t \leqslant b)$，并且对于 t 的每一个允许值，由方程组所确定的点 (x, y) 都在这条曲线上，那么该方程组称为这条曲线的参数方程，其中 t 称为参数. 相对于参数方程而言，直接给出点的坐标间关系的方程称为普通方程.

4. 曲线的参数方程和普通方程间的相互转换

一般情况下，若将参数方程转化为普通方程，只需消去参数方程中的参数 t；若将普通方程转化为参数方程，需将普通方程适当的变形后选择适当的参数 t，整理成 x, y 关于 t 的方程组的形式.

三、精选例题解析

例 1 已知直线 l 的倾斜角 α 的正弦值 $\sin\alpha = \dfrac{3}{5}$，求该直线的斜率 k 和倾斜角 α.

解：因为 $\sin\alpha = \dfrac{3}{5}$，$\alpha \in (0, \pi)$，所以有

$$\cos\alpha=\pm\sqrt{1-\sin^2\alpha}=\pm\sqrt{1-\frac{9}{25}}=\pm\frac{4}{5},\tan\alpha=\pm\frac{3}{4},$$

故 $\alpha=\arctan\frac{3}{4}$ 或者 $\alpha=-\arctan\frac{3}{4}$.

例 2　求直线 $x\sin\alpha-y+1=0$ 的倾斜角的取值范围.

解： 由 $x\sin\alpha-y+1=0$ 得 $y=x\sin\alpha+1$，设直线的倾斜角为 θ，则有 $\tan\theta=\sin\alpha$，且 $-1\leqslant\tan\theta\leqslant1$，$\theta\in[0,\pi)$，解得 $0\leqslant\theta\leqslant\frac{\pi}{4}$ 或 $\frac{3\pi}{4}\leqslant\theta\leqslant\pi$.

例 3　已知直线 l_1：$ax+2y+6=0$ 和直线 l_2：$x+(a-1)y+a^2-1=0$.

(1) 当 $l_1//l_2$ 时，求 a 的值；

(2) 当 $l_1\perp l_2$ 时，求 a 的值.

解： (1) $l_1//l_2\Leftrightarrow\frac{a}{1}=\frac{2}{a-1}\neq\frac{6}{a^2-1}$，解得 $a=-1$，故当 $a=-1$ 时 $l_1//l_2$.

(2) $l_1\perp l_2\Leftrightarrow a+2(a-1)=0$，解得 $a=\frac{2}{3}$，故当 $a=\frac{2}{3}$ 时 $l_1\perp l_2$.

例 4　已知直线过点 $P(-5,-4)$，且与坐标轴围成的三角形的面积为 5，求此直线方程.

分析： 直线与坐标轴有关，故此题采用直线方程的截距式.

解： 设所求方程为 $\frac{x}{a}+\frac{y}{b}=1$，代入点 $P(-5,-4)$，$\frac{-5}{a}+\frac{-4}{b}=1$，即 $4a+5b=-ab$，又 $\frac{1}{2}|ab|=5$，故 $a=-\frac{5}{2},b=4$，或 $a=5,b=-2$.

故所求的直线方程 $\frac{x}{-\frac{5}{2}}+\frac{y}{4}=1$，即 $8x-5y+20=0$，或 $\frac{x}{5}+\frac{y}{-2}=1$，即 $2x-5y-10=0$.

例 5　方程 $x^2+y^2+4mx-2y+5m=0$ 表示圆的条件为（　　）.

A. $\frac{1}{4}<m<1$　　　B. $m>1$　　　C. $m<\frac{1}{4}$　　　D. $m<\frac{1}{4}$ 或 $m>1$

分析： 由圆的一般方程可知 $D^2+E^2-4F=(4m)^2+(-2)^2-4\times5m>0$，解得 $m<\frac{1}{4}$ 或 $m>1$，故选择 D.

例 6　判断直线与圆的位置关系：

(1) l_1：$y=2x+5$，圆 C_1：$x^2+y^2=4$；

(2) l_2：$3x+y-6=0$，圆 C_2：$x^2+y^2-2y-4=0$；

(3) l_3：$x-y-4=0$，圆 C_3：$x^2+y^2=8$.

分析： 判断直线与圆的位置关系，要计算圆心 (x_0,y_0) 与直线的距离 $d=$

$\dfrac{|Ax_0+By_0+C|}{\sqrt{A^2+B^2}}$，并比较 d 与半径 r 的大小关系，$d>r$，直线与圆相离，$d=r$，直线与圆相切，$d<r$，直线与圆相交.

解：（1）由圆的方程可知，圆心 $O_1(0,0)$，半径 $r_1=2$，$d_1=\dfrac{|2\times0-0+5|}{\sqrt{2^2+(-1)^2}}=\sqrt{5}>2$，所以直线与圆相离.

（2）由圆的方程可知，圆心 $O_2(0,1)$，半径 $r_2=\sqrt{5}$，$d_2=\dfrac{|3\times0+1-6|}{\sqrt{3^2+1^2}}=\dfrac{\sqrt{10}}{2}<\sqrt{5}$，所以直线与圆相交.

（3）由圆的方程可知，圆心 $O_3(0,0)$，半径 $r_3=2\sqrt{2}$，$d_3=\dfrac{|0-0-4|}{\sqrt{1^2+(-1)^2}}=2\sqrt{2}=r_3$，所以直线与圆相切.

例 7 根据下列已知条件求圆的方程.

（1）经过点 $P(1,1)$ 和坐标原点，并且圆心在直线 $2x+3y+1=0$ 上；

（2）圆心在直线 $y=-4x$ 上，且与直线 l：$x+y-1=0$ 相切于点 $P(3,-2)$.

解：（1）设圆的标准方程为 $(x-a)^2+(y-b)^2=r^2$，由题意可知

$$\begin{cases} a^2+b^2=r^2 \\ (a-1)^2+(b-1)^2=r^2 \\ 2a+3b+1=0 \end{cases} \Rightarrow \begin{cases} a=4 \\ b=-3 \\ r=5 \end{cases}$$

故圆的方程为 $(x-4)^2+(y+3)^2=25$.

（2）法一：设圆的标准方程为 $(x-a)^2+(y-b)^2=r^2$，由题意可知

$$\begin{cases} b=-4a \\ (3-a)^2+(-2-b)^2=r^2 \\ \dfrac{|a+b-1|}{\sqrt{2}}=r \end{cases} \Rightarrow \begin{cases} a=1 \\ b=-4 \\ r=2\sqrt{2} \end{cases}$$

故圆的方程为 $(x-1)^2+(y+4)^2=8$.

法二：过切点且与 $x+y-1=0$ 垂直的直线为 $y+2=x-3$，$\begin{cases} y=x-5 \\ y=-4x \end{cases}$ 得圆的圆心为 $(1,-4)$，则半径为 $r=2\sqrt{2}$，故圆的方程为 $(x-1)^2+(y+4)^2=8$.

例 8 求适合下列条件的椭圆的标准方程.

（1）椭圆两个焦点的坐标为 $(3,0),(-3,0)$，且经过点 $(5,0)$；

（2）椭圆经过点 $A(\sqrt{3},-2),B(-2\sqrt{3},1)$.

解：（1）由题意知该椭圆的焦点在 x 轴上，且 $c=3$，设标准方程为 $\dfrac{x^2}{a^2}+\dfrac{y^2}{b^2}=1$，

$(a>b>0)$，$2a=\sqrt{(5+3)^2+0^2}+\sqrt{(5-3)^2+0^2}=10$，故 $a=5$，$b=\sqrt{a^2-c^2}=4$，所求椭圆的标准方程为 $\dfrac{x^2}{25}+\dfrac{y^2}{16}=1$.

（2）设所求方程为 $mx^2+ny^2=1$，$(m>0,n>0,m\neq n)$，依题意知

$$\begin{cases}3m+4n=1\\12m+n=1\end{cases}\Rightarrow\begin{cases}m=\dfrac{1}{15}\\[2mm]n=\dfrac{1}{5}\end{cases}$$

所求椭圆的标准方程为 $\dfrac{x^2}{15}+\dfrac{y^2}{5}=1$.

例 9 过双曲线 $x^2-\dfrac{y^2}{3}=1$ 的左焦点作倾斜角为 $\dfrac{\pi}{6}$ 的直线交双曲线于 A,B 两点，（1）计算弦 AB 的长；（2）判断 A,B 两点是否位于双曲线的同支.

解： 双曲线 $x^2-\dfrac{y^2}{3}=1$ 的左焦点为 $F_1(-2,0)$，$\alpha=\dfrac{\pi}{6}$，直线 AB 的方程为 $y=\dfrac{\sqrt{3}}{3}(x+2)$.

$$\begin{cases}y=\dfrac{\sqrt{3}}{3}(x+2)\\[2mm]x^2-\dfrac{y^2}{3}=1\end{cases}\Rightarrow 8x^2-4x-13=0\Rightarrow\begin{cases}x_1+x_2=\dfrac{1}{2}\\[2mm]x_1x_2=-\dfrac{13}{8}\end{cases}$$

（1）$|AB|=\sqrt{1+k^2}\,|x_1-x_2|=\sqrt{1+k^2}\sqrt{(x_1+x_2)^2-4x_1x_2}=3$.

（2）$x_1x_2=-\dfrac{13}{8}<0$，故判定 A,B 两点位于双曲线的不同支上.

例 10 试分别求出满足下列条件的抛物线的标准方程.

（1）过点 $(-3,2)$；（2）焦点在直线 $x-2y-4=0$ 上.

解：（1）设所求抛物线方程为 $y^2=-2px(p>0)$ 或 $x^2=2py(p>0)$，抛物线必过点 $(-3,2)$，则有 $4=6p$ 或 $9=4p$，解得 $p=\dfrac{2}{3}$ 或 $p=\dfrac{9}{4}$，所求的抛物线方程为 $y^2=-\dfrac{4}{3}x$ 或 $x^2=\dfrac{9}{2}y$.

（2）由于抛物线的焦点在直线 $x-2y-4=0$ 上，故焦点只能为 $(4,0)$ 或 $(0,-2)$.

当焦点为 $(4,0)$ 时，抛物线的方程为 $y^2=16x$；

当焦点为 $(0,-2)$ 时，抛物线的方程为 $x^2=-8y$.

例 11 已知曲线 C_1,C_2 的极坐标方程为 $\rho\cos\theta=3$，$\rho=4\cos\theta\left(\rho\geq0,0\leq\theta<\dfrac{\pi}{2}\right)$，

求曲线 C_1 与 C_2 交点的极坐标.

解：由 $\begin{cases} \rho\cos\theta=3 \\ \rho=4\cos\theta \end{cases} \Rightarrow \begin{cases} \theta=\dfrac{\pi}{6} \\ \rho=2\sqrt{3} \end{cases}$ 故 C_1 与 C_2 交点的极坐标为 $\left(2\sqrt{3},\ \dfrac{\pi}{6}\right)$.

例 12 试判断方程 $4^\rho\sin^2\dfrac{\theta}{2}=5$ 表示的曲线.

解：$4^\rho\sin^2\dfrac{\theta}{2}=4^\rho\dfrac{1-\cos\theta}{2}=2\rho-2^\rho\cos\theta=5$，由 $\begin{cases} x=\rho\cos\theta \\ y=\rho\sin\theta \end{cases}$ 可将上式化为

$2\sqrt{x^2+y^2}-2x=5$，整理得 $y^2=5x+\dfrac{25}{4}$，可知该方程表示抛物线.

例 13 将下列参数方程化为普通方程，并说明方程所表示的曲线.

(1) $\begin{cases} x=1-3t \\ y=4t \end{cases}$; (2) $\begin{cases} x=1+4\cos t \\ y=-2+4\sin t \end{cases}$ $(0\leqslant t\leqslant\pi)$; (3) $\begin{cases} x=2+\sin^2 t \\ y=-1+\cos 2t \end{cases}$

分析：将参数方程化为普通方程关键就是如何消去参数 t，消去参数常用代入法，利用三角恒等式.

解：(1)（代入法）由 $x=1-3t$ 得 $t=\dfrac{1-x}{3}$，将其代入 $y=4t$ 中得 $4x+3y-4=0$，该方程表示一条直线.

(2)（三角恒等式）$\begin{cases} x=1+4\cos t \\ y=-2+4\sin t \end{cases} \Rightarrow \begin{cases} \cos t=\dfrac{x-1}{4} \\ \sin t=\dfrac{y+2}{4} \end{cases}$，由 $\cos^2 t+\sin^2 t=1$ 可知

$\dfrac{(x-1)^2}{16}+\dfrac{(y+2)^2}{16}=1$，整理得 $(x-1)^2+(y+2)^2=16$，又 $0\leqslant t\leqslant\pi$，$-3\leqslant x\leqslant 5-2\leqslant y\leqslant 2$，所以方程表示以 $(1,-2)$ 为圆心，半径为 4 的上半圆.

(3) $y=-1+\cos 2t \Rightarrow y=-1+1-2\sin^2 t=-2\sin^2 t \Rightarrow \sin^2 t=\dfrac{-y}{2}$，将其代入 $x=2+\sin^2 t$ 得 $2x+y-4=0$，又 $2\leqslant 2+\sin^2 t\leqslant 3$，故 $2\leqslant x\leqslant 3$，该方程表示一条线段.

四、强化练习

（一）选择题

1. 直线 $x\cos\alpha+\sqrt{3}y-2=0$ 的倾斜角的范围（ ）.

A. $\left[-\dfrac{\pi}{6},\dfrac{\pi}{6}\right]$ B. $\left[0,\dfrac{\pi}{6}\right]$

C. $\left[0,\dfrac{\pi}{6}\right]\cup\left[\dfrac{5\pi}{6},\pi\right)$ 　　　　　　　　　D. $\left[\dfrac{5\pi}{6},\pi\right]$

2. 已知圆 C 与直线 $x-y=0$ 及 $x-y-4=0$ 都相切，圆心在直线 $x+y=0$ 上，则圆 C 的方程为 （ 　 ）.

　　A. $(x+1)^2+(y-1)^2=2$ 　　　　　　B. $(x-1)^2+(y-1)^2=2$

　　C. $(x-1)^2+(y+1)^2=2$ 　　　　　　D. $(x+1)^2+(y+1)^2=2$

3. 椭圆 $\dfrac{x^2}{4}+\dfrac{y^2}{3}=1$ 的右焦点到直线 $y=\sqrt{3}x$ 的距离为 （ 　 ）.

　　A. $\dfrac{1}{2}$ 　　　　B. $\dfrac{\sqrt{3}}{2}$ 　　　　C. 1 　　　　D. $\sqrt{3}$

4. 以抛物线 $y^2=4x$ 的焦点为圆心，且过坐标原点的圆的方程为 （ 　 ）.

　　A. $x^2+y^2+2x=0$ 　　　　　　B. $x^2+y^2+x=0$

　　C. $x^2+y^2-x=0$ 　　　　　　D. $x^2+y^2-2x=0$

5. 已知 $\triangle ABC$ 的顶点 B,C 在椭圆 $\dfrac{x^2}{3}+y^2=1$ 上，顶点 A 是椭圆的一个焦点，且椭圆的另外一个焦点在 BC 上，则 $\triangle ABC$ 的周长是 （ 　 ）.

　　A. $2\sqrt{3}$ 　　　　B. 6 　　　　C. $4\sqrt{3}$ 　　　　D. 12

6. 若焦点在 x 轴上的椭圆 $\dfrac{x^2}{2}+\dfrac{y^2}{m}=1$ 的离心率为 $\dfrac{1}{2}$，则 $m=$ （ 　 ）.

　　A. $\sqrt{3}$ 　　　　B. $\dfrac{3}{2}$ 　　　　C. $\dfrac{8}{3}$ 　　　　D. $\dfrac{2}{3}$

7. 已知双曲线的离心率为 2，焦点是 $(-4,0)$，$(4,0)$，则双曲线的方程为 （ 　 ）.

　　A. $\dfrac{x^2}{4}-\dfrac{y^2}{12}=1$ 　　B. $\dfrac{x^2}{12}-\dfrac{y^2}{4}=1$ 　　C. $\dfrac{x^2}{10}-\dfrac{y^2}{6}=1$ 　　D. $\dfrac{x^2}{6}-\dfrac{y^2}{10}=1$

8. 设双曲线 $\dfrac{x^2}{a^2}-\dfrac{y^2}{b^2}=1(a>0,b>0)$ 的虚轴长为 2，焦距为 $2\sqrt{3}$，则双曲线的渐近线方程为 （ 　 ）.

　　A. $y=\sqrt{2}x$ 　　B. $y=\pm 2x$ 　　C. $y=\pm\dfrac{\sqrt{2}}{2}x$ 　　D. $y=\pm\dfrac{1}{2}x$

9. 抛物线 $y=ax^2$ 的准线方程为 $y-2=0$，则 a 的值为 （ 　 ）.

　　A. $\dfrac{1}{8}$ 　　　　B. $-\dfrac{1}{8}$ 　　　　C. 8 　　　　D. -8

10. 过抛物线 $y^2=4x$ 的焦点作直线 l 交抛物线于 A,B 两点，若线段 AB 中点的横坐标为 3，则 $|AB|=$ （ 　 ）.

　　A. 10 　　　　B. 8 　　　　C. 6 　　　　D. 4

11. 已知抛物线的顶点为原点，焦点在 y 轴上，抛物线上的点 $P(m,-2)$ 到焦点的距离为 4，则 m 的值为（　　）.

    A. 4   B. -2 C. 4 或 -4 D. 12 或 -2

12. 圆心为点 $C\left(r,\dfrac{3\pi}{2}\right)$，半径为 r 的圆的极坐标方程为（　　）.

    A. $\rho=r\sin\theta$ B. $\rho=2r\sin\theta$ C. $\rho=-2r\sin\theta$ D. $\rho=2r\cos\theta$

13. 直线 $3x-2y+5=0$ 的极坐标方程为（　　）.

    A. $\rho=\dfrac{5}{2\sin\theta-3\cos\theta}$ B. $\rho(2\sin\theta-3\cos\theta)+5=0$

    C. $\rho=\dfrac{3}{2}\tan\theta$ D. $\rho=\dfrac{5}{2\cos\theta-3\sin\theta}$

14. 设椭圆的参数方程为 $\begin{cases}x=2\cos\theta\\y=\sin\theta\end{cases}$（$\theta$ 为参数），则椭圆的焦点是（　　）.

    A. $(-\sqrt{3},0)$ B. $(0,\sqrt{3})$ C. $(0,-\sqrt{3})$ D. $(2,1)$

15. 已知 $y=tx$，将方程 $2x^2-3x+y=0$ 化为参数方程为（　　）.

    A. $\begin{cases}x=\dfrac{t}{2}\\[2mm]y=\dfrac{t^2}{2}\end{cases}$ B. $\begin{cases}x=\dfrac{t+3}{2}\\[2mm]y=\dfrac{t^2+3t}{2}\end{cases}$ C. $\begin{cases}x=t\\y=t^2\end{cases}$ D. $\begin{cases}x=t+3\\y=t^2+3t\end{cases}$

（二）填空题

1. 过点 $M(-2,m)$，$N(m,4)$ 的直线的斜率为 1，则 $m=$ ＿＿＿＿＿.

2. 过点 $(-3,1)$ 且倾斜角的余弦值为 $\dfrac{1}{2}$ 的直线方程为＿＿＿＿＿.

3. 若 $AC<0$，$BC<0$，则直线 $Ax+By+C=0$ 的图像不通过第＿＿＿＿＿象限.

4. 已知直线的倾斜角为 $60°$，在 y 轴上的截距为 5，则该直线方程为＿＿＿＿＿.

5. 已知直线的倾斜角的余弦值为 $-\dfrac{3}{5}$，则该直线的倾斜角为＿＿＿＿＿.

6. 圆心在 y 轴上半径为 1，且过点 $(1,2)$ 的圆的方程为＿＿＿＿＿.

7. 若圆的方程为 $x^2+y^2-2x+4y+3=0$，则圆心到直线 $x-y=1$ 的距离为＿＿＿＿＿.

8. 已知圆 C 的圆心与抛物线 $y^2=4x$ 的焦点关于直线 $y=x$ 对称，直线 $4x-3y-2=0$ 与圆 C 相交于 A,B 两点，且 $|AB|=6$，则圆 C 的方程为＿＿＿＿＿.

9. 设有两个定点 M,N 且 $|MN|=6$，点 P 到点 M,N 的距离的平方和为 26，则点 P 的轨迹为＿＿＿＿＿.

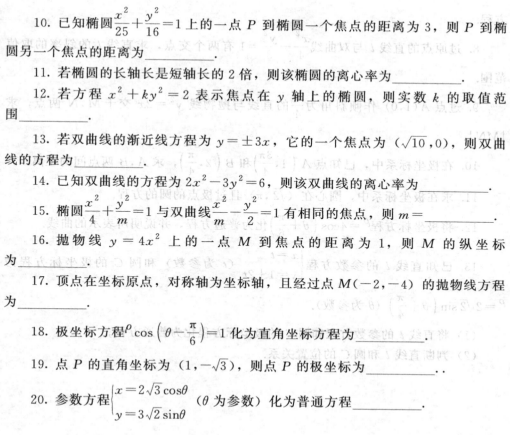

10. 已知椭圆 $\dfrac{x^2}{25}+\dfrac{y^2}{16}=1$ 上的一点 P 到椭圆一个焦点的距离为 3，则 P 到椭圆另一个焦点的距离为＿＿＿＿＿＿.

11. 若椭圆的长轴长是短轴长的 2 倍，则该椭圆的离心率为＿＿＿＿＿＿.

12. 若方程 $x^2+ky^2=2$ 表示焦点在 y 轴上的椭圆，则实数 k 的取值范围＿＿＿＿＿＿.

13. 若双曲线的渐近线方程为 $y=\pm 3x$，它的一个焦点为 $(\sqrt{10},0)$，则双曲线的方程为＿＿＿＿＿＿.

14. 已知双曲线的方程为 $2x^2-3y^2=6$，则该双曲线的离心率为＿＿＿＿＿＿.

15. 椭圆 $\dfrac{x^2}{4}+\dfrac{y^2}{m}=1$ 与双曲线 $\dfrac{x^2}{m}-\dfrac{y^2}{2}=1$ 有相同的焦点，则 $m=$＿＿＿＿＿＿.

16. 抛物线 $y=4x^2$ 上的一点 M 到焦点的距离为 1，则 M 的纵坐标为＿＿＿＿＿＿.

17. 顶点在坐标原点，对称轴为坐标轴，且经过点 $M(-2,-4)$ 的抛物线方程为＿＿＿＿＿＿.

18. 极坐标方程 $\rho\cos\left(\theta-\dfrac{\pi}{6}\right)=1$ 化为直角坐标方程为＿＿＿＿＿＿.

19. 点 P 的直角坐标为 $(1,-\sqrt{3})$，则点 P 的极坐标为＿＿＿＿＿＿.

20. 参数方程 $\begin{cases}x=2\sqrt{3}\cos\theta\\ y=3\sqrt{2}\sin\theta\end{cases}$ （θ 为参数）化为普通方程＿＿＿＿＿＿.

（三）计算题

1. 已知直线 l 的斜率为 $\dfrac{3}{5}$，在两坐标轴上的截距之和为 4，求直线方程.

2. 点 $(1,\cos\theta)$ 到直线 $x\sin\theta+y\cos\theta-1=0$ 的距离为 $\dfrac{1}{4}$，其中 $0\leqslant\theta\leqslant\pi$，求 θ.

3. 已知圆 C 的圆心在直线 $l_1:y=\dfrac{1}{2}x$ 上，圆 C 与直线 $l_2:x-2y-4\sqrt{5}=0$ 相切，且经过点 $(2,5)$，求圆的方程.

4. 求经过点 $A(-2,-4)$ 且与直线 $l:x+3y-26=0$ 相切于点 $B(8,6)$ 的圆的方程.

5. 讨论曲线 $\dfrac{x^2}{9-k}+\dfrac{y^2}{k-3}=1$ 的形状.

6. 已知 $\alpha\in[0,\pi)$，试讨论曲线 $x^2\sin\alpha+y^2\cos\alpha=1$ 的形状.

7. 已知中心在原点的双曲线的右焦点为 $(2,0)$，实轴长为 $2\sqrt{3}$，求双曲线的方程.

8. 过原点的直线 l 与双曲线 $\dfrac{x^2}{4} - \dfrac{y^2}{3} = 1$ 有两个交点, 求直线 l 的斜率的取值范围.

9. 过点 $A(1,0)$ 作倾斜角为 $\dfrac{\pi}{4}$ 的直线与抛物线 $y^2 = 2x$ 交于 M, N 两点, 求 $|MN|$.

10. 在极坐标系中, 已知点 $A\left(1, \dfrac{3\pi}{4}\right)$ 和 $B\left(2, \dfrac{\pi}{4}\right)$, 求 A, B 两点间的距离.

11. 求在极坐标系中, 圆心在 $(\sqrt{2}, \pi)$ 且过极点的圆的方程.

12. 将极坐标方程 $\rho = 4\cos\left(\theta + \dfrac{\pi}{6}\right)$ 化为普通方程, 并说明所表示的曲线.

13. 已知直线 l 的参数方程 $\begin{cases} x = t \\ y = 1 + 2t \end{cases}$ (t 为参数) 和圆 C 的极坐标方程为 $\rho = 2\sqrt{2}\sin\left(\theta + \dfrac{\pi}{4}\right)$ (θ 为参数).

(1) 将直线 l 的参数方程和圆 C 的极坐标方程化为普通方程;

(2) 判断直线 l 和圆 C 的位置关系.

第二篇　高等数学

第七章　极限与连续

本章基本要求

  在中学已学函数知识基础之上，理解极限的概念和性质，极限的 $\varepsilon-$ N、$\varepsilon-\delta$ 等定义；熟练掌握极限的运算法则并计算极限. 理解无穷小与无穷大的概念和无穷小的比较，利用等价无穷小求极限. 理解两个极限存在准则，重点掌握两个重要极限，利用两个重要极限求极限. 理解函数连续和间断的概念，会判断间断点的类型；理解连续函数的运算与初等函数的连续性；掌握闭区间上连续函数的性质.

一、内容结构

$$
极限\begin{cases}
极限的定义\begin{cases}数列的极限 \\ 函数的极限\end{cases} \\[2ex]
极限的性质\begin{cases}数列极限的性质 \\ 函数极限的性质\end{cases} \\[2ex]
极限的计算方法\begin{cases}四则运算法则 \\ 两个重要极限 \\ 等价无穷小替换 \\ 复合函数求极限\end{cases}
\end{cases}
$$

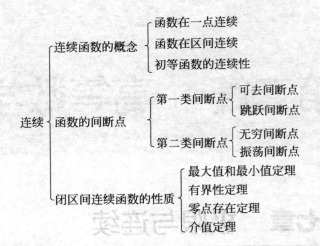

二、知识要点

（一）极限的概念

1. 数列极限

定义 1 （描述定义）对于数列 x_1，x_2，…，x_n，…，当 n 无限增大时，x_n 无限接近某个确定的常数 a，那么称数 a 是数列 $\{x_n\}$ 的极限，或称数列 $\{x_n\}$ 收敛于数 a，记作 $\lim\limits_{n\to\infty}x_n=a$ 或 $x_n\to a(n\to\infty)$. 若这样的常数不存在，则称数列 $\{x_n\}$ 的极限不存在，或称数列 $\{x_n\}$ 发散.

定义 1′ （精确定义）设 $\{x_n\}$ 为一数列，若存在常数 a，对于任意给定的正数 ε（不论它多么小），总存在正整数 N，使得当 $n>N$ 时，不等式 $|x_n-a|<\varepsilon$ 成立，则称常数 a 是数列 $\{x_n\}$ 的极限，或者称数列 $\{x_n\}$ 收敛于 a，记为 $\lim\limits_{n\to\infty}x_n=a$ 或 $x_n\to a(n\to\infty)$.

注：① ε 是任意小的正数，否则不足以说明 x_n 与 a 的接近程度；

② 对于任意给定的 ε，N 只要存在即可；

③ 一般情况下，N 与 ε 有关，但 N 并不是 ε 的函数，因为 N 以后的项都可以取成定义中的 N，故 N 并不唯一.

2. 自变量趋向于有限值时函数极限

定义 2 （描述定义）函数 $f(x)$ 在点 x_0 的某个去心邻域内有定义，当 x 趋于 $x_0(x\neq x_0)$ 时，对应的函数值 $f(x)$ 无限接近于某个确定的常数 A，则称数 A 是函数 $f(x)$ 当 $x\to x_0$ 时的极限，记作 $\lim\limits_{x\to x_0}f(x)=A$ 或 $f(x)\to A(x\to x_0)$. 若这样的数 A 不存在，则称当 $x\to x_0$ 时 $f(x)$ 没有极限.

定义 2′　（精确定义）函数 $f(x)$ 在点 x_0 的某个去心邻域内有定义，若存在常数 A，对于任意给定的正数 ε（不论它多么小），总存在正数 δ，使得当 $0<|x-x_0|<\delta$ 时，对应的函数值 $f(x)$ 都满足不等式 $|f(x)-A|<\varepsilon$，则称数 A 为函数 $f(x)$ 当 $x\to x_0$ 时的极限，记作 $\lim\limits_{x\to x_0}f(x)=A$ 或 $f(x)\to A(x\to x_0)$.

3. 自变量趋于无穷大时函数的极限

定义 3　（描述定义）设函数 $f(x)$ 对绝对值充分大的 x 均有定义，当自变量 x 的绝对值无限增大时（记作 $x\to\infty$），对应的函数值 $f(x)$ 无限接近于某个确定的常数 A，则称数 A 为函数 $f(x)$ 当 x 趋于无穷大时的极限，记作 $\lim\limits_{x\to\infty}f(x)=A$ 或 $f(x)\to A(x\to\infty)$.

定义 3′　（精确定义）设函数 $f(x)$ 当 $|x|$ 大于某一正数时有定义. 若存在常数 A，对于任意给定的正数 ε（不论它多么小），总存在正数 X，使得当 x 满足 $|x|>X$ 时，对应的函数值 $f(x)$ 都满足不等式 $|f(x)-A|<\varepsilon$，则称数 A 为函数 $f(x)$ 当 $x\to\infty$ 时的极限，记作 $\lim\limits_{x\to\infty}f(x)=A$ 或 $f(x)\to A(x\to\infty)$.

4. 单侧极限

定义 4　若当 x 从 x_0 的左侧趋向 x_0（或 $x\to-\infty$）时，函数 $f(x)$ 无限接近于某个确定的常数 A，则称数 A 是 $f(x)$ 在点 x_0（或 $x\to-\infty$）的左极限，记作 $\lim\limits_{x\to x_0^-}f(x)=A$（或 $\lim\limits_{x\to-\infty}f(x)=A$）；当 x 从 x_0 的右侧趋向点 x_0（或 $x\to+\infty$）时，函数 $f(x)$ 无限接近于某个确定的常数 A，则称数 A 是 $f(x)$ 在点 x_0（或 $x\to+\infty$）的右极限，记作 $\lim\limits_{x\to x_0^+}f(x)=A$（或 $\lim\limits_{x\to+\infty}f(x)=A$）.

（二）极限的性质与定理

1. 收敛数列的性质

性质 1　（唯一性）若数列 $\{x_n\}$ 收敛，则数列的极限唯一.

性质 2　（有界性）若数列 $\{x_n\}$ 收敛，则数列 $\{x_n\}$ 有界.

2. 函数极限的性质

性质 1　（唯一性）若 $\lim\limits_{x\to x_0}f(x)$ 存在，则它的极限唯一.

性质 2　（局部有界性）若 $\lim\limits_{x\to x_0}f(x)=A$，则存在正数 $M>0$，在点 x_0 的某个去心邻域内有 $|f(x)|\leqslant M$.

性质 3　（局部保号性）若 $\lim\limits_{x\to x_0}f(x)=A$，且 $A>0$（或 $A<0$），则在点 x_0 的某个去心邻域内有 $f(x)>0$（或 $f(x)<0$）.

性质 4 （函数极限与数列极限的关系）若函数极限 $\lim\limits_{x \to x_0} f(x) = A$，$\{x_n\}$ 为函数 $f(x)$ 的定义域内任一收敛于 x_0 的数列，且满足 $x_n \neq x_0 (n = 1, 2, \cdots)$，则相应的函数值数列 $\{f(x_n)\}$ 也收敛，且 $\lim\limits_{n \to \infty} f(x_n) = \lim\limits_{x \to x_0} f(x) = A$.

3. 极限存在的判定

定理 1 极限 $\lim\limits_{x \to x_0} f(x)$ 存在 $\Leftrightarrow \lim\limits_{x \to x_0^+} f(x) = \lim\limits_{x \to x_0^-} f(x)$；

极限 $\lim\limits_{x \to \infty} f(x)$ 存在 $\Leftrightarrow \lim\limits_{x \to +\infty} f(x) = \lim\limits_{x \to -\infty} f(x)$.

定理 2 数列收敛准则 1：若数列 $\{x_n\}$、$\{y_n\}$ 及 $\{z_n\}$ 满足下列条件：

(1) 存在 N，使得当 $n > N$ 时，总有 $x_n \leqslant y_n \leqslant z_n (n = 1, 2, \cdots)$；

(2) $\lim\limits_{n \to \infty} x_n = \lim\limits_{n \to \infty} z_n = a$，则 $\lim\limits_{n \to \infty} y_n = a$.

数列收敛准则 2：单调有界数列必有极限.

（三）函数极限的运算法则

1. 运算法则

若 $\lim\limits_{x \to x_0} f(x) = A$，$\lim\limits_{x \to x_0} g(x) = B$，则

(1) $\lim\limits_{x \to x_0} [f(x) \pm g(x)] = \lim\limits_{x \to x_0} f(x) \pm \lim\limits_{x \to x_0} g(x) = A \pm B$；

(2) $\lim\limits_{x \to x_0} [f(x)g(x)] = \lim\limits_{x \to x_0} f(x) \lim\limits_{x \to x_0} g(x) = AB$；

(3) 若 $B \neq 0$，$\lim\limits_{x \to x_0} \dfrac{f(x)}{g(x)} = \dfrac{\lim\limits_{x \to x_0} f(x)}{\lim\limits_{x \to x_0} g(x)} = \dfrac{A}{B}$；

(4) $\lim\limits_{x \to x_0} cf(x) = c \lim\limits_{x \to x_0} f(x) = cA$（$c$ 为常数）；

(5) $\lim\limits_{x \to x_0} [f(x)]^n = [\lim\limits_{x \to x_0} f(x)]^n = A^n$.

2. 复合函数的极限运算法则

设 $\lim\limits_{x \to x_0} \varphi(x) = a$，且 $x \in \overset{0}{U}(x_0, \delta)$，$\varphi(x) \neq a$，又 $\lim\limits_{u \to a} f(u) = A$，则有

$$\lim\limits_{x \to x_0} f[\varphi(x)] = \lim\limits_{u \to a} f(u) = A.$$

3. 几个常用结论

$$\lim\limits_{n \to \infty} \sqrt[n]{a} = 1 \ (a > 1); \qquad\qquad \lim\limits_{n \to \infty} \sqrt[n]{n} = 1;$$

$$\lim\limits_{n \to \infty} q^n = \begin{cases} \infty, & |q| > 1 \\ 0, & |q| < 1 \end{cases}; \qquad\qquad \begin{cases} \lim\limits_{n \to +\infty} e^x = +\infty \\ \lim\limits_{n \to -\infty} e^x = 0 \end{cases};$$

$$\lim_{x\to\infty}\frac{a_m x^m+a_{m-1}x^{m-1}+\cdots+a_1 x+a_0}{b_n x^n+b_{n-1}x^{n-1}+\cdots+b_1 x+b_0}=\begin{cases}\dfrac{a_m}{b_n}, & m=n\\ 0, & m<n\\ \infty, & m>n\end{cases}\quad(\text{其中 } a_m,b_m\neq 0).$$

（四）两个重要的极限

1. $\lim\limits_{x\to 0}\dfrac{\sin x}{x}=1$.

2. $\lim\limits_{x\to\infty}\left(1+\dfrac{1}{x}\right)^x=\mathrm{e}$.

由两个重要极限可以推出以下几个常见的极限形式：

① $\lim\limits_{x\to 0}\dfrac{\sin ax}{bx}=\dfrac{a}{b}$;   ② $\lim\limits_{x\to 0}\dfrac{\sin x^m}{x^m}=1$;   ③ $\lim\limits_{x\to\infty}\dfrac{\sin x}{x}=0$;

④ $\lim\limits_{x\to\infty}x\sin\dfrac{1}{x}=1$;   ⑤ $\lim\limits_{x\to\infty}\left(1+\dfrac{1}{ax}\right)^x=\mathrm{e}^{\frac{1}{a}}$;   ⑥ $\lim\limits_{x\to\infty}\left(1+\dfrac{b}{ax}\right)^x=\mathrm{e}^{\frac{b}{a}}$;

⑦ $\lim\limits_{x\to\infty}\left(1+\dfrac{1}{ax}\right)^{bx}=\mathrm{e}^{\frac{b}{a}}$;   ⑧ $\lim\limits_{x\to\infty}\left(1-\dfrac{1}{x}\right)^x=\mathrm{e}^{-1}$;   ⑨ $\lim\limits_{x\to 0}(1+x)^{\frac{1}{x}}=\mathrm{e}$.

（五）无穷小量与无穷大量

1. 定义 5

若 $\lim\limits_{x\to x_0}f(x)=0$（或 $\lim\limits_{x\to\infty}f(x)=0$），则称函数 $f(x)$ 是 $x\to x_0$（或 $x\to\infty$）时的无穷小量（简称无穷小）.

2. 无穷小的运算性质

（1）有限个无穷小的代数和仍是无穷小；

（2）有限个无穷小的积仍是无穷小；

（3）有界函数与无穷小的积仍是无穷小；

（4）常数与无穷小的乘积仍是无穷小.

3. 无穷小量阶的比较

设 $\alpha(x),\beta(x)$ 是在自变量 x 的同一变化过程中的两个无穷小.

（1）$\lim\dfrac{\beta(x)}{\alpha(x)}=0$，则称 $\beta(x)$ 是比 $\alpha(x)$ 高阶的无穷小；

（2）$\lim\dfrac{\beta(x)}{\alpha(x)}=\infty$，则称 $\beta(x)$ 是比 $\alpha(x)$ 低阶的无穷小；

(3) $\lim \dfrac{\beta(x)}{\alpha(x)}=c\neq0$，则称 $\beta(x)$ 与 $\alpha(x)$ 是同阶无穷小；

(4) $\lim \dfrac{\beta(x)}{\alpha(x)}=1$，则称 $\beta(x)$ 与 $\alpha(x)$ 是等价无穷小，记作 $\alpha(x)\sim\beta(x)$；

(5) $\lim \dfrac{\beta(x)}{\alpha^k(x)}=c\neq0$，则称 $\beta(x)$ 是关于 $\alpha(x)$ 的 k 阶无穷小.

当 $x\to0$ 时，几个常用的等价无穷小：

$x\sim\sin x\sim\tan x\sim\arcsin x\sim\arctan x\sim\ln(1+x)\sim e^x-1$；

$1-\cos x\sim\dfrac{1}{2}x^2$；$a^x-1\sim x\ln a$，$(1+x)^\alpha-1\sim\alpha x$，$\tan x-\sin x\sim\dfrac{1}{2}x^3$.

4. 定理 3

设 $\alpha(x)\sim\alpha'(x)$，$\beta(x)\sim\beta'(x)$，$\lim\dfrac{\beta'(x)}{\alpha'(x)}$ 存在，则 $\lim\dfrac{\beta(x)}{\alpha(x)}=\lim\dfrac{\beta'(x)}{\alpha'(x)}$.

5. 定义 6

若 $\lim\limits_{x\to x_0}f(x)=\infty$（或 $\lim\limits_{x\to\infty}f(x)=\infty$），则称函数 $f(x)$ 是 $x\to x_0$（或 $x\to\infty$）时的无穷大量（简称无穷大）.

6. 无穷大与无穷小的关系

自变量在同一变化过程中，若 $f(x)$ 是无穷大，则 $\dfrac{1}{f(x)}$ 是无穷小；若 $f(x)$ 是无穷小且 $f(x)\neq0$，则 $\dfrac{1}{f(x)}$ 是无穷大.

（六）函数的连续性与间断点

1. 定义 7

设函数 $y=f(x)$ 在点 x_0 的某一邻域内有定义，若 $\lim\limits_{\Delta x\to0}\Delta y=\lim\limits_{\Delta x\to0}[f(x_0+\Delta x)-f(x_0)]=0\Leftrightarrow\lim\limits_{x\to x_0}f(x)=f(x_0)\Leftrightarrow\forall\varepsilon>0$，$\exists\delta>0$，使当 $|x-x_0|<\delta$ 时，恒有 $|f(x)-f(x_0)|<\varepsilon$，则称函数 $y=f(x)$ 在点 x_0 连续.

2. 左连续与右连续

（1）若 $\lim\limits_{x\to x_0^+}f(x)=f(x_0)$，则称函数 $y=f(x)$ 在点 x_0 处右连续；若 $\lim\limits_{x\to x_0^-}f(x)=f(x_0)$，则称函数 $y=f(x)$ 在点 x_0 处左连续.

（2）函数 $f(x)$ 在点 x_0 处连续的充分必要条件是它在点 x_0 处既是左连续又是右连续.

3. 区间上的连续函数

（1）若函数在开区间 (a,b) 内每一点都连续，则称函数在开区间 (a,b) 内连续；

（2）若函数在开区间 (a,b) 内连续，且在左端点 a 处右连续，在右端点 b 处左连续，则称函数在闭区间 $[a,b]$ 上连续；

（3）基本初等函数在其定义域内都是连续的；

（4）一切初等函数在它们的定义区间上都是连续的（所谓定义区间，就是包含在定义域内的区间）.

4. 函数的间断点及其分类

（1）**定义 8**　设函数 $f(x)$ 在点 x_0 的某一去心领域内有定义，如果 $f(x)$ 有下列三种情况之一：

① $f(x)$ 在点 x_0 处没有定义，即 $f(x_0)$ 不存在；

② $f(x)$ 在点 x_0 处有定义，但 $\lim\limits_{x \to x_0} f(x)$ 不存在；

③ $f(x)$ 在点 x_0 处没有定义，$\lim\limits_{x \to x_0} f(x)$ 也存在，但 $\lim\limits_{x \to x_0} f(x) \neq f(x_0)$.

则函数 $f(x)$ 在点 x_0 处不连续，点 x_0 称为函数 $f(x)$ 的不连续点或间断点.

（2）间断点的分类.

① 若间断点处的左、右极限都存在，则称此间断点为第一类间断点. 第一类间断点包括可去间断点与跳跃间断点，若 $\lim\limits_{x \to x_0^-} f(x) = \lim\limits_{x \to x_0^+} f(x) \neq f(x_0)$，则为可去间断点；若 $\lim\limits_{x \to x_0^-} f(x) \neq \lim\limits_{x \to x_0^+} f(x)$，则为跳跃间断点.

② 除此之外的间断点统称为第二类间断点. 如无穷间断点和振荡间断点等.

（七）连续函数的运算与初等函数的连续性

1. 连续函数的四则运算

设函数 $f(x)$ 与 $g(x)$ 在点 x_0 处连续，则

（1）$f(x) \pm g(x)$；（2）$f(x)g(x)$；（3）$\dfrac{f(x)}{g(x)}(g(x) \neq 0)$ 也都在点 $x = x_0$ 处连续.

2. 复合函数的连续性

设函数 $y = f(u)$ 在点 $u = u_0$ 处连续，函数 $u = \varphi(x)$ 在 $x = x_0$ 处连续，且

$\varphi(x_0)=u_0$，则复合函数 $y=f[\varphi(x)]$ 在 $x=x_0$ 处连续.

3. 反函数的连续性

若函数 $y=f(x)$ 在区间 I_x 上单调递增（或单调递减）且连续，则它的反函数 $x=\varphi(y)$ 也在对应的区间 $I_y=\{y=f(x)\,|\,x\in I_x\}$ 上单调递增（或单调递减）且连续.

4. 初等函数的连续性

一切初等函数在其定义域内都是连续的.

（八）闭区间连续函数的性质

定理 4 （最大值最小值定理）在闭区间连续的函数在该区间上一定有最大值和最小值.

定理 5 （有界性定理）在闭区间连续的函数在该区间上一定有界.

定理 6 （零点存在定理）函数 $f(x)$ 在闭区间 $[a,b]$ 上连续，且 $f(a)$ 与 $f(b)$ 异号，则在开区间 (a,b) 内至少有一点 $\xi\in(a,b)$，使得 $f(\xi)=0$.

定理 7 （介值定理）函数 $f(x)$ 在闭区间 $[a,b]$ 上连续，则对于 $f(a)$ 与 $f(b)$ 之间的任何一个数 C，在开区间 (a,b) 内至少有一点 $c\in(a,b)$，使得 $f(c)=C$.

（九）曲线的渐近线

（1）若 $\lim\limits_{x\to\infty}f(x)=c$，则直线 $y=c$ 称为函数 $y=f(x)$ 的图形的水平渐近线.

（2）若 $\lim\limits_{x\to x_0}f(x)=\infty$，则直线 $x=x_0$ 称为函数 $y=f(x)$ 的图形的铅直（垂直）渐近线.

（3）若 $\lim\limits_{x\to\infty}\dfrac{f(x)}{x}=k\neq 0$，$\lim\limits_{x\to\infty}[f(x)-kx]=b$，则直线 $y=kx+b$ 称为函数 $y=f(x)$ 的图形的斜渐近线.

三、精选例题解析

例 1 $\lim\limits_{n\to\infty}\dfrac{4^n+3^n}{4^{n+1}+3^{n+1}}$.

分析：当 $n\to\infty$ 时，分子、分母极限都不存在，我们需要将该式变形后再求极限，本题利用数列极限的结论 $\lim\limits_{n\to\infty}q^n=0$，$|q|<1$.

解：$\lim\limits_{n\to\infty}\dfrac{\dfrac{4^n+3^n}{4^n}}{\dfrac{4^{n+1}+3^{n+1}}{4^n}}=\lim\limits_{n\to\infty}\dfrac{1+\left(\dfrac{3}{4}\right)^n}{4+3\times\left(\dfrac{3}{4}\right)^n}=\dfrac{1}{4}$.

例 2 求 $\lim\limits_{n\to\infty}\left[\dfrac{1}{1\times 2}+\dfrac{1}{2\times 3}+\cdots+\dfrac{1}{n(n+1)}\right]$.

解：因为 $\dfrac{1}{k(k+1)}=\dfrac{1}{k}-\dfrac{1}{k+1}$，所以有

$$\frac{1}{1\times 2}+\frac{1}{2\times 3}+\cdots+\frac{1}{n(n+1)}=\left(1-\frac{1}{2}\right)+\left(\frac{1}{2}-\frac{1}{3}\right)+\cdots+\left(\frac{1}{n}-\frac{1}{n+1}\right)=1-\frac{1}{n+1},$$

于是 $\lim\limits_{n\to\infty}\left[\dfrac{1}{1\times 2}+\dfrac{1}{2\times 3}+\cdots+\dfrac{1}{n(n+1)}\right]=1$.

例 3 $\lim\limits_{n\to\infty}\left(1+\dfrac{1}{2}+\dfrac{1}{4}+\cdots+\dfrac{1}{2^{n-1}}\right)$.

分析：当 $n\to\infty$ 时，所求题目中每一项的极限都存在，但由于本题为无穷多项的和，不能使用极限的四则运算法则，因为四则运算法则只适用有限项，故本题先求和再计算，利用结论 $\lim\limits_{n\to\infty}S_n=\lim\limits_{n\to\infty}\dfrac{a_1(1-q^n)}{1-q}=\dfrac{a_1}{1-q}$，$|q|<1$，$S_n$ 为等比数列的前 n 项和.

解：原式 $=\lim\limits_{n\to\infty}\dfrac{1\times\left[1-\left(\frac{1}{2}\right)^n\right]}{1-\frac{1}{2}}=2$.

例 4 $\lim\limits_{x\to\infty}\dfrac{(2x+1)^4(5x-6)^6}{(3x+4)^{10}}$

分析：对于 $\lim\limits_{x\to\infty}\dfrac{P(x)}{Q(x)}$ 的形式，只需比较分子分母的最高次幂的次数，且有

$$\lim_{x\to\infty}\frac{a_0x^m+a_1x^{m-1}+\cdots+a_m}{b_0x^n+b_1x^{n-1}+\cdots+b_n}=\begin{cases}\dfrac{a_0}{b_0},&m=n\\[2mm]0,&m<n\\[2mm]\infty,&m>n\end{cases}$$

法一：原式 $=\lim\limits_{x\to\infty}\dfrac{\left(\frac{2x+1}{x}\right)^4\left(\frac{5x-6}{x}\right)^6}{\left(\frac{3x+4}{x}\right)^{10}}=\lim\limits_{x\to\infty}\dfrac{\left(2+\frac{1}{x}\right)^4\left(5-\frac{6}{x}\right)^6}{\left(3+\frac{4}{x}\right)^{10}}=\dfrac{2^4\times 5^6}{3^{10}}$.

法二：（直接利用结论）原式 $=\dfrac{2^4\times 5^6}{3^{10}}$.

例 5 求极限 $\lim\limits_{x\to 3}\dfrac{x^2-5x+6}{x^2-8x+15}$.

分析：当 $x\to 3$ 时，分子分母极限为 0，此时将分子分母因式分解，消去零因子 $x-3$.

解：原式 $=\lim\limits_{x\to 3}\dfrac{(x-3)(x-2)}{(x-3)(x-5)}=\lim\limits_{x\to 3}\dfrac{x-2}{x-5}=-\dfrac{1}{2}$.

例 6 计算极限 $\lim\limits_{x\to 1}\left(\dfrac{1}{x-1}-\dfrac{2}{x^2-1}\right)$.

分析：当 $x\to 1$ 时，分子分母极限为 0，由于本题分母为无理式，故将其有理化，并将分子因式分解，消去零因子 $x-1$.

解：$\lim\limits_{x\to 1}\left(\dfrac{1}{x-1}-\dfrac{2}{x^2-1}\right)=\lim\limits_{x\to 1}\dfrac{x-1}{x^2-1}=\lim\limits_{x\to 1}\dfrac{1}{x+1}=\dfrac{1}{2}$.

注：$\lim\limits_{x\to 1}\left(\dfrac{1}{x-1}-\dfrac{2}{x^2-1}\right)=\lim\limits_{x\to 1}\dfrac{1}{x-1}-\lim\limits_{x\to 1}\dfrac{2}{x^2-1}=0$ 是错误的.

例 7 计算极限 $\lim\limits_{x\to 0}\dfrac{\sqrt{1+x}-1}{\sqrt{3+x}-\sqrt{3}}$.

解：原式 $=\lim\limits_{x\to 0}\dfrac{(\sqrt{1+x}-1)(\sqrt{1+x}+1)(\sqrt{3+x}+\sqrt{3})}{(\sqrt{3+x}-\sqrt{3})(\sqrt{3+x}+\sqrt{3})(\sqrt{1+x}+1)}$.

$=\lim\limits_{x\to 0}\dfrac{x\cdot(\sqrt{3+x}+\sqrt{3})}{x\cdot(\sqrt{1+x}+1)}=\sqrt{3}$.

例 8 计算极限 $\lim\limits_{x\to 0}\dfrac{\arctan x}{\ln(1+\sin x)}$.

分析：当计算三角函数类型的极限时可以考虑 $\lim\limits_{x\to 0}\dfrac{\sin x}{x}=1$.

解：原式 $=\lim\limits_{x\to 0}\dfrac{\arctan x}{x}\times\dfrac{x}{\sin x}\times\dfrac{\sin x}{\ln(1+\sin x)}=1$.

例 9 求极限 $\lim\limits_{x\to 0}\dfrac{\cos x-\cos 3x}{x^2}$.

分析：首先利用和差化积公式 $\cos\alpha-\cos\beta=-2\sin\dfrac{\alpha+\beta}{2}\sin\dfrac{\alpha-\beta}{2}$，利用

$$\lim\limits_{x\to 0}\dfrac{\sin x}{x}=1.$$

解：原式 $=\lim\limits_{x\to 0}\dfrac{2\sin 2x\sin x}{x^2}=2\lim\limits_{x\to 0}\dfrac{\sin 2x}{x}\times\lim\limits_{x\to 0}\dfrac{\sin x}{x}=4$.

例 10 求极限 $\lim\limits_{x\to\infty}\left(\dfrac{3x+1}{3x-2}\right)^x$.

分析：本题计算的函数属于 $u(x)^{v(x)}$ 类型，称为幂指函数，计算此类函数极限时可考虑 $\lim\limits_{x\to\infty}\left(1+\dfrac{1}{x}\right)^x=\mathrm{e}$，但要注意这种固定形式的极限结构 $\lim\limits_{\square\to\infty}\left(1+\dfrac{1}{\square}\right)^\square$，其中"$\square$"的地方变量形式要保持一致.

解：**法一**　原式 $=\lim\limits_{x\to\infty}\left(1+\dfrac{3}{3x-2}\right)^x=\lim\limits_{x\to\infty}\left(1+\dfrac{1}{\frac{3x-2}{3}}\right)^{\frac{3x-2}{3}+\frac{2}{3}}$

$$= \lim_{x \to \infty} \left(1 + \frac{1}{\frac{3x-2}{3}}\right)^{\frac{3x-2}{3}} \times \left(1 + \frac{1}{\frac{3x-2}{3}}\right)^{\frac{2}{3}} = e \times 1 = e.$$

法二　原式 $= \lim_{x \to \infty} \left(\dfrac{1 + \dfrac{1}{3x}}{1 - \dfrac{2}{3x}}\right)^x = \lim_{x \to \infty} \dfrac{\left(1 + \dfrac{1}{3x}\right)^x}{\left(1 - \dfrac{2}{3x}\right)^x} = \dfrac{e^{\frac{1}{3}}}{e^{-\frac{2}{3}}} = e.$

例 11　求极限 $\lim\limits_{x \to \infty} \left(\dfrac{3x+4}{3x+2}\right)^{x+5}$.

解：$\lim\limits_{x \to \infty} \left(\dfrac{3x+4}{3x+2}\right)^{x+5} = \lim\limits_{x \to \infty} \left(\dfrac{1 + \dfrac{4}{3x}}{1 + \dfrac{2}{3x}}\right)^x \times \left(\dfrac{3x+4}{3x+2}\right)^5$，又 $\lim\limits_{x \to \infty} \left(\dfrac{3x+4}{3x+2}\right)^5 = 1$，所以

原式 $= \dfrac{e^{\frac{4}{3}}}{e^{\frac{2}{3}}} = e^{\frac{2}{3}}$.

注：（1）在解本题时，求 $\lim\limits_{x \to \infty} \left(\dfrac{3x+4}{3x+2}\right)^5$ 是十分重要的，要注意本题中的指数式固定常数，因此无论指数是多大的常数时，极限都为 1.

（2）对于形如 $\lim u(x)^{v(x)}$ 的极限，若 $\lim u(x) = 1$，又 $\lim v(x) = \infty$ 时，应考虑利用重要极限.

例 12　求极限 $\lim\limits_{x \to 0} \dfrac{x^2 \sin \dfrac{1}{x}}{\sin x}$.

解：原式 $= \lim\limits_{x \to 0} x \cdot \dfrac{x}{\sin x} \sin \dfrac{1}{x} = \lim\limits_{x \to 0} \dfrac{x}{\sin x} \times \lim\limits_{x \to 0} x \sin \dfrac{1}{x} = 0.$

注：由于 $x \to 0$ 时，x 为无穷小量，而 $\sin \dfrac{1}{x}$ 为有界函数，根据无穷小的性质：有界函数与无穷小的乘积为无穷小，得极限为 0.

例 13　求极限 $\lim\limits_{x \to 1} \dfrac{\arcsin(1-x)}{\ln x}$.

分析：当 $x \to 1$ 时，有 $1 - x \to 0$，又因为 $\ln x = \ln[1 + (x-1)]$，故本题可以利用等价无穷小 $x \sim \arcsin x$，$\ln(1+x) \sim x$.

解：原式 $= \lim\limits_{x \to 1} \dfrac{\arcsin(1-x)}{\ln[1+(x-1)]} = \lim\limits_{x \to \infty} \dfrac{1-x}{x-1} = -1.$

例 14　计算 $\lim\limits_{x \to 0} \dfrac{e^x - e^{\tan x}}{x - \tan x}$.

分析：本题利用 $e^x - 1 \sim x$，但需要将原式进行适当的变形.

解：原式 $= \lim\limits_{x \to 0} \dfrac{e^{\tan x}(e^{x - \tan x} - 1)}{x - \tan x} = \lim\limits_{x \to 0} e^{\tan x} = 1.$

例 15 计算极限 $\lim\limits_{x\to 0}\dfrac{\tan x-\sin x}{x^3}$.

解：原式 $=\lim\limits_{x\to 0}\dfrac{\tan x-\sin x}{x^3}=\lim\limits_{x\to 0}\dfrac{\tan x\ (1-\cos x)}{x^3}=\lim\limits_{x\to 0}\dfrac{x\cdot\dfrac{x^2}{2}}{x^3}=\dfrac{1}{2}$.

注：利用等价无穷小代换求"$\dfrac{0}{0}$"型极限是一种常用的求极限方法，要求大家熟记几个常用的等价无穷小公式. 但在应用时要注意，加减关系一般不能代换. 如，有的人认为 $\sin x\sim x$，$\tan x\sim x$，所以有 $\lim\limits_{x\to 0}\dfrac{\tan x-\sin x}{x^3}=\lim\limits_{x\to 0}\dfrac{x-x}{x^3}=0$，结果是错误的.

例 16 计算 $\lim\limits_{x\to 0}x\sin\dfrac{1}{x}$.

分析：当 $x\to 0$ 时，x 为无穷小量，又因为 $0\leqslant\left|\sin\dfrac{1}{x}\right|\leqslant 1$ 为有界函数. 无穷小与有界函数的乘积仍为无穷小.

解：$\lim\limits_{x\to 0}x\sin\dfrac{1}{x}=0$.

例 17 求 $\lim\limits_{x\to+\infty}[\ln(1+x)-\ln x]x$.

分析：本题利用复合函数求极限法则.

原式 $=\lim\limits_{x\to+\infty}x\ln\left(1+\dfrac{1}{x}\right)=\lim\limits_{x\to+\infty}\ln\left(1+\dfrac{1}{x}\right)^x=\ln\lim\limits_{x\to+\infty}\left(1+\dfrac{1}{x}\right)^x=\ln e=1$.

例 18 计算 $\lim\limits_{n\to\infty}(1+2^n+3^n)^{\frac{1}{n}}$.

分析：本题利用夹逼定理

解：$\because 3^n<1+2^n+3^n<3\times 3^n$，　$\therefore 3<(1+2^n+3^n)^{\frac{1}{n}}<3^{\frac{n+1}{n}}$，

又 $\lim\limits_{n\to\infty}3^{\frac{n+1}{n}}=\lim\limits_{n\to\infty}3^{1+\frac{1}{n}}=3$，　$\therefore\lim\limits_{n\to\infty}(1+2^n+3^n)^{\frac{1}{n}}=3$.

例 19 设数列 $x_1=\sqrt{2}$，$x_2=\sqrt{2+2\sqrt{2}}$，$\cdots$，$x_n=\sqrt{2+\sqrt{2+\sqrt{2+\cdots+\sqrt{2}}}}$，求 $\lim\limits_{n\to\infty}x_n$.

解：数列 $\{x_n\}$ 显然是单调递增，用归纳法证明数列有界，$\because x_1=\sqrt{2}<2$，假设 $x_{n-1}<2$，则 $x_n=\sqrt{2+x_{n-1}}<\sqrt{2+2}=2$，故假设成立，$x_n<2$，数列 $\{x_n\}$ 为有界数列，根据数列收敛准则有单调有界数列必有极限，设 $\lim\limits_{n\to\infty}x_n=a$，由 $x_n=\sqrt{2+x_{n-1}}$ 得 $x_n^2=2+x_{n-1}$，两边同时取极限有 $a^2=2+a$，解得 $a=2$，$a=-1$（舍去），得 $\lim\limits_{n\to\infty}x_n=2$.

例 20 求极限 $\lim\limits_{x\to\frac{\pi}{6}}\tan 3x\tan\left(\dfrac{\pi}{6}-x\right)$.

分析：因为 $\lim\limits_{x\to\frac{\pi}{6}}\tan3x$ 不存在，所以不能直接使用极限运算法则，为便于利用

等价无穷小，引入变量替换：$t=\dfrac{\pi}{6}-x$，即 $x=\dfrac{\pi}{6}-t$，当 $x\to\dfrac{\pi}{6}$ 时，$t\to0$.

解：$\lim\limits_{x\to\frac{\pi}{6}}\tan3x\tan\left(\dfrac{\pi}{6}-x\right)=\lim\limits_{t\to0}\tan3\left(\dfrac{\pi}{6}-t\right)\tan t=\lim\limits_{t\to0}\tan\left(\dfrac{\pi}{2}-3t\right)\tan t$

$$=\lim\limits_{t\to0}\cot3t\tan t=\lim\limits_{t\to0}\dfrac{\tan t}{\tan3t}=\lim\limits_{t\to0}\dfrac{t}{3t}=\dfrac{1}{3}.$$

例 21　已知 $\lim\limits_{x\to2}\dfrac{x^2+ax+b}{x^2-4}=-1$，求 a,b 的值.

分析：当 $x\to2$ 时分母 $x^2-4\to0$，而函数的极限存在，必有 $\lim\limits_{x\to2}(x^2+ax+b)=0$.

解：$\lim\limits_{x\to2}(x^2+ax+b)=\lim\limits_{x\to2}(4+2a+b)=0$，即 $b=-2(a+2)$，将其代入原式有

$$\lim\limits_{x\to2}\dfrac{x^2+ax-2(a+2)}{x^2-4}=\lim\limits_{x\to2}\dfrac{(x-2)[x+(a+2)]}{(x-2)(x+2)}=\lim\limits_{x\to2}\dfrac{x+a+2}{x+2}=\dfrac{4+a}{4}=-1$$

解得 $a=-8,b=12$.

例 22　已知函数 $f(x)=\begin{cases}x\sin\dfrac{1}{x}, & x\neq0 \\ 0, & x=0\end{cases}$，判断函数 $f(x)$ 在 $x=0$ 处的连

续性.

分析：函数 $f(x)$ 在 $x=x_0$ 处连续需满足：

（1）函数 $f(x)$ 在 $U(x_0)$ 处有定义；

（2）$\lim\limits_{x\to x_0}f(x)=f(x_0)$.

解：由题义可知，函数 $f(x)$ 在 $x=0$ 处有定义，$\lim\limits_{x\to0}f(x)=\lim\limits_{x\to0}x\sin\dfrac{1}{x}=0=$ $f(0)$，故函数 $f(x)$ 在 $x=0$ 处连续.

例 23　已知函数 $f(x)=\begin{cases}x-1, & x\geqslant0 \\ x+1, & x<0\end{cases}$，判断函数 $f(x)$ 在 $x=0$ 处是否连续.

分析：$\lim\limits_{x\to x_0^+}f(x)=\lim\limits_{x\to x_0^-}f(x)=f(x_0)$，即函数既是左连续又是右连续则函数

连续.

解：$\lim\limits_{x\to0^-}f(x)=\lim\limits_{x\to0^-}(x+1)=1\neq f(0)$，$\lim\limits_{x\to0^+}f(x)=\lim\limits_{x\to0^+}(x-1)=-1=f$ (0)，函数 $f(x)$ 在 $x=0$ 处右连续，不是左连续，故函数在 $x=0$ 不连续.

例 24　讨论函数 $f(x)=\dfrac{x^3+3x^2-x-3}{x^2+x-6}$ 的连续性，若有间断点，判断间断点

的类型.

解：$f(x)=\dfrac{x^3+3x^2-x-3}{x^2+x-6}$ 的间断点为 $x=-3$，$x=2$，

$$\lim_{x \to -3} f(x) = \lim_{x \to -3} \frac{(x+3)(x^2-1)}{(x+3)(x-2)} = \lim_{x \to -3} \frac{x^2-1}{x-2} = -\frac{8}{5},$$

$$\lim_{x \to 2} f(x) = \lim_{x \to 2} \frac{(x+3)(x^2-1)}{(x+3)(x-2)} = \lim_{x \to 2} \frac{x^2-1}{x-2} = \infty.$$

故函数 $f(x)$ 在区间 $(-\infty,-3)$，$(-3,2)$，$(2,+\infty)$ 上连续，$x=-3$ 为函数 $f(x)$ 的可去间断点，$x=2$ 为函数 $f(x)$ 的无穷间断点.

例 25 判断函数 $f(x) = \dfrac{1+\mathrm{e}^{\frac{1}{x}}}{3+\mathrm{e}^{\frac{1}{x}}}$ 的间断点，并判断间断点的类型.

分析： $\lim\limits_{x \to -\infty} \mathrm{e}^x = 0$，$\lim\limits_{x \to +\infty} \mathrm{e}^x = +\infty$.

解： 显然 $x=0$ 为函数 $f(x)$ 的间断点，又因为

$$\lim_{x \to 0^-} f(x) = \lim_{x \to 0^-} \frac{1+\mathrm{e}^{\frac{1}{x}}}{3+\mathrm{e}^{\frac{1}{x}}} = \frac{1}{3}, \quad \lim_{x \to 0^+} f(x) = \lim_{x \to 0^+} \frac{1+\mathrm{e}^{\frac{1}{x}}}{3+\mathrm{e}^{\frac{1}{x}}} = 1, \ \text{故} \ x=0 \ \text{为函数}$$

$f(x)$ 的跳跃间断点.

例 26 函数 $f(x) = \dfrac{x^2-4}{x-2} \mathrm{e}^{\frac{x-2}{4+x^2-4x}}$，讨论函数 $f(x)$ 在 $x=2$ 处的极限是否存在.

解： 当 $x \neq 2$ 时，$f(x) = \dfrac{x^2-4}{x-2} \mathrm{e}^{\frac{x-2}{4+x^2-4x}} = (x+2)\mathrm{e}^{\frac{1}{x-2}}$，又因为

$$\lim_{x \to 2^-} \frac{1}{x-2} = -\infty, \quad \lim_{x \to 2^+} \frac{1}{x-2} = +\infty,$$

$$\lim_{x \to 2^-} f(x) = \lim_{x \to 2^-} (x+2)\mathrm{e}^{\frac{1}{x-2}} = 0. \quad \lim_{x \to 2^+} f(x) = \lim_{x \to 2^+} (x+2)\mathrm{e}^{\frac{1}{x-2}} = +\infty, \ \text{故由}$$

极限存在的充要条件知，$f(x)$ 在 $x=2$ 处的极限不存在.

注： 本题不是分段函数，但是要讨论 $x=2$ 处的左右极限.

例 27 设函数 $f(x) = \begin{cases} 1+x^2, & x<0 \\ a, & x=0 \\ \dfrac{\sin bx}{x}, & x>0 \end{cases}$

(1) a,b 为何值时，$\lim\limits_{x \to 0} f(x)$ 存在；

(2) a,b 为何值时，$f(x)$ 在 $x=0$ 处连续.

解： (1) $\lim\limits_{x \to 0^-} (1+x^2) = 1$，$\lim\limits_{x \to 0^+} \dfrac{\sin bx}{x} = b$，故当 $b=1$ 时，无论 a 为何值，$\lim\limits_{x \to 0} f(x)$ 存在，且 $\lim\limits_{x \to 0} f(x) = 1$.

(2) $\lim\limits_{x \to 0} f(x) = 1 = f(0) = a$，即 $a=1,b=1$ 时，$f(x)$ 在 $x=0$ 处连续.

例 28 证明方程 $x^2+2x=6$ 至少有一个实根介于 1 和 3 之间.

证明： 令 $f(x) = x^2+2x-6$，显然 $f(x)$ 在 $[1,3]$ 上连续，且有 $f(1) = -3$，

$f(3)=9$，则 $f(1)f(3)<0$，由零点存在定理可知，$f(x)$ 在 $(1,3)$ 内至少有一点 ξ，使得 $f(\xi)=0$，即方程 $x^2+2x=6$ 至少有一个实根介于 1 和 3 之间.

例 29　设 $f(x),g(x)$ 都是闭区间 $[a,b]$ 上的连续函数，且 $f(a)>g(a)$，$f(b)<g(b)$，试证明在 (a,b) 内至少有一点 $x=\xi$，使 $f(\xi)=g(\xi)$.

证明：令 $F(x)=f(x)-g(x)$，则 $F(x)$ 在区间 $[a,b]$ 上连续，又 $F(a)=f(a)-g(a)>0$，$F(b)=f(b)-g(b)<0$，由零点定理知结论成立.

四、强化练习

（一）选择题

1. "数列极限 $\lim\limits_{n\to\infty}x_n$ 存在"是"数列 $\{x_n\}$ 有界"的（　　）.

A. 充分必要条件　　　　　　　　　B. 充分但非必要条件

C. 必要但非充分条件　　　　　　　D. 既非充分条件，也非必要条件

2. 设 $\{a_n\},\{b_n\},\{c_n\}$ 均为非负数列，且 $\lim\limits_{n\to\infty}a_n=0$，$\lim\limits_{n\to\infty}b_n=1$，$\lim\limits_{n\to\infty}c_n=\infty$，则（　　）.

A. $a_n<b_n$ 对任意 n 成立　　　　　B. $b_n<c_n$ 对任意 n 成立

C. 极限 $\lim\limits_{n\to\infty}a_nc_n$ 不存在　　　　D. 极限 $\lim\limits_{n\to\infty}b_nc_n$ 不存在

3. 下列各式不正确的是（　　）.

A. $\lim\limits_{x\to0}e^{\frac{1}{x}}=\infty$　　　B. $\lim\limits_{x\to0^-}e^{\frac{1}{x}}=0$　　　C. $\lim\limits_{x\to0^+}e^{\frac{1}{x}}=+\infty$　　　D. $\lim\limits_{x\to\infty}e^{\frac{1}{x}}=1$

4. $\lim\limits_{x\to\infty}\dfrac{x+\sin x}{x}=$（　　）.

A. 0　　　　　　　　B. 1　　　　　　　　C. 不存在　　　　　　D. ∞

5. 若 $\lim\limits_{x\to2}\dfrac{x^2+ax+b}{x^2-x-2}=2$，则必有（　　）.

A. $a=2,b=8$　　　　　　　　　　B. $a=2,b=5$

C. $a=0,b=-8$　　　　　　　　　D. $a=2,b=-8$

6. 设 $f(x+1)=\lim\limits_{n\to\infty}\left(\dfrac{n+x}{n-2}\right)^n$，则 $f(x)=$（　　）.

A. e^{x-1}　　　　　　B. e^{x+2}　　　　　　C. e^{x+1}　　　　　　D. e^{-x}

7. 当 $x\to+\infty$ 时，为无穷小量的是（　　）.

A. $x\sin\dfrac{1}{x}$　　　　B. $e^{\frac{1}{x}}$　　　　C. $\ln x$　　　　D. $\dfrac{1}{x}\sin x$

8. 当 $x\to0$ 时，下列函数哪一个是其他三个的高阶无穷小（　　）.

A. x^2　　　　　　B. $1-\cos x$　　　　C. $x-\tan x$　　　　D. $\ln(1+x^2)$

9. 当 $x\to0$ 时，函数 $f(x)=2^x+3^x-2$ 是 x 的（　　）.

A. 高阶无穷小   B. 同阶但非等价无穷小

C. 低阶无穷小   D. 等价无穷小

10. 点 $x=1$ 是函数 $f(x)=\begin{cases}3x-1, & x<1 \\ 1, & x=1 \\ 3-x, & x>1\end{cases}$ 的（   ）.

A. 连续点   B. 跳跃间断点   C. 可去间断点   D. 第二类间断点

11. 设 $f(x)$ 和 $\varphi(x)$ 在 $(-\infty,+\infty)$ 内有定义，$f(x)$ 为连续函数，且 $f(x)\neq 0$，$\varphi(x)$ 有间断点，则（   ）.

A. $\varphi[f(x)]$ 必有间断点   B. $[\varphi(x)]^2$ 必有间断点

C. $f[\varphi(x)]$ 必有间断点   D. $\dfrac{\varphi(x)}{f(x)}$ 必有间断点

12. 设 $f(x)=\lim\limits_{n\to\infty}\dfrac{1+x}{1+x^{2n}}$，讨论函数的间断点，结论正确的为（   ）.

A. 不存在间断点   B. 存在第一类间断点 $x=1$

C. 存在间断点 $x=0$ D. 存在间断点 $x=-1$

（二）填空题

1. 若 $\lim\limits_{n\to\infty}x_n=A$，则 $\lim\limits_{n\to\infty}(|x_n|+1)=$ _____.

2. $\lim\limits_{x\to\infty}\dfrac{2x^3-3x^2+1}{x^3}=$ _____.

3. $\lim\limits_{x\to6}\dfrac{x^2-8x+12}{x^2-5x-6}=$ _____.

4. $\lim\limits_{x\to0^+}\dfrac{\sin^2\sqrt{x}}{x}=$ _____.

5. $\lim\limits_{x\to\infty}\left(1+\dfrac{2}{x}\right)^{\frac{x}{3}}=$ _____.

6. $\lim\limits_{x\to0}\dfrac{\ln(1+x\sin x)}{1-\cos x}=$ _____.

7. 若 $\lim\limits_{x\to1}\dfrac{x^2+2x-a}{x^2-1}=2$，则 $a=$ _____.

8. 若 $\lim\limits_{x\to0}(1-kx)^{\frac{1}{x}}=e^2$，则 $k=$ _____.

9. $x=0$ 是函数 $f(x)=x\sin\dfrac{1}{x}$ 的第_____类_____间断点.

10. 设函数 $f(x)=\begin{cases}e^x, & x<0 \\ a-x, & x\geq0\end{cases}$ 在 $x=0$ 点连续，则 $a=$ _____.

（三）判断题（正确的填写 T，错误的填写 F）

1. 无穷多个无穷小的和仍然是无穷小. （ ）

2. 初等函数在其定义域内一定是连续的. （ ）

3. $x=0$ 是 $y=e^{\frac{1}{x}}$ 的第二类间断点. （ ）

4. 当 $x\to 0$ 时，$\sin x$，$e^{x}-1$，$x^{3}+x^{2}+x$，$\ln(1+x)$ 彼此间都是等价无穷小. （ ）

5. 若 $\lim\limits_{x\to x_{0}}f(x)$ 存在，$\lim\limits_{x\to x_{0}}g(x)$ 不存在，则 $\lim\limits_{x\to x_{0}}[f(x)+g(x)]$ 不存在. （ ）

6. 若 $\lim\limits_{x\to a^{-}}f(x)$ 和 $\lim\limits_{x\to a^{+}}f(x)$ 都存在，则 $f(x)$ 在 $x=a$ 处连续. （ ）

7. 若数列 $\{x_{n}\}$ 收敛，则数列 $\{x_{n}\}$ 一定有界. （ ）

8. 若数列 $\{x_{n}\}$ 收敛，数列 $\{y_{n}\}$ 发散，则数列 $\{x_{n}+y_{n}\}$ 一定发散. （ ）

9. 数列 $\dfrac{1}{2}$，$\dfrac{2}{3}$，$\cdots$，$\dfrac{n}{n+1}$，$\cdots$ 的极限为 1. （ ）

10. 若 $\lim\limits_{x\to x_{0}}f(x)$ 存在，则 $\lim\limits_{x\to x_{0}^{-}}f(x)$ 和 $\lim\limits_{x\to x_{0}^{+}}f(x)$ 必存在. （ ）

11. $\lim\limits_{n\to\infty}\left(n-\dfrac{n^{2}}{n+1}\right)=\lim\limits_{n\to\infty}n-\lim\limits_{n\to\infty}\dfrac{n^{2}}{n+1}=(+\infty)-(+\infty)=0$. （ ）

12. $\lim\limits_{x\to\infty}(\sqrt{x^{2}-x}-x)=\lim\limits_{x\to\infty}x\left(\sqrt{1-\dfrac{1}{x}}-1\right)=\lim\limits_{x\to\infty}x\times\lim\limits_{x\to\infty}\left(\sqrt{1-\dfrac{1}{x}}-1\right)=+\infty\times 0=0$. （ ）

（四）计算题

1. $\lim\limits_{n\to\infty}\dfrac{4n^{2}-n-1}{7+2n-8n^{2}}$.

2. $\lim\limits_{n\to\infty}\dfrac{1+a+a^{2}+\cdots+a^{n}}{1+b+b^{2}+\cdots+b^{n}}$，$|a|<1$，$|b|<1$.

3. $\lim\limits_{n\to\infty}\left[\dfrac{1}{1\times 2}+\dfrac{1}{2\times 3}+\cdots+\dfrac{1}{n\ (n+1)}\right]$.

4. $\lim\limits_{x\to 1}\left(\dfrac{1}{1-x}-\dfrac{3}{1-x^{3}}\right)$.

5. $\lim\limits_{x\to\infty}(\sqrt{x^{2}+2}-\sqrt{x^{2}-3})$.

6. $\lim\limits_{x\to 1}\dfrac{x^{m}-1}{x^{n}-1}$.

7. $\lim\limits_{x\to\infty}\left(\dfrac{x}{1+x}\right)^{x}$.

8. $\lim\limits_{x\to\infty}\left(\dfrac{x^2+1}{x^2-3}\right)^{x^2}$.

9. $\lim\limits_{x\to 0}\dfrac{\sin 5x-\sin 3x}{\sin x}$.

10. $\lim\limits_{x\to 0}\dfrac{(2+3x)^2\sin x-4\sin x}{1-\cos\dfrac{x}{3}}$.

11. $\lim\limits_{x\to 1}\dfrac{\arcsin(1-x)}{\ln x}$.

12. $\lim\limits_{x\to\infty}x^2\left(1-\cos\dfrac{1}{x}\right)$.

13. $\lim\limits_{x\to 1}\dfrac{x^2-1}{3x^2+2x-1}$, $\lim\limits_{x\to -1}\dfrac{x^2-1}{3x^2+2x-1}$, $\lim\limits_{x\to\infty}\dfrac{x^2-1}{3x^2+2x-1}$.

14. $\lim\limits_{x\to 0}(1+3\tan^2 x)^{\cot^2 x}$.

15. $\lim\limits_{x\to 0}\dfrac{\sin x-\tan x}{(\sqrt[3]{1+x^2}-1)\,(\sqrt{1+\sin x}-1)}$.

16. $\lim\limits_{x\to 0}\dfrac{x+\sin x}{x-2\tan x}$.

17. $\lim\limits_{x\to 0}\dfrac{2^x-1}{\sqrt[3]{1-x}-1}$.

（五）讨论题

1. 设 $f(x)=\begin{cases}\mathrm{e}^{\frac{1}{x-1}}, & x>0\\ \ln(1+x), & -1<x\leqslant 0\end{cases}$，求 $f(x)$ 的间断点，并说明间断点的类型.

2. 讨论函数 $f(x)=\arctan\dfrac{1}{x}$ 的连续性，若 $f(x)$ 不连续，判定间断点的类型.

3. 设 $f(x)=\begin{cases}\dfrac{4x^2-1}{2x-1}, & x\neq\dfrac{1}{2}\\ 2, & x=\dfrac{1}{2}\end{cases}$，判断 $f(x)$ 是否连续，若不连续，判断间断点的类型.

4. 函数 $f(x)=\begin{cases}\dfrac{1}{x}\sin x, & x<0\\ k, & x=0\\ x\sin\dfrac{1}{x}+1, & x>0\end{cases}$，当 k 为何值时，$f(x)$ 在其定义域内连续.

（六）证明题

1. 证明：方程 $x2^x=1$ 至少有一个小于 1 的正根.

2. 设 $f(x)$ 在 $[a,b]$ 上连续，且 $f(a)<a$，$f(b)>b$，试证明：$f(x)$ 在 (a,b) 内至少存在一点 $\xi\in(a,b)$，使 $f(\xi)=\xi$.

第八章　导数与微分

本章基本要求

　　理解导数的概念、求导的基本思想，掌握导数的几何意义及平面曲线的切线和法线的计算方法，理解函数可导性与连续性之间的关系．掌握基本初等函数的导数公式和函数的求导法则．理解高阶导数的概念，掌握简单函数高阶导数的计算．掌握隐函数以及由参数方程所确定的函数的求导方法．理解微分的概念、可微与可导之间的关系，掌握初等函数的微分公式和函数微分的运算法则．

一、内容结构

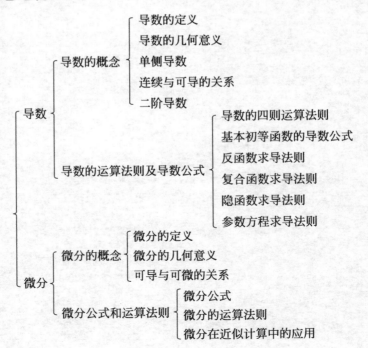

二、知识要点

（一）导数的概念

1. 导数的定义

设函数 $y = f(x)$ 在点 x_0 的某邻域内有定义，若

$$\lim_{\Delta x \to 0} \frac{\Delta y}{\Delta x} = \lim_{\Delta x \to 0} \frac{f(x_0 + \Delta x) - f(x_0)}{\Delta x}$$

存在，则称函数 $y = f(x)$ 在点 x_0 处可导，并称此极限值为函数 $y = f(x)$ 在点 x_0 处的导数，记作：$f'(x_0)$, $y' \big|_{x=x_0}$, $\dfrac{\mathrm{d}y}{\mathrm{d}x} \Big|_{x=x_0}$ 或 $\dfrac{\mathrm{d}f(x)}{\mathrm{d}x} \Big|_{x=x_0}$.

① $f(x)$ 在 x_0 点的导数 $f'(x_0)$ 存在的等价性定义有：

$$\lim_{\Delta x \to 0} \frac{f(x_0 + \Delta x) - f(x_0)}{\Delta x} \text{存在} \Leftrightarrow \lim_{h \to 0} \frac{f(x_0 + h) - f(x_0)}{h} \text{存在}$$

$$\Leftrightarrow \lim_{x \to x_0} \frac{f(x) - f(x_0)}{x - x_0} \text{存在}.$$

② 记号 $f'(x_0)$ 与 $[f(x_0)]'$ 的含义不同，前者表示函数 $f(x)$ 在 x_0 点的导数值，后者表示函数值 $f(x_0)$（常数）的导数.

2. 导数的几何意义及应用

$y = f(x)$ 在点 x_0 处的导数 $f'(x_0)$，就是曲线 $y = f(x)$ 在点 $(x_0, f(x_0))$ 处的切线斜率，即 $f'(x_0) = k = \tan\alpha$（α 为切线的倾斜角）. 曲线 $y = f(x)$ 在点 $(x_0, f(x_0))$ 处的切线方程为 $y - y_0 = f'(x_0)(x - x_0)$，若 $f'(x_0) \neq 0$，法线方程为 $y - y_0 = -\dfrac{1}{f'(x_0)}(x - x_0)$.

3. 单侧导数

若 $\lim\limits_{\Delta x \to 0^-} \dfrac{f(x_0 + \Delta x) - f(x_0)}{\Delta x}$ 存在，则称函数 $y = f(x)$ 在点 x_0 处左可导，并称此极限值为函数 $y = f(x)$ 在点 x_0 处的左导数，记作：$f'_-(x_0)$ 或 $f'(x_0 - 0)$；类似可以定义右导数 $f'_+(x_0)$.

注：① 左导数和右导数统称为单侧导数；

② 函数 $y = f(x)$ 在点 x_0 处可导 $\Leftrightarrow f'_-(x_0)$ 与 $f'_+(x_0)$ 存在并且相等.

4. 导函数

若函数 $y = f(x)$ 在某区间 I 内每一点都可导，则称函数 $y = f(x)$ 在此区间 I

内可导. 此时, 对此区间内的任一点 x, 都对应着 $f(x)$ 的一个确定的导数值, 构成一个新的函数称为原来函数 $y=f(x)$ 的导函数 (简称导数), 记作: y', $f'(x)$, $\dfrac{\mathrm{d}y}{\mathrm{d}x}$ 或 $\dfrac{\mathrm{d}f(x)}{\mathrm{d}x}$. 即:

$$y'=f'(x)=\lim_{\Delta x\to 0}\frac{f(x+\Delta x)-f(x)}{\Delta x}=\lim_{h\to 0}\frac{f(x+h)-f(x)}{h}.$$

※导数与导函数的关系: 若函数 $y=f(x)$ 在点 x_0 处可导, 则

$$f'(x_0)=f'(x)|_{x-x_0}.$$

5. 连续与可导的关系

若函数 $f(x)$ 在点 x_0 处可导, 则函数 $f(x)$ 在点 x_0 处连续, 反之不成立.

6. 高阶导数的定义

将函数 $y=f(x)$ 的一阶导数 $y'=f'(x)$ 的导数称为 $y=f(x)$ 的二阶导数, 记作: y'', $f''(x)$ 或 $\dfrac{\mathrm{d}^2 y}{\mathrm{d}x^2}$. 类似地, 可以定义三阶导数……$n$ 阶导数等高阶导数.

(二) 导数的运算法则及求导公式

1. 导数的四则运算法则

(1) $[u(x)\pm v(x)]'=u'(x)\pm v'(x)$;

(2) $[u(x)v(x)]'=u'(x)v(x)+u(x)v'(x)$;

(3) $\left[\dfrac{u(x)}{v(x)}\right]'=\dfrac{u'(x)v(x)-u(x)v'(x)}{v^2(x)}$, $v(x)\neq 0$.

2. 基本初等函数的求导公式

① $(C)'=0(C$ 为任意常数$)$; ② $(x^\alpha)'=\alpha x^{\alpha-1}$;

③ $(a^x)'=a^x\ln a$; ④ $(\mathrm{e}^x)'=\mathrm{e}^x$;

⑤ $(\log_a x)'=\dfrac{1}{x\ln a}$; ⑥ $(\ln x)'=\dfrac{1}{x}$;

⑦ $(\sin x)'=\cos x$ ⑧ $(\cos x)'=-\sin x$;

⑨ $(\tan x)'=\sec^2 x$ ⑩ $(\cot x)'=-\csc^2 x$;

⑪ $(\sec x)'=\sec x\tan x$; ⑫ $(\csc x)'=-\csc x\cot x$;

⑬ $(\arcsin x)'=\dfrac{1}{\sqrt{1-x^2}}$; ⑭ $(\arccos x)'=-\dfrac{1}{\sqrt{1-x^2}}$;

⑮ $(\arctan x)'=\dfrac{1}{1+x^2}$; ⑯ $(\text{arccot}x)'=-\dfrac{1}{1+x^2}$;

⑰ $(\text{sh}x)'=\text{ch}x$；　　　　　　　　　　　　　　⑱ $(\text{ch}x)'=\text{sh}x$.

3. 反函数求导法则

若函数 $x=f(y)$ 在某区间 I_y 内单调、可导，且 $f'(y)\neq0$，则它的反函数 $y=f^{-1}(x)$ 在对应区间 $I_x=\{x\,|\,x=f(y),y\in I_y\}$ 内也可导，且导数为

$$[f^{-1}(x)]'=\frac{1}{f'(y)}\quad 或\quad \frac{\mathrm{d}y}{\mathrm{d}x}=\frac{1}{\dfrac{\mathrm{d}x}{\mathrm{d}y}}.$$

4. 复合函数求导法则

若 $y=f(u)$，$u=\phi(x)$ 均可导，则 $y'=f'(u)\phi'(x)$ 或 $\dfrac{\mathrm{d}y}{\mathrm{d}x}=\dfrac{\mathrm{d}y}{\mathrm{d}u}\times\dfrac{\mathrm{d}u}{\mathrm{d}x}$.

注：此链锁法则可以推广到多个中间变量的情形.

5. 隐函数求导法则

设函数 $y=f(x)$ 是由方程 $F(x,y)=0$ 所确定的可导函数，则其导数 $\dfrac{\mathrm{d}y}{\mathrm{d}x}$ 的求法可分为以下两个步骤：

第一步：将方程 $F(x,y)=0$ 两边对自变量 x 求导，视 y 为中间变量，用复合函数求导法求导，得到一个关于 $\dfrac{\mathrm{d}y}{\mathrm{d}x}$ 的一次方程；

第二步：解方程，求出 $\dfrac{\mathrm{d}y}{\mathrm{d}x}$.

6. 参数方程求导法则

若函数 $y=y(x)$ 是由参数方程 $\begin{cases}x=\phi(t)\\y=\varphi(t)\end{cases}$，$\alpha<t<\beta$ 所确定的，其中 $\varphi(t)$，$\phi(t)$ 在 (α,β) 内可导，则

$$\frac{\mathrm{d}y}{\mathrm{d}x}=\frac{\dfrac{\mathrm{d}y}{\mathrm{d}t}}{\dfrac{\mathrm{d}x}{\mathrm{d}t}}=\frac{\phi'(t)}{\varphi'(t)},\quad \frac{\mathrm{d}^2y}{\mathrm{d}x^2}=\frac{\mathrm{d}}{\mathrm{d}x}\left(\frac{\mathrm{d}y}{\mathrm{d}x}\right)=\frac{\phi''(t)\varphi'(t)-\phi'(t)\varphi''(t)}{\varphi'^3(t)}$$

7. 对数求导法

对数求导法是利用对数的运算性质来简化求导运算的一种方法，常用于以下两种情况：

（1）幂指函数的导数. 若 $y=u(x)^{v(x)}$，两边同时取对数，得 $\ln y=v(x)\ln u(x)$，

两端再同时对 x 求导，于是有 $\dfrac{y'}{y}=v'(x)\ln u(x)+v(x)\dfrac{u'(x)}{u(x)}$，故

$$y'=u(x)^{v(x)}\left[v'(x)\ln u(x)+v(x)\dfrac{u'(x)}{u(x)}\right].$$

（2）含有若干个因式的乘、除、乘方、开方的函数的导数.

（三）微分的概念

设函数 $y=f(x)$ 在 x_0 的某邻域内有定义，若

$$\Delta y=f(x_0+\Delta x)-f(x_0)=A\Delta x+o(\Delta x)$$

式中，A 是不依赖于 Δx 的常数，则称函数 $y=f(x)$ 在 x_0 点可微分，并将 $A\Delta x$ 称为函数 $y=f(x)$ 在 x_0 点相应于 Δx 的微分，记作：$\mathrm{d}y=A\Delta x$.

注：① 可微的充分必要条件是函数 $y=f(x)$ 在 x_0 处可导，并且 $f'(x_0)=A$，即函数 $y=f(x)$ 的微分可记作：$\mathrm{d}y=f'(x_0)\Delta x$.

② 通常将自变量 x 的增量 Δx 称为自变量的微分，记作：$\mathrm{d}x$. 于是函数 $y=f(x)$ 的微分又可记作：$\mathrm{d}y=f'(x_0)\mathrm{d}x$.

③ 微分的几何意义：当自变量 x 有增量 Δx 时，微分 $\mathrm{d}y$ 表示曲线 $y=f(x)$ 在 x_0 点的切线的纵坐标的相应增量.

※可微分、可导、连续之间的关系：可微$\Leftrightarrow$可导$\Rightarrow$连续.

① 函数 $y=f(x)$ 在 x_0 处可微的充要条件是：函数 $y=f(x)$ 在 x_0 处可导.

② 函数 $y=f(x)$ 在 x_0 处可导的必要条件是：函数 $y=f(x)$ 在 x_0 处连续.

（四）微分的运算法则及求导公式

1. 微分的运算法则

（1）$\mathrm{d}[u(x)\pm v(x)]=\mathrm{d}[u(x)]\pm\mathrm{d}[v(x)]$

（2）$\mathrm{d}[u(x)v(x)]=u(x)\mathrm{d}[v(x)]+v(x)\mathrm{d}[u(x)]$

（3）$\mathrm{d}\left[\dfrac{u(x)}{v(x)}\right]=\dfrac{v(x)\mathrm{d}[u(x)]-u(x)\mathrm{d}[v(x)]}{v^2(x)}$，$v(x)\neq 0$.

2. 基本初等函数的微分公式

① $\mathrm{d}(C)=0$（C 为任意常数）； 　② $\mathrm{d}(x^\alpha)=\alpha x^{\alpha-1}\mathrm{d}x$；

③ $\mathrm{d}(a^x)=a^x\ln a\,\mathrm{d}x$； 　④ $\mathrm{d}(e^x)=e^x\mathrm{d}x$；

⑤ $\mathrm{d}(\log_a x)=\dfrac{1}{x\ln a}\mathrm{d}x$； 　⑥ $\mathrm{d}(\ln x)=\dfrac{1}{x}\mathrm{d}x$；

⑦ $\mathrm{d}(\sin x)=\cos x\,\mathrm{d}x$； 　⑧ $\mathrm{d}(\cos x)=-\sin x\,\mathrm{d}x$；

⑨ $\mathrm{d}(\tan x)=\sec^2 x\,\mathrm{d}x$； 　⑩ $\mathrm{d}(\cot x)=-\csc^2 x\,\mathrm{d}x$；

⑪ $d(\sec x)=\sec x\tan x\,dx$；　　　　　　　　⑫ $d(\csc x)=-\csc x\cot x\,dx$；

⑬ $d(\arcsin x)=\dfrac{1}{\sqrt{1-x^2}}dx$；　　　　⑭ $d(\arccos x)=-\dfrac{1}{\sqrt{1-x^2}}dx$；

⑮ $d(\arctan x)=\dfrac{1}{1+x^2}dx$；　　　　　　⑯ $d(\operatorname{arccot} x)=-\dfrac{1}{1+x^2}dx$.

3. 微分在近似计算中的应用

当 $|\Delta x|$ 很小时，常用的近似公式有

$$\Delta y\approx dy=f'(x)\Delta x;\quad f(x)=f(x_0+\Delta x)\approx f(x_0)+f'(x_0)\Delta x.$$

取 $\Delta x=x,x_0=0$ 时，$f(x)\approx f(0)+f'(0)\,x$.

三、精选例题解析

例 1　设函数 $f(x)$ 在 x_0 处可导，求 $\lim\limits_{h\to 0}\dfrac{f(x_0+h)-f(x_0-h)}{5h}$

解：　$\lim\limits_{h\to 0}\dfrac{f(x_0+h)-f(x_0-h)}{5h}$

$$=\frac{1}{5}\lim_{h\to 0}\frac{f(x_0+h)-f(x_0)+f(x_0)-f(x_0-h)}{h}$$

$$=\frac{1}{5}\left[\lim_{h\to 0}\frac{f(x_0+h)-f(x_0)}{h}+\lim_{h\to 0}\frac{f(x_0)-f(x_0-h)}{h}\right]$$

$$=\frac{1}{5}\left[f'(x_0)+f'(x_0)\right]=\frac{2}{5}f'(x_0).$$

例 2　设函数在 $x=0$ 的某一邻域内有定义，且 $f(0)=0$，$f'(0)=3$，求 $\lim\limits_{x\to 0}\dfrac{f(2x)}{x}$.

解：　由已知条件可知，函数 $f(x)$ 在 $x=0$ 处可导，且 $f'(0)=3$，又 $f(0)=0$，所以

$$f'(0)=\lim_{x\to 0}\frac{f(x)-f(0)}{x-0}=\lim_{x\to 0}\frac{f(x)}{x}$$

于是有 $\lim\limits_{x\to 0}\dfrac{f(2x)}{x}=2\lim\limits_{x\to 0}\dfrac{f(2x)}{2x}\xrightarrow{t=2x}2\lim\limits_{t\to 0}\dfrac{f(t)}{t}=2f'(0)=6$.

注：　例 1 和例 2 都是利用导数的定义求解，所谓求导三步法，即

第一步：求出函数 $y=f(x)$ 相应于自变量增量 Δx 的函数增量 $\Delta y=f(x+\Delta x)-f(x)$；

第二步：求出函数增量 Δy 与自变量增量 Δx 的比值 $\dfrac{\Delta y}{\Delta x}$；

第三步：求出极限 $\lim\limits_{\Delta x\to 0}\dfrac{\Delta y}{\Delta x}=\lim\limits_{\Delta x\to 0}\dfrac{f(x+\Delta x)-f(x)}{\Delta x}=f'(x)$.

例3 设函数 $f(x)=\begin{cases} x\sin\dfrac{1}{x}, & x\neq 0 \\ x, & x=0 \end{cases}$，试讨论 $f(x)$ 在 $x=0$ 处的连续性和可导性.

分析：函数 $f(x)$ 在 x_0 处连续需满足：(1) $f(x)$ 在 x_0 的某邻域有定义；(2) $\lim\limits_{x\to x_0}f(x)=f(x_0)$.

函数 $f(x)$ 在 x_0 处可导需满足：(1) $f(x)$ 在 x_0 处连续；(2) $f'(x_0)=\lim\limits_{x\to x_0}\dfrac{f(x)-f(x_0)}{x-x_0}$ 存在.

解：$\lim\limits_{x\to 0}x\sin\dfrac{1}{x}=0=f(0)$，故函数 $f(x)$ 在 $x=0$ 处的连续；

$\lim\limits_{x\to 0}\dfrac{x\sin\dfrac{1}{x}-0}{x-0}=\lim\limits_{x\to 0}\sin\dfrac{1}{x}$，此极限不存在，故 $f(x)$ 在 $x=0$ 处不可导.

例4 设 $f(x)=\begin{cases} x^2, & x\geq 0 \\ -x, & x<0 \end{cases}$，求 $f'(0)$.

解：由于 $f'(0)=\lim\limits_{x\to 0}\dfrac{f(x)-f(0)}{x}$，而 $x\to 0$ 时，可以有 $x>0$ 及 $x<0$，此时的 $f(x)$ 有不同的表示式，所以应分别考虑.

$$f'_+(0)=\lim\limits_{x\to 0^+}\dfrac{f(x)-f(0)}{x}=\lim\limits_{x\to 0^+}\dfrac{x^2-0}{x}=0,$$

$$f'_-(0)=\lim\limits_{x\to 0^-}\dfrac{f(x)-f(0)}{x}=\lim\limits_{x\to 0^-}\dfrac{-x-0}{x}=-1,$$

可见 $f'(0)$ 不存在.

注：一般地，对于分段函数在分段点处的导数，应按导数的定义来求，否则就会出现错误.

如：设 $f(x)=\begin{cases} \arctan\dfrac{1}{x}, & x\neq 0 \\ 0, & x=0 \end{cases}$，则当 $x\neq 0$ 时，有 $f'(x)=\dfrac{-1}{1+x^2}$，但我们

不能认为 $f'(0)=\lim\limits_{x\to 0}\dfrac{-1}{1+x^2}=-1$. 由于函数 $f(x)$ 在 $x=0$ 点是不连续的，因此 $f'(0)$ 是不存在的.

设 $f(x)=\begin{cases} \dfrac{2}{3}x^3, & x\geq 1 \\ x^2, & x<1 \end{cases}$，则不能这样来求 $f'(1)$：因为 $f'_+(1)=\left(\dfrac{2}{3}x^3\right)'\Big|_{x=1}=2$，

$f'_-(1)=(x^2)'\Big|_{x=1}=2$，故 $f'(1)=2$. 事实上，$f'(1)$ 是不存在的，因为 $f(x)$ 在 $x=1$ 点是不连续的.

例5 设 $f(x)=(ax+b)\sin x+(cx+d)\cos x$，选择适当的常数 a,b,c,d，使

$f'(x) = x\cos x$.

解：因为 $f'(x) = a\sin x + (ax+b)\cos x + c\cos x - (cx+d)\sin x$

$$= (a-cx-d)\sin x + (ax+b+c)\cos x = x\cos x$$

比较等式两端同类项的系数，得 $\begin{cases} a-d=0 \\ c=0 \\ a=1 \\ b+c=0 \end{cases}$

则 $a=1, b=0, c=0, d=1$.

例 6 设函数 $f(x) = \begin{cases} e^{2x}+b, & x \leqslant 0 \\ \sin ax, & x>0 \end{cases}$，试选取适当的 a,b 的值，使 $f(x)$ 在 $x=0$ 处可导，并求 $f'(x)$.

解： $f(0^-) = \lim\limits_{x\to 0} f(x) = \lim\limits_{x\to 0}(e^{2x}+b) = 1+b$，$f(0^+) = \lim\limits_{x\to 0^+} f(x) = \lim\limits_{x\to 0^+}\sin ax = 0$，$f(0) = 1+b$，因为 $f(x)$ 在 $x=0$ 处连续，故有 $f(0^-) = f(0^+) = f(0)$，即得 $b=-1$，又因为 $f'_-(0) = \lim\limits_{x\to 0^-}\dfrac{f(x)-f(0)}{x-0} = \lim\limits_{x\to 0^-}\dfrac{e^{2x}-1}{x} = 2$，$f'_+(0) = \lim\limits_{x\to 0^+}\dfrac{f(x)-f(0)}{x-0} = \lim\limits_{x\to 0^+}\dfrac{\sin ax}{x} = a$，$f(x)$ 在 $x=0$ 处可导，有 $f'_-(0) = f'_+(0)$，得 $a=2$，且 $f'(x) = \begin{cases} 2e^{2x}, & x \leqslant 0 \\ 2\cos 2x, & x>0 \end{cases}$.

例 7 求函数 $y = \sqrt{x\sqrt{x\sqrt{x}}}$ 的导数.

分析：本题中的函数看似复杂，但适当变形后，仍属于幂函数，利用幂函数求导公式 $(x^\alpha)' = \alpha x^{\alpha-1}$.

解： $y = x^{\frac{1}{2}} x^{\frac{1}{4}} x^{\frac{1}{8}} = x^{\frac{7}{8}}$，$y' = \dfrac{7}{8} x^{-\frac{1}{8}}$.

例 8 求函数 $y = \ln\sqrt{\dfrac{1+2x}{1-3x}}$ 的导数.

分析：本题利用复合函数求导法则直接求导相对麻烦，可根据对数的运算法则进行化简后求导.

解： $y = \dfrac{1}{2}[\ln(1+2x) - \ln(1-3x)]$，则

$$y' = \dfrac{1}{2}\left(\dfrac{2}{1+2x} - \dfrac{-3}{1-3x}\right) = \dfrac{5}{2(1+2x)(1-3x)}.$$

例 9 求函数 $y = x^{\sin x}$ 的导数.

分析：本题中的函数属于幂指函数，对于幂指函数可采用对数求导法.

解：对函数 $y = x^{\sin x}$ 的两边同时去对数，有 $\ln y = \sin x \ln x$，两边同时对 x 求

导，得 $\dfrac{1}{y}y'=\cos x\ln x+\dfrac{\sin x}{x}$，故 $y'=y\left(\cos x\ln x+\dfrac{\sin x}{x}\right)=x^{\sin x}\left(\cos x\ln x+\dfrac{\sin x}{x}\right).$

例 10 已知函数 $y=x\sqrt{\dfrac{1+x}{1-x}}$，求 y'.

分析：本题若利用复合函数求导法则直接计算相对烦琐，且本题属于多个函数相乘、相除，可采用对数求导法.

解：两边同时去对数 $\ln y=\ln x+\dfrac{1}{2}[\ln(1+x)-\ln(1-x)]$，两边同时对 x 求导，得

$$\dfrac{1}{y}y'=\dfrac{1}{x}+\dfrac{1}{2}\left(\dfrac{1}{1+x}-\dfrac{-1}{1-x}\right)=\dfrac{1}{x}+\dfrac{1}{1-x^2}, \text{ 故 } y'=x\sqrt{\dfrac{1+x}{1-x}}\left(\dfrac{1}{x}+\dfrac{1}{1-x^2}\right).$$

例 11 求函数 $y=2x^3+1$ 的微分 $\mathrm{d}y$.

分析：求函数微分有两种方法. （1）先求导数 y'，在代入微分公式 $\mathrm{d}y=y'\mathrm{d}x$；（2）按照微分法则直接求微分.

解：法一：$y'=6x^2$，故 $\mathrm{d}y=6x^2\mathrm{d}x$；

法二：$\mathrm{d}y=\mathrm{d}(2x^3+1)=\mathrm{d}(2x^3)+\mathrm{d}(1)=2\mathrm{d}(x^3)=6x^2\mathrm{d}x.$

例 12 已知 $y=\ln|x+2|$，求 y'.

分析：遇到绝对值符号时，一般采用零点区分法划定 x 的取值范围，去掉绝对值符号，将原来函数的化成分段函数，然后进行求导运算.

解：$y=\begin{cases}\ln(x+2), & x>-2\\ \ln(-x-2), & x<-2\end{cases}$

当 $x>-2$ 时，$y'=[\ln(x+2)]'=\dfrac{1}{x+2}$；

当 $x<-2$ 时，$y'=[\ln(-x-2)]'=\dfrac{-1}{-x-2}=\dfrac{1}{x+2}.$

综上，$y'=\dfrac{1}{x+2}.$

例 13 设隐函数 $y=y(x)$ 由方程 $y+\arctan y-x=0$ 所确定，求 y'.

解：对方程的两边关于 x 求导，有

$$y'+\dfrac{y'}{1+y^2}-1=0, \text{ 解得 } y'=\dfrac{1+y^2}{2+y^2}.$$

例 14 求由方程 $y\mathrm{e}^x+\ln y=1$ 所确定的隐函数 $y=y(x)$ 在 $x=0$ 处的导数.

解：对方程的两边关于 x 求导，有

$$y'\mathrm{e}^x+y\mathrm{e}^x+\dfrac{y'}{y}=0, \text{ 解得 } y'=-\dfrac{y^2\mathrm{e}^x}{1+y\mathrm{e}^x}, \text{ 当 } x=0 \text{ 时}, y(0)=1, \text{ 即有}$$

$$y'\Big|_{x=0}=-\dfrac{y^2\mathrm{e}^x}{1+y\mathrm{e}^x}\Big|_{x=0}=-\dfrac{1}{2}.$$

例 15 已知 $y=\sqrt{xy}-\cos(y-x)$，求 $\mathrm{d}y$.

解：法一：函数两边对 x 同时求导，有

$$y'=\frac{1}{2\sqrt{xy}}(y+xy')+\sin(y-x)(y'-1)，得$$

$$y'=\frac{y-2\sqrt{xy}\sin(y-x)}{2\sqrt{xy}-x-2\sqrt{xy}\sin(y-x)}，则\ \mathrm{d}y=\frac{y-2\sqrt{xy}\sin(y-x)}{2\sqrt{xy}-x-2\sqrt{xy}\sin(y-x)}\mathrm{d}x;$$

法二：$\mathrm{d}y=\mathrm{d}\sqrt{xy}-\mathrm{d}\cos(y-x)=\frac{1}{2\sqrt{xy}}\mathrm{d}(xy)+\sin(y-x)\mathrm{d}(y-x)$

$$=\frac{1}{2\sqrt{xy}}(x\mathrm{d}y+y\mathrm{d}x)+\sin(y-x)(\mathrm{d}y-\mathrm{d}x)$$

解得

$$\mathrm{d}y=\frac{y-2\sqrt{xy}\sin(y-x)}{2\sqrt{xy}-x-2\sqrt{xy}\sin(y-x)}\mathrm{d}x$$

例 16 设函数 $y=y(x)$ 由方程 $y=1+xe^y$ 所确定，求 y''.

解：方程 $y=1+xe^y$ 两边对 x 求导：$y'=e^y+xe^yy'$①，解得：$y'=\dfrac{e^y}{1-xe^y}$.

将式①两边再对 x 求导：$y''=e^yy'+e^yy'+xe^y(y')^2+xe^yy''$，解得：

$$y''=\frac{e^yy'(2+xy')}{1-xe^y}$$

将 $y'=\dfrac{e^y}{1-xe^y}$ 代入并整理得：$y''=\dfrac{e^{2y}(2-xe^y)}{(1-xe^y)^3}=\dfrac{e^{2y}(3-y)}{(2-y)^3}$.

注：求 y'' 时，也可以对已求得的 $y'=\dfrac{e^y}{1-xe^y}$ 再求导数，即

$$y''=\frac{e^yy'(1-xe^y)+e^y(e^y+xe^yy')}{(1-xe^y)^2}$$

将 $y'=\dfrac{e^y}{1-xe^y}$ 代入并整理得：$y''=\dfrac{e^{2y}(2-xe^y)}{(1-xe^y)^3}=\dfrac{e^{2y}(3-y)}{(2-y)^3}$.

例 17 已知参数方程 $\begin{cases}x=\ln(1+t^2)\\y=t-\arctan t\end{cases}$，求 $\dfrac{\mathrm{d}^2y}{\mathrm{d}x^2}$.

解：$\dfrac{\mathrm{d}y}{\mathrm{d}x}=\dfrac{1-\dfrac{1}{1+t^2}}{\dfrac{2t}{1+t^2}}=\dfrac{t}{2}$，$\dfrac{\mathrm{d}^2y}{\mathrm{d}x^2}=\dfrac{\mathrm{d}}{\mathrm{d}t}\left(\dfrac{t}{2}\right)\dfrac{\mathrm{d}t}{\mathrm{d}x}=\dfrac{1}{2}\times\dfrac{1}{\dfrac{\mathrm{d}x}{\mathrm{d}t}}=\dfrac{1}{2}\times\dfrac{1+t^2}{2t}=\dfrac{1+t^2}{4t}$.

注：求参数方程的二阶导数中 $\dfrac{\mathrm{d}^2y}{\mathrm{d}x^2}=\dfrac{\mathrm{d}}{\mathrm{d}x}\left(\dfrac{\mathrm{d}y}{\mathrm{d}x}\right)$，并非 $\dfrac{\mathrm{d}^2y}{\mathrm{d}x^2}=\dfrac{\mathrm{d}}{\mathrm{d}t}\left(\dfrac{\mathrm{d}y}{\mathrm{d}x}\right)$，所以上例中

的 $\dfrac{\mathrm{d}^2y}{\mathrm{d}x^2}\neq\dfrac{\mathrm{d}}{\mathrm{d}t}\left(\dfrac{\mathrm{d}y}{\mathrm{d}x}\right)=\dfrac{1}{2}$，而应 $\dfrac{\mathrm{d}^2y}{\mathrm{d}x^2}=\dfrac{\mathrm{d}}{\mathrm{d}t}\left(\dfrac{t}{2}\right)\dfrac{\mathrm{d}t}{\mathrm{d}x}=\dfrac{1}{2}\times\dfrac{1}{x'(t)}$.

例 18 设 $y = f^2(x) + f(x^2)$，其中 $f(x)$ 具有二阶导数，求 y''.

解：$y' = 2f(x)f'(x) + f'(x^2) \times 2x$，

$y'' = 2[f'(x)]^2 + 2f(x)f''(x) + 2f'(x^2) + 4x^2 f''(x^2)$.

例 19 设 $y = x^x e^{2x}$，$x > 0$，求 y'.

解：利用对数求导法，两边取对数得：$\ln y = x \ln x + 2x$（隐函数），两边对 x 求导：$\dfrac{y'}{y} = \ln x + 1 + 2 = \ln x + 3$，得 $y' = y(\ln x + 3)$.

例 20 设 $y = (1 + x)^{\frac{1}{x}}$，求 $y'(1)$.

解：利用对数求导法，首先两边取对数 $\ln y = \dfrac{\ln(1 + x)}{x}$，然后两边对 x 求导得：

$$\frac{y'}{y} = \frac{\dfrac{1}{1 + x} \times x - \ln(1 + x)}{x^2}$$

将 $x = 1$ 代入，并注意到 $y(1) = 2$，则有 $y'(1) = 1 - 2\ln 2$.

例 21 设 $y = \dfrac{\sqrt{x + 2}(3 - x)^4}{\sqrt[3]{(x + 1)^2}}$，求 y'.

解：对函数两边取对数得：$\ln y = \dfrac{1}{2}\ln(x + 2) + 4\ln(3 - x) - \dfrac{2}{3}\ln(x + 1)$，

两边对 x 求导数得：$\dfrac{y'}{y} = \dfrac{1}{2} \times \dfrac{1}{x + 2} - 4 \times \dfrac{1}{3 - x} - \dfrac{2}{3} \times \dfrac{1}{1 + x}$，

$\therefore y' = \dfrac{\sqrt{x + 2}(3 - x)^4}{\sqrt[3]{(x + 1)^2}} \left[\dfrac{1}{2(x + 2)} - \dfrac{4}{3 - x} - \dfrac{2}{3(x + 1)} \right]$.

注：对于幂指函数 $y = u(x)^{v(x)}$ 和含有多个因式相乘除或带有开方、乘方的函数，利用对数求导法是比较方便的.

例 22 求曲线 $y = \sqrt{x}$ 在点 $(4, 2)$ 处的切线方程和法线方程.

解：切线的斜率为 $k = y' \Big|_{x=4} = \dfrac{1}{2\sqrt{x}} \Big|_{x=4} = \dfrac{1}{4}$，故切线方程为 $y - 2 = \dfrac{1}{4}(x - 4)$，即 $x - 4y + 4 = 0$；

法线方程为 $y - 2 = -4(x - 4)$，即 $4x + y - 18 = 0$.

例 23 在曲线 $y = x^{\frac{3}{2}}$ 上哪一点的切线与直线 $y = 3x - 1$ 平行，并求出此切线方程.

解：由题意可知，所求点处的切线斜率为 $k = y' = (3x - 1)' = 3$，而 $y' = \dfrac{3}{2}x^{\frac{1}{2}}$，根据导数的几何意义，有 $\dfrac{3}{2}x^{\frac{1}{2}} = 3$，解得 $x = 4$，故 $y = 8$，因此 $y = x^{\frac{3}{2}}$ 在点 $(4, 8)$

处的切线与直线 $y=3x-1$ 平行，且切线为 $y-8=3(x-4)$，即 $3x-y-4=0$.

例 24 求椭圆 $\dfrac{x^2}{9}+\dfrac{y^2}{4}=1$ 在点 $p\left(1,\dfrac{4\sqrt{2}}{3}\right)$ 处的切线方程.

解：方程两边对 x 求导，得 $\dfrac{2x}{9}+\dfrac{2yy'}{4}=0$，解得

$$y'\Big|_{x=1,y=\frac{4\sqrt{2}}{3}}=-\frac{4x}{9y}\Big|_{x=1,y=\frac{4\sqrt{2}}{3}}=-\frac{\sqrt{2}}{6}$$

故所求的切线方程为 $y-\dfrac{4\sqrt{2}}{3}=-\dfrac{\sqrt{2}}{6}(x-1)$，即 $x+3\sqrt{2}y-9=0$.

例 25 试求与椭圆 $4x^2+y^2=5$ 相切于点 $(1,-1)$ 和 $(-1,-1)$ 的抛物线的方程.

解：设所求的抛物线方程为 $y=ax^2+bx+c$，由题意可知，抛物线过点 $(1,-1)$ 和 $(-1,-1)$，方程 $4x^2+y^2=5$ 两边同时对 x 求导，得 $8x+2yy'=0 \Rightarrow y'=-\dfrac{4x}{y}$，则 $y'(1)=4$，$y'(-1)=-4$，又椭圆与抛物线在 $(1,-1)$ 和 $(-1,-1)$ 处的切线相等，于是有

$$\begin{cases} a+b+c=-1 \\ a-b+c=-1 \\ (2ax+b)\,\big|_{x=1}=4 \\ (2ax+b)\,\big|_{x=-1}=-4 \end{cases} \quad 即 \quad \begin{cases} a+b+c=-1 \\ a-b+c=-1 \\ 2a+b=4 \\ -2a+b=-4 \end{cases} \quad 解得 a=2,b=0,c=-3，故所$$

求的抛物线的方程为 $y=2x^2-3$.

例 26 设 $f(x)=\begin{cases} \ln(1+x)+2, & x\geqslant 0 \\ ax+b, & x<0 \end{cases}$，选择适当的 a,b，使 $f(x)$ 在 $x=0$ 处可导.

解：由可导必连续可知，若 $f(x)$ 在 $x=0$ 处可导，首先有 $\lim\limits_{x\to 0^-}f(x)=\lim\limits_{x\to 0^+}f(x)=f(0)$. 即 $\lim\limits_{x\to 0^-}(ax+b)=\lim\limits_{x\to 0^+}[\ln(1+x)+2]$，由此可得 $b=2$；

又当 $x\neq 0$ 时，$f'(x)=\begin{cases} \dfrac{1}{1+x}, & x>0 \\ a, & x<0 \end{cases}$，要使 $f(x)$ 在 $x=0$ 处可导，则 $f'(0)=\lim\limits_{x\to 0}\dfrac{f(x)-f(0)}{x}$ 必须存在，$f'(0-0)=\lim\limits_{x\to 0^-}\dfrac{\ln(1+x)}{x}=1$，$b=2$ 代入，得 $f'(0+0)=\lim\limits_{x\to 0^+}\dfrac{ax}{x}=a$，所以 $a=1$. 即当 $a=1,b=2$ 时，$f(x)$ 在 $x=0$ 处可导.

四、强化练习

（一）选择题

1. 设在 x_0 处 $f(x)$ 可导，而 $g(x)$ 不可导，则在 x_0 处（　　）.

A. $f(x)+g(x)$ 必不可导，而 $f(x)g(x)$ 未必可导

B. $f(x)+g(x)$ 与 $f(x)-g(x)$ 都可导

C. $f(x)+g(x)$ 可导，而 $f(x)g(x)$ 不可导

D. $f(x)+g(x)$ 与 $f(x)g(x)$ 都不可导

2. 设 $f'(a)$ 存在，则 $\lim\limits_{x \to a} \dfrac{xf(a)-af(x)}{x-a} = $（　　）.

A. $f'(a)$　　　　B. $af'(a)$　　　　C. $-af'(a)$　　D. $f(a)-af'(a)$

3. 设 $f(x)=\ln(1+a^{-2x})$，$a>0$ 为常数，则 $f'(0)=$（　　）.

A. $-\ln a$　　　　B. $\ln a$　　　　C. $\dfrac{1}{2}\ln a$　　　　D. $\dfrac{1}{2}$

4. 设函数 $f(x)=\begin{cases}\dfrac{2}{3}x^3, & x\leqslant 1\\ x^2, & x>1\end{cases}$ 则 $f(x)$ 在点 $x=1$ 处（　　）.

A. 左、右导数都存在　　　　B. 左导数存在，但右导数不存在

C. 左导数不存在，但右导数存在　　　　D. 左、右导数都不存在

5. 若 $y=f(x)$ 有 $f'(x_0)=\dfrac{1}{2}$，则当 $\Delta x \to 0$ 时，$y=f(x)$ 在 $x=x_0$ 处的微分 $\mathrm{d}y$ 是（　　）.

A. 与 Δx 等价无穷小　　　　B. 与 Δx 同阶无穷小，但不是等价无穷小

C. 比 Δx 高阶无穷小　　　　D. 比 Δx 低阶无穷小

6. 若曲线 $y=x^2+ax+b$ 和 $2y=-1+xy^3$ 在点 $(1,-1)$ 处相切，其中 a,b 为常数，则（　　）.

A. $a=-3,b=1$　　B. $a=1,b=-3$　　C. $a=-1,b=-1$　　D. $a=0,b=-2$

7. 设 $y=\arctan \mathrm{e}^x$，则 $\mathrm{d}y=$（　　）.

A. $\dfrac{1}{\sqrt{1+\mathrm{e}^{2x}}}$　　B. $\dfrac{\mathrm{e}^x}{\sqrt{1+\mathrm{e}^{2x}}}$　　C. $\dfrac{1}{\sqrt{1+\mathrm{e}^{2x}}}$　　D. $\dfrac{\mathrm{e}^x}{\sqrt{1+\mathrm{e}^{2x}}}$

8. 设函数 $y=\mathrm{e}^{2x}$，则 $y''(0)=$（　　）.

A. 0　　　　B. 1　　　　C. 2　　　　D. 4

9. 已知 $f(x)=\sqrt{\arcsin x}$，则 $\left[f\left(\dfrac{1}{2}\right)\right]'=$（　　）.

A. $\sqrt{\dfrac{\pi}{6}}$　　　　B. 0　　　　C. $\dfrac{\pi}{2}$　　　　D. 1

10. 已知函数 $y=e^x+x^n$，则 $y^{(n)}=(\quad)$.

A. e^x　　　　B. e^x+nx^{n-1}　　　　C. e^{nx}　　　　D. $e^x+n!$

11. 设函数 $y=f(x^2)$，则 $\dfrac{dy}{dx}=(\quad)$.

A. $2xf'(x^2)$　　B. $2f'(x^2)$　　C. $f'(x^2)$　　D. $2xf'(x)$

12. 已知 $y=\dfrac{1}{2}\sin 2x+\sin x+3$，则 y' 是（　　）.

A. 奇函数　　　　　　　　　B. 偶函数

C. 非奇非偶函数　　　　　　D. 既是奇函数又是偶函数

13. 函数 $f(x)=|x-2|$ 在点 $x=2$ 处的导数为（　　）.

A. 1　　　　B. 0　　　　C. -1　　　　D. 不存在

14. 下列命题正确的是（　　）.

A. 若 $f(x)=g(x)$，则 $f'(x)=g'(x)$

B. 若 $f'(x)=g'(x)$，则 $f(x)=g(x)$

C. 若 $f'(x_0)=0$，则有 $f(x_0)=0$

D. 若 $f(x_0)=0$，则有 $f'(x_0)=0$

15. 函数 $f(x)$ 在点 x_0 处左右导数都存在是函数 $f(x)$ 在点 x_0 处可导的（　　）.

A. 充分非必要条件　　　　　B. 必要非充分条件

C. 充要条件　　　　　　　　D. 既非充分也非必要条件

16. 设 $f(x)$ 为可导函数，则 $d[\ln f(x)]=(\quad)$.

A. $f'(x)dx$　　　　　　　B. $\dfrac{f'(x)}{f(x)}dx$

C. $\ln f(x)dx$　　　　　　D. $f'(x)d[\ln f(x)]$

17. 设 $f(x)=\ln 4$，则 $\lim\limits_{\Delta x\to 0}\dfrac{f(x+\Delta x)-f(x)}{\Delta x}=(\quad)$.

A. 4　　　　B. $\dfrac{1}{4}$　　　　C. 0　　　　D. ∞

18. 已知 $y=e^{f(x)}$，则 $y''=(\quad)$.

A. $e^{f(x)}\ f'(x)$　　　　　　　B. $e^{f(x)}\ f''(x)$

C. $e^{f(x)}\ [f'(x)+f''(x)]$　　　D. $e^{f(x)}\ \{[f'(x)]^2+f''(x)\}$

（二）填空题

1. 设 $f'(x_0)=2$，则 $\lim\limits_{h\to 0}\dfrac{f(x_0-h)-f(x_0+2h)}{2h}=$_____.

2. 设 $y = \ln(1 + ax)$，a 为非零常数，则 $y' = \underline{\qquad}$，$y'' = \underline{\qquad}$.

3. $y = f(\sin 2x)$ 具有二阶导数，则 $y'' = \underline{\qquad}$.

4. 若 $y = x^3 + 2xe^y$，则 $\dfrac{dy}{dx} = \underline{\qquad}$.

5. $y = x^{\sin x}$ $(x > 0)$，则 $y' = \underline{\qquad}$.

6. 曲线 $y = \arctan x$ 在横坐标为 1 点处的切线方程为 $\underline{\qquad}$.

7. 曲线 $\begin{cases} x = e^t \sin 2t \\ y = e^t \cos t \end{cases}$ 在点 $(0,1)$ 的法线方程为 $\underline{\qquad}$.

8. 若 $f(0) = 0$，又 $\lim\limits_{x \to 0} \dfrac{f(x)}{x} = A$ （有限数），则 $A = \underline{\qquad}$.

9. 设 $\begin{cases} x = f(t) - \pi \\ y = f(e^{3t} - 1) \end{cases}$，且 $f(x)$ 可导，$f'(0) \neq 0$，则 $\dfrac{dy}{dx}\bigg|_{t=0} = \underline{\qquad}$.

10. $d\,\underline{\qquad} = \dfrac{1}{1+x^2}dx$.

（三）判断题（正确的填写 T，错误的填写 F）

1. $f(x)$ 在 x_0 处不可导，则 $f(x)$ 在 x_0 处无切线. （   ）

2. $(x^x)' = xx^{n-1}$. （   ）

3. $y = f(u)$ 在点 u 处不可导，$u = \varphi(x)$ 在点 x 处不可导，则 $y = f[\varphi(x)]$ 在 x 处一定不可导. （   ）

4. 若函数 $f(x)$ 在 x_0 处可微，Δx 是自变量 x 在点 x_0 处的增量，则 $\Delta x \to 0$ 时，$\Delta y - dy$ 是 Δx 的同阶无穷小. （   ）

5. 若函数 $f(x)$ 在 $x = a$ 处可导，则 $f(x)$ 在 $x = a$ 处一定可微. （   ）

6. $(1+x)e^x = d(xe^x)$. （   ）

7. 若 $f'(x_0)$ 存在，则 $\lim\limits_{x \to x_0} f(x)$ 一定存在. （   ）

8. 若函数 $f(x)$ 在 $x = x_0$ 处不可导，则 $f(x)$ 在 $x = a$ 处一定不连续. （   ）

9. 连续的曲线上的每一点处都有切线. （   ）

10. 可导的偶函数的导数是奇函数. （   ）

（四）计算题

1. 设 $f(x) = x|x|$，求 $f'(0)$.

2. 设 $y = 3^{\sin x}$，求 y'.

3. 设 $y = \dfrac{\cos x}{1 - \sin x} + x\sec^2 x - \tan x$，求 y'.

4. 设 $y = \ln\dfrac{1+x}{1-x}$，求 y'.

5. 设 $y = \ln(1 + x^2)$，求 y''.

6. 利用对数求导法求 $y = \left(\dfrac{x}{1+x}\right)^x$ 的导数 y'.

7. 利用对数求导法求 $y = (\tan x)^{\sin x} \left(0 < x < \dfrac{\pi}{2}\right)$ 的微分 $\mathrm{d}y$.

8. 已知隐函数 $x^2 + 2xy - y^2 = 2x$，求 $y' \big|_{(2,0)}$.

9. 利用对数求导法计算函数 $y = \dfrac{(x+1)^2 \sqrt[3]{3x-2}}{\sqrt[3]{(x-1)^2}}$ 的导数 y'.

10. 已知参数方程 $\begin{cases} x = \mathrm{e}^t \sin t \\ y = \mathrm{e}^t \cos t \end{cases}$，求 $\dfrac{\mathrm{d}y}{\mathrm{d}x} \Big|_{t = \frac{\pi}{2}}$.

11. 求隐函数 $y^3 - x^2 y = 2$ 的二阶导数 $y'(x)$.

12. 求参数方程 $\begin{cases} x = t^2 + 1 \\ y = t^3 - 2 \end{cases}$ 所确定的函数的二阶导数 $y''(x)$.

13. 讨论函数 $f(x) = \begin{cases} x \arctan \dfrac{1}{x}, & x \neq 0 \\ 0, & x = 0 \end{cases}$ 在 $x = 0$ 处的连续性与可导性.

14. 设函数 $f(x) = \begin{cases} \mathrm{e}^{2x} + b, & x \leqslant 0 \\ \sin ax, & x > 0 \end{cases}$，试选取适当的 a, b 值，使 $f(x)$ 在 $x = 0$ 处可导，并求出 $f'(0)$.

（五）应用题

1. 求曲线 $y = 2\sin x + x^2$ 在 $x = 0$ 处的切线方程与法线方程.

2. 曲线 $y = x^2 + x - 2$ 上哪一点的切线与直线 $x + y - 3 = 0$ 平行，并求该切线方程.

3. 已知曲线 $y = \ln \dfrac{x}{\mathrm{e}}$ 与曲线 $y = ax^2 + bx$ 在 $x = 1$ 处有共同的切线，求 a 与 b 的值.

4. 求曲线 $xy + \ln y = 1$ 在点 $P(1,1)$ 处的切线方程与法线方程.

5. 已知曲线 $\begin{cases} x = t^2 + at + b \\ y = c\mathrm{e}^t - \mathrm{e} \end{cases}$ 在 $t = 1$ 时过原点，且曲线在原点处的切线平行于直线 $2x - y + 1 = 0$，求 a, b, c 的值.

第九章　中值定理与导数的应用

本章基本要求

　　理解罗尔（Rolle）定理、拉格朗日（Lagrange）中值定理和柯西（Cauchy）中值定理及其应用；掌握洛必达（L'Hospital）法则，利用洛必达法则求解不定型极限；理解函数极值、最值的概念，掌握利用导数判断函数的单调性和求极值的方法，最值的求法及简单应用；理解曲线凹凸性的概念，利用导数判断函数图形的凹凸性和拐点.

一、内容结构

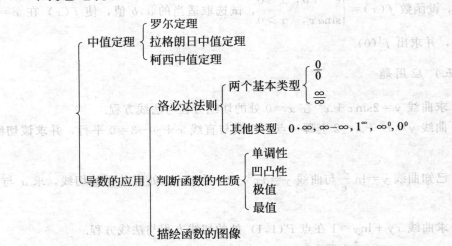

二、知识要点

（一）中值定理

1. 费马定理

设函数 $f(x)$ 在 $U(x_0)$ 内有定义，且在 x_0 处可导，若对任一 $x \in U(x_0)$ 有

$f(x) \leqslant f(x_0)$　（或 $f(x) \geqslant f(x_0)$），则有 $f'(x_0) = 0$.

2. 罗尔定理

若函数 $f(x)$ 满足：（1）在闭区间 $[a,b]$ 上连续；（2）在开区间 (a,b) 内可导；（3）$f(a) = f(b)$，则至少存在一点 $\xi \in (a,b)$，使得 $f'(\xi) = 0$ 成立.

定理说明：满足条件（1）（2）（3）的函数 $f(x)$ 在 (a,b) 内其导数 $f'(x)$ 有零点 ξ；或者说满足条件（1）（2）（3）的函数方程 $f'(x) = 0$ 在 (a,b) 内有根；又或者说满足条件（1）（2）（3）的曲线 $y = f(x)$ 在 (a,b) 内有水平切线. 因此要证明类似以上的结论，可以考虑使用罗尔定理试证.

3. 拉格朗日中值定理

若函数 $f(x)$ 满足：（1）在闭区间 $[a,b]$ 上连续；（2）在开区间 (a,b) 内可导，则至少存在一点 $\xi \in (a,b)$，使得 $f(b) - f(a) = f'(\xi)(b-a)$ 成立.

推论　若函数 $f(x)$ 在区间 I 上有 $f'(x) \equiv 0$，则 $f(x) = C$（C 为常数）.

注：函数值之差利用拉格朗日中值定理可缩成一项，由此可以用来确定函数的增减性，也可以用来证明一类涉及函数值之差的不等式.

4. 柯西中值定理

若函数 $f(x)$ 及 $F(x)$ 满足：（1）在闭区间 $[a,b]$ 上连续；（2）在开区间 (a,b) 内可导；（3）对任一 $x \in (a,b)$，有 $F'(x) \neq 0$，则至少存在一点 $\xi \in (a,b)$，使得 $\dfrac{f(b) - f(a)}{F(b) - F(a)} = \dfrac{f'(\xi)}{F'(\xi)}$ 成立.

注：当 $g(x) = x$ 时，由柯西中值定理得拉格朗日中值定理. 当 $f(a) = f(b)$ 时，拉格朗日中值定理转化成罗尔定理.

（二）导数的应用

1. 洛必达法则

若（1）$\lim\limits_{\substack{x \to x_0 \\ (x \to \infty)}} \dfrac{f(x)}{g(x)}$ 为 $\dfrac{0}{0}$ 型或 $\dfrac{\infty}{\infty}$ 型；

（2）$f(x)$，$g(x)$ 在 $U(x_0)$ 内（或 $|x| > N$ 时），$f'(x)$，$g'(x)$ 都存在，且 $g'(x) \neq 0$；

（3）$\lim\limits_{\substack{x \to x_0 \\ (x \to \infty)}} \dfrac{f'(x)}{g'(x)}$ 存在（或为无穷大）；

则 $\lim\limits_{\substack{x \to x_0 \\ (x \to \infty)}} \dfrac{f(x)}{g(x)} = \lim\limits_{\substack{x \to x_0 \\ (x \to \infty)}} \dfrac{f'(x)}{g'(x)}$.

注：① 仅当 $\lim\limits_{\substack{x \to x_0 \\ (x \to \infty)}} \dfrac{f(x)}{g(x)}$ 为 $\dfrac{0}{0}$ 型或 $\dfrac{\infty}{\infty}$ 型未定式，才可以使用洛必达法则求极

限，对于 $\infty - \infty$、$0 \cdot \infty$、∞^0、1^∞、0^0 型等未定式，应将其变形为 $\dfrac{0}{0}$ 型或 $\dfrac{\infty}{\infty}$ 型未

定式，再用洛必达法则求其值．

② 若 $\lim\limits_{\substack{x \to x_0 \\ (x \to \infty)}} \dfrac{f'(x)}{g'(x)}$ 仍为 $\dfrac{0}{0}$ 型或 $\dfrac{\infty}{\infty}$ 型未定式，可再次使用洛必达法则进行计算，

即洛必达法则可连续使用多次．

③ 若 $\lim\limits_{\substack{x \to x_0 \\ (x \to \infty)}} \dfrac{f'(x)}{g'(x)}$ 不存在也不为 ∞，即洛必达法则中条件（3）不成立，则洛必

达法则失效，但不能断言 $\lim\limits_{\substack{x \to x_0 \\ (x \to \infty)}} \dfrac{f(x)}{g(x)}$ 不存在，应考虑其他方法求解 $\lim\limits_{\substack{x \to x_0 \\ (x \to \infty)}} \dfrac{f(x)}{g(x)}$．

2. 函数的单调性

函数 $f(x)$ 在 $[a,b]$ 上连续，在 (a,b) 内可导：（1）若 $f'(x) > 0$，则 $f(x)$ 在 $[a,b]$ 上单调递增；（2）若 $f'(x) < 0$，则 $f(x)$ 在 $[a,b]$ 上单调递减．

驻点：若 $f'(x_0) = 0$，则称 $x = x_0$ 为 $f(x)$ 的驻点．

增减表解题步骤：（1）求出定义域；（2）求出导数 $f'(x)$，求出驻点及导数不存在点（包括分段点）；（3）列表；（4）写出结果．

注 1：如果对驻点 x_0 处高阶导数易求，可使用如下方法极值。

① 当 $f''(x_0) > 0$ 时，则 $f(x_0)$ 为极小值；当 $f''(x_0) < 0$ 时，则 $f(x_0)$ 为极大值．

② 若 f 在 x_0 的某个邻域内存在直到 $n-1$ 阶导数，在 x_0 处 n 阶可导，且 $f^{(k)}(x_0) = 0 (k = 1, 2, \cdots, n-1)$，$f^{(n)}(x_0) \neq 0$，则：

a. 当 n 为偶数时，f 在点 $x = x_0$ 取得极值．且当 $f^{(n)}(x_0) < 0$ 时，f 在 $x = x_0$ 取得极大值；当 $f^{(n)}(x_0) > 0$ 时，f 在 $x = x_0$ 取得极小值．

b. 当 n 为奇数时，f 在 $x = x_0$ 不取极值．

注 2：利用增减表可以了解函数的零点个数，进而可以讨论一元方程实根的个数．

3. 函数的凹凸性

（1）定义：若当 $x \in (a,b)$ 时，曲线 $y = f(x)$ 上各点处都有切线，且在切点附近曲线弧总位于切线的上方（下方），则称曲线 $y = f(x)$ 在 (a,b) 上是凹的（凸的）．

（2）凹凸性判定定理：若 $f(x)$ 在 $[a,b]$ 上连续，在 (a,b) 内具有一阶和

二阶导数，若 $f''(x)>0$，则 $f(x)$ 在 $[a,b]$ 上是凹的；若 $f''(x)<0$，则 $f(x)$ 在 $[a,b]$ 上是凸的.

拐点：设 $y=f(x)$ 在区间 I 上连续，若曲线 $y=f(x)$ 在过点 $(x_0,f(x_0))$ 时，曲线的凹凸性发生改变，则称点 $(x_0,f(x_0))$ 为曲线的拐点.

注：求曲线的凹凸区间及拐点的方法如下. 若 $f(x)$ 在 (a,b) 内二阶可导：

(1) 求 $f''(x)$ 并求出 $f''(x)=0$ 在 (a,b) 内的根 $x_1<x_2<\cdots<x_m$；

(2) $f''(x)=0$ 的根将 (a,b) 分成 $m+1$ 个子区间 (a,x_1)，$\cdots$，(x_m,b)，在每个子区间上确定 $f''(x)$ 的正负号，从而确定曲线的凹凸区间；

(3) 曲线的凹凸性发生改变的分界点就是拐点.

4. 函数的极值

设函数 $f(x)$ 在 $U(x_0)$ 内有定义，任一 $x\in \mathring{U}(x_0)$，若有 $f(x)<f(x_0)$，则 $f(x_0)$ 为 $f(x)$ 的极大值；若有 $f(x)>f(x_0)$，则 $f(x_0)$ 为 $f(x)$ 的极小值，称点 x_0 为极值点.

函数极值的判别法则 1 若函数 $f(x)$ 在点 x_0 处连续，且在 $\mathring{U}(x_0)$ 内可导，

(1) 若在点 x_0 的左侧附近 $f'(x)>0$，在点 x_0 的右侧附近 $f'(x)<0$，则 $f(x_0)$ 为极大值；

(2) 若在点 x_0 的左侧附近 $f'(x)<0$，在点 x_0 的右侧附近 $f'(x)>0$，则 $f(x_0)$ 为极小值；

(3) 若在点 x_0 的左右两侧 $f'(x)$ 的符号不变，则 $f(x_0)$ 不是极值.

函数极值的判别法则 2 设函数 $f(x)$ 在点 x_0 处有二阶导数且 $f'(x_0)=0$，$f''(x_0)\neq 0$，

(1) 若 $f''(x_0)<0$，则 $f(x_0)$ 为极大值；

(2) 若 $f''(x_0)>0$，则 $f(x_0)$ 为极小值.

注：函数 $f(x)$ 的二阶导数容易求出时，使用判别法则 2 非常方便，但当 $f''(x_0)=0$ 时，判别法则 2 无法判断 $f(x_0)$ 是否为极值，此时仍需要使用判别法则 1.

5. 函数的最值

(1) $[a,b]$ 上连续函数的最值，比较端点、不可导点、驻点的函数值即可；

(2) (a,b) 上连续函数的最值，参考，$f(a^+)$、$f(b^-)$ 且比较不可导点、驻点的函数值即可；

(3) $(-\infty,+\infty)$ 上连续函数最值，参考 $f(-\infty)$、$f(+\infty)$ 且比较不可导点、驻点的函数值即可；

(4) 最大（小）值的应用问题，首先要列出应用问题的目标函数及考虑的区

间，然后求出目标函数在区间内的最大（小）值.

6. 描绘函数的图像

水平渐近线：若 $\lim\limits_{x \to \infty} f(x) = A$，则称直线 $y = A$ 为曲线 $y = f(x)$ 的水平渐近线.

铅直渐近线：若 $\lim\limits_{x \to x_0} f(x) = \infty$，则称直线 $x = x_0$ 为曲线 $y = f(x)$ 的铅直渐近线.

斜渐近线：若 $\lim\limits_{\substack{x \to +\infty \\ (x \to -\infty)}} \dfrac{f(x)}{x} = a (a \neq 0)$，且 $\lim\limits_{\substack{x \to +\infty \\ (x \to -\infty)}} [f(x) - ax] = b$，称直线 $y = ax + b$ 为曲线 $y = f(x)$ 的斜渐近线.

绘图步骤：（1）求出 $y = f(x)$ 的定义域，判定函数的奇偶性和周期性；

（2）求出 $f'(x)$，令 $f'(x) = 0$ 求出驻点，确定导数不存在的点. 再根据 $f'(x)$ 的符号找出函数的单调区间与极值；

（3）求出 $f''(x)$，确定 $f''(x)$ 的全部零点及 $f''(x)$ 不存在的点，再根据 $f''(x)$ 的符号找出曲线的凹凸区间及拐点；

（4）求出曲线的渐近线；

（5）将上述"增减、极值、凹凸、拐点"等特性综合列表，必要时可用补充曲线上某些特殊点（如与坐标轴的交点），依据表中性态作出函数 $y = f(x)$ 的图形.

三、精选例题解析

例 1　验证罗尔定理对函数 $y = \ln\sin x$ 在区间 $\left[\dfrac{\pi}{6}, \dfrac{5\pi}{6}\right]$ 上的正确性.

解：因为 $y = \ln\sin x$ 在区间 $\left[\dfrac{\pi}{6}, \dfrac{5\pi}{6}\right]$ 上连续，在区间 $\left(\dfrac{\pi}{6}, \dfrac{5\pi}{6}\right)$ 上可导，且 $f'(x) = \dfrac{\cos x}{\sin x} = \cot x$，$f\left(\dfrac{\pi}{6}\right) = \ln\dfrac{1}{2} = f\left(\dfrac{5\pi}{6}\right)$，故函数满足罗尔定理.

令 $f'(x) = \cot x = 0$，得 $x = \dfrac{\pi}{2} \in \left(\dfrac{\pi}{6}, \dfrac{5\pi}{6}\right)$，即 $y = \ln\sin x$ 在区间 $\left(\dfrac{\pi}{6}, \dfrac{5\pi}{6}\right)$ 内有一点 $\xi = \dfrac{\pi}{2}$，使得 $f'(\xi) = 0$.

例 2　设 $f(x)$ 在 $[0, a]$ 上连续，在 $(0, a)$ 内可导，且 $f(a) = 0$，证明存在一点 $\xi \in (0, a)$，使 $f(\xi) + \xi f'(\xi) = 0$.

分析：结论是 $f(x) + x f'(x) = 0$ 在 $(0, a)$ 内有根 ξ，而 $f(x) + x f'(x) = [x f(x)]' = F'(x)$，故结论是 $F'(x) = 0$ 在 $(0, a)$ 内有根 ξ. 自然考虑对 $F(x)$ 使用罗尔定理.

证明：令 $F(x) = x f(x)$，则 $F(0) = 0, F(a) = a f(a) = 0$，由已知 $F(x)$ 在

$[0,a]$ 上满足罗尔定理条件，故至少存在一点 $\xi \in (0,a)$，使 $F'(\xi)=0$，即 $[xf(x)]|_{x=\xi}=0$，即 $f(\xi)+\xi f'(\xi)=0$.

例3 设函数 $f(x)$ 在区间 $[0,1]$ 上连续，在 $(0,1)$ 内可导，且 $f(0)=0$，$f(1)=1$，证明对任意给定的正数 a，b，在 $(0,1)$ 内存在不同的 ξ，η，使得

$$\frac{a}{f'(\xi)}+\frac{b}{f'(\eta)}=a+b.$$

证明： 因为 a，b 都为正数，有 $0<\dfrac{a}{a+b}<1$，又因为 $f(x)$ 在区间 $[0,1]$ 上连续，由介值定理，存在 $\lambda \in (0,1)$，使得 $f(\lambda)=\dfrac{a}{a+b}$. 在区间 $[0,\lambda]$ 和 $[\lambda,1]$ 上分别用拉格朗日中值定理 $f(\lambda)-f(0)=(\lambda-0)f'(\xi)$，$\xi \in (0,\lambda)$，$f(1)-f(\lambda)=(1-\lambda)f'(\eta)$，$\eta \in (\lambda,1)$，又 $f(0)=0$，$f(1)=1$，由以上两式得 $\lambda=\dfrac{f(\lambda)}{f'(\xi)}=\dfrac{\frac{a}{a+b}}{f'(\xi)}$，$1-\lambda=\dfrac{1-f(\lambda)}{f'(\eta)}=\dfrac{\frac{b}{a+b}}{f'(\eta)}$，故有 $\dfrac{a}{f'(\xi)(a+b)}+\dfrac{b}{f'(\eta)(a+b)}=1$，整理有

$$\frac{a}{f'(\xi)}+\frac{b}{f'(\eta)}=a+b.$$

例4 若函数 $f(x)$ 在 (a,b) 内具有二阶导数，且 $f(x_1)=f(x_2)=f(x_3)$. 其中 $a<x_1<x_2<x_3<b$. 证明在 (x_1,x_3) 内至少存在一点 ξ，使 $f''(\xi)=0$.

分析： 因 $f(x_1)=f(x_2)$，可在 $[x_1,x_2]$ 上对 $f(x)$ 使用罗尔定理，应有 $f'(\xi_1)=0$. 因 $f(x_2)=f(x_3)$，可在 $[x_2,x_3]$ 上对 $f(x)$ 使用罗尔定理，应有 $f'(\xi_2)=0$. 而 $f'(\xi_1)=f'(\xi_2)$，可在 $[\xi_1,\xi_2]$ 上对 $f'(x)$ 使用罗尔定理，可得结论 $f''(\xi)=0$.

证明： 由 $f(x_1)=f(x_2)$ 知，$f(x)$ 在 $[x_1,x_2]$ 上满足罗尔定理条件，故至少存在一点 $\xi_1 \in (x_1,x_2)$，使 $f'(\xi_1)=0$；又由 $f(x_2)=f(x_3)$ 知，$f(x)$ 在 $[x_2,x_3]$ 上满足罗尔定理条件，故至少存在一点 $\xi_2 \in (x_2,x_3)$，使 $f'(\xi_2)=0$，由于 $a<x_1<\xi_1<x_2<\xi_2<x_3<b$，且 $f'(\xi_1)=f'(\xi_2)=0$，知 $f'(x)$ 在 $[\xi_1,\xi_2]$ 上满足罗尔定理条件，故至少存在一点 $\xi \in [\xi_1,\xi_2]$，使 $f''(\xi)=0$，故结论成立.

例5 证明不等式 $|\arctan x - \arctan y| \leqslant |x-y|$.

证明： 设 $f(t)=\arctan t$，$t \in [x,y]$（或 $[y,x]$），显然函数 $f(t)=\arctan t$ 在区间上满足拉格朗日中值定理的条件，且 $f'(t)=\dfrac{1}{1+t^2}$，故存在一点 $\xi \in (x,y)$（或 $\xi \in (y,x)$），使得 $\arctan x - \arctan y = \dfrac{1}{1+\xi^2}(x-y)$，即 $|\arctan x - \arctan y| = \dfrac{1}{1+\xi^2}|x-y|$. 又 $\dfrac{1}{1+\xi^2} \leqslant 1$，故有 $|\arctan x - \arctan y| \leqslant |x-y|$.

例 6 $\lim\limits_{x \to 1} \dfrac{x^3 - 5x + 4}{x^3 - 1}$.

分析：本题属于 $\dfrac{0}{0}$ 型的未定式，可以使用洛必达法则求极限.

解：原式 $= \lim\limits_{x \to 1} \dfrac{3x^2 - 5}{3x^2} = -\dfrac{2}{3}$.

例 7 $\lim\limits_{x \to 0^+} \dfrac{\ln\tan 3x}{\ln\tan 5x}$.

分析：本题属于 $\dfrac{\infty}{\infty}$ 型的未定式，可以使用洛必达法则求极限.

解：原式 $= \lim\limits_{x \to 0^+} \dfrac{\sec^2 3x \times 3 \times \dfrac{1}{\tan 3x}}{\sec^2 5x \times 5 \times \dfrac{1}{\tan 5x}} = \lim\limits_{x \to 0^+} \dfrac{3}{5} \times \dfrac{\sec^2 3x}{\sec^2 5x} \times \dfrac{\tan 5x}{\tan 3x} = 1$.

例 8 $\lim\limits_{x \to 0} \dfrac{x^2 \sin\dfrac{1}{x}}{\sin x}$.

分析：本题属于 $\dfrac{0}{0}$ 型的未定式，$\left(x^2 \sin\dfrac{1}{x} \right)' = 2x \sin\dfrac{1}{x} - \cos\dfrac{1}{x}$，由于 $\lim\limits_{x \to 0} \cos\dfrac{1}{x}$ 不存在，故本题不能使用洛必达法则，可以采用其他求极限的方法.

解：原式 $= \lim\limits_{x \to 0} \dfrac{x^2 \sin\dfrac{1}{x}}{x} = \lim\limits_{x \to 0} x \sin\dfrac{1}{x} = 0$.

例 9 $\lim\limits_{x \to 0} \dfrac{\ln(1 + x^2)}{\sec x - \cos x}$.

分析：本题属于 $\dfrac{0}{0}$ 型的未定式，且有 $\ln(1 + x^2) \sim x^2$，在计算极限时洛比达法则和等价无穷小可以结合使用.

解：原式 $= \lim\limits_{x \to 0} \dfrac{x^2}{\sec x - \cos x} = \lim\limits_{x \to 0} \dfrac{2x}{\sec x \tan x + \sin x} = \lim\limits_{x \to 0} \dfrac{2x}{\sin x \left(\dfrac{1}{\cos^2 x} + 1 \right)} = 1$.

例 10 $\lim\limits_{x \to 0} x^2 e^{\frac{1}{x^2}}$.

分析：本题属于 $0 \cdot \infty$ 型的未定式，可将其转化为 $\dfrac{0}{0}$ 或 $\dfrac{\infty}{\infty}$.

解：原式 $= \lim\limits_{x \to 0} \dfrac{e^{\frac{1}{x^2}}}{\dfrac{1}{x^2}} = \lim\limits_{x \to 0} \dfrac{e^{\frac{1}{x^2}} \left(-\dfrac{2}{x^3} \right)}{-\dfrac{2}{x^3}} = \lim\limits_{x \to 0} e^{\frac{1}{x^2}} = +\infty$.

例 11　$\lim\limits_{x \to 0}\left(\dfrac{1}{\sin^2 x}-\dfrac{1}{x^2}\right)$.

分析：本题属于 $\infty-\infty$ 类型，可将其转化为 $\dfrac{0}{0}$ 或 $\dfrac{\infty}{\infty}$ 类型.

解：原式 $=\lim\limits_{x \to 0}\dfrac{x^2-\sin^2 x}{x^2\sin^2 x}=\lim\limits_{x \to 0}\dfrac{x^2-\sin^2 x}{x^4}=\lim\limits_{x \to 0}\dfrac{2x-2\sin x\cos x}{4x^3}$

$=\lim\limits_{x \to 0}\dfrac{2-2\cos 2x}{12x^2}=\lim\limits_{x \to 0}\dfrac{1-\cos 2x}{6x^2}=\lim\limits_{x \to 0}\dfrac{2\sin^2 x}{6x^2}=\dfrac{1}{3}$.

例 12　$\lim\limits_{x \to 1}x^{\frac{1}{1-x}}$.

分析：本题属于 1^{∞}，将原式用对数形式进行表示 $x^{\frac{1}{1-x}}=\mathrm{e}^{\frac{1}{1-x}\ln x}$，转化为 $0 \cdot \infty$ 型再进行极限运算.

解：原式 $=\lim\limits_{x \to 1}\mathrm{e}^{\frac{1}{1-x}\ln x}=\mathrm{e}^{\lim\limits_{x \to 1}\frac{\ln x}{1-x}}=\mathrm{e}^{\lim\limits_{x \to 1}\frac{\frac{1}{x}}{-1}}=\mathrm{e}^{-1}=\dfrac{1}{\mathrm{e}}$.

例 13　$\lim\limits_{x \to 0^+}\left(\dfrac{1}{x}\right)^{\tan x}$.

分析：本题属于 ∞^0，将原式用对数形式进行表示 $\left(\dfrac{1}{x}\right)^{\tan x}=\mathrm{e}^{\tan x(-\ln x)}$，转化为 $0 \cdot \infty$ 型再进行极限运算.

解：$\lim\limits_{x \to 0^+}\left(\dfrac{1}{x}\right)^{\tan x}=\lim\limits_{x \to 0^+}\mathrm{e}^{\tan x(-\ln x)}=\mathrm{e}^{\lim\limits_{x \to 0^+}\tan x(-\ln x)}$,

又因为 $\lim\limits_{x \to 0^+}\tan x\ (-\ln x)=\lim\limits_{x \to 0^+}\dfrac{-\ln x}{\cot x}=\lim\limits_{x \to 0^+}\dfrac{-\frac{1}{x}}{-\csc^2 x}=\lim\limits_{x \to 0^+}\dfrac{\sin^2 x}{x}=0$, 故原

式的极限 $\lim\limits_{x \to 0^+}\left(\dfrac{1}{x}\right)^{\tan x}=\mathrm{e}^{\lim\limits_{x \to 0^+}\tan x(-\ln x)}=\mathrm{e}^0=1$.

例 14　$\lim\limits_{x \to 0}\dfrac{\mathrm{e}^x-\mathrm{e}^{\sin x}}{x-\sin x}$.

分析：本题属于 $\dfrac{0}{0}$ 型的未定式，可以利用等价无穷小进行计算，也可以使用洛必达法则求其值，还可以使用拉格朗日中值定理求出极限值.

解：法一　原式 $=\lim\limits_{x \to 0}\dfrac{\mathrm{e}^{\sin x}\ (\mathrm{e}^{x-\sin x}-1)}{x-\sin x}=\lim\limits_{x \to 0}\mathrm{e}^{\sin x}\lim\limits_{x \to 0}\dfrac{\mathrm{e}^{x-\sin x}-1}{x-\sin x}=\lim\limits_{x \to 0}\dfrac{x-\sin x}{x-\sin x}=1$;

　　法二　原式 $=\lim\limits_{x \to 0}\dfrac{\mathrm{e}^x-\cos x\,\mathrm{e}^{\sin x}}{1-\cos x}=\lim\limits_{x \to 0}\dfrac{\mathrm{e}^x+\sin x\,\mathrm{e}^{\sin x}-\cos^2 x\,\mathrm{e}^{\sin x}}{\sin x}$

$=\lim\limits_{x \to 0}\dfrac{\mathrm{e}^x+\cos x\,\mathrm{e}^{\sin x}+3\sin x\cos x\,\mathrm{e}^{\sin x}-\cos^3 x\,\mathrm{e}^{\sin x}}{\cos x}$

$=1$;

法三 函数 $f(t)=\mathrm{e}^t$ 在区间 $[\sin x,x]$（或 $[x,\sin x]$）上满足拉格朗日中值定理，得 $\mathrm{e}^x-\mathrm{e}^{\sin x}=\mathrm{e}^{\xi}(x-\sin x)$，其中 ξ 在 $\sin x,x$ 之间，当 $x\to0$ 时，$\sin x\to0$，故 $\xi\to0$，所以有 $\lim\limits_{x\to0}\dfrac{\mathrm{e}^x-\mathrm{e}^{\sin x}}{x-\sin x}=\lim\limits_{\xi\to0}\mathrm{e}^{\xi}=1$.

例 15 证明：当 $0<x<\dfrac{\pi}{2}$ 时，$\sin x+\tan x>2x$.

证明： 令 $f(x)=\sin x+\tan x-2x$，$0<x<\dfrac{\pi}{2}$，则

$$f'(x)=\cos x+\sec^2 x-2>\cos^2 x+\dfrac{1}{\cos^2 x}-2=\left(\cos x-\dfrac{1}{\cos x}\right)^2>0$$

故 $f(x)$ 在 $\left(0,\dfrac{\pi}{2}\right)$ 上单调增加，又 $f(0)=0$，当 $0<x<\dfrac{\pi}{2}$ 时，有 $f(x)>0$，即 $\sin x+\tan x>2x$.

例 16 当 $x>0$ 时，证明：$\ln\left(1+\dfrac{1}{x}\right)>\dfrac{1}{1+x}$.

证明： 令 $f(x)=\ln\left(1+\dfrac{1}{x}\right)-\dfrac{1}{1+x}$，$x\in(0,+\infty)$

$$f'(x)=\dfrac{1}{1+\dfrac{1}{x}}\left(-\dfrac{1}{x^2}\right)+\dfrac{1}{(1+x)^2}=\dfrac{-1}{(1+x)^2 x}<0,\ x\in(0,+\infty)$$

所以 $f(x)$ 在 $(0,+\infty)$ 上单调减少.（下面考虑右"端点"的情形）

而 $f(+\infty)=\lim\limits_{x\to+\infty}f(x)=\lim\limits_{x\to+\infty}\left[\ln\left(1+\dfrac{1}{x}\right)-\dfrac{1}{1+x}\right]=0$，

所以 $f(x)>0$，$x\in(0,+\infty)$，即 $x>0$ 时，$\ln\left(1+\dfrac{1}{x}\right)>\dfrac{1}{1+x}$.

例 17 求曲线 $y=\sin x+\cos x$ 在区间 $[0,2\pi]$ 上的单调区间和极小值.

解：（1）函数的定义域为 $[0,2\pi]$；

（2）$y'=\cos x-\sin x$，令 $y'=0$，得驻点为 $x_1=\dfrac{\pi}{4}$，$x_2=\dfrac{5\pi}{4}$；

（3）驻点把定义域划分为 $\left[0,\dfrac{\pi}{4}\right)$，$\left[\dfrac{\pi}{4},\dfrac{5\pi}{4}\right]$，$\left[\dfrac{5\pi}{4},2\pi\right]$，如表 9-1 所示.

表 9-1

x	$\left[0,\dfrac{\pi}{4}\right)$	$\dfrac{\pi}{4}$	$\left(\dfrac{\pi}{4},\dfrac{5\pi}{4}\right)$	$\dfrac{5\pi}{4}$	$\left(\dfrac{5\pi}{4},2\pi\right]$
y'	$+$	0	$-$	0	$+$
y	↗	极大值 $\sqrt{2}$	↘	极小值 $-\sqrt{2}$	↗

曲线 $y = \sin x + \cos x$ 在区间 $\left(0, \dfrac{\pi}{4}\right)$，$\left(\dfrac{5\pi}{4}, 2\pi\right)$，上单调递增，在 $\left(\dfrac{\pi}{4}, \dfrac{5\pi}{4}\right)$ 上单调递减，极大值为 $\sqrt{2}$，极小值为 $-\sqrt{2}$．

例 18　求曲线 $y = x^4(12\ln x - 7)$ 的凹凸区间和拐点．

解：（1）函数的定义域为 $(0, +\infty)$；

（2）$y' = 4x^3(12\ln x - 7) + 12x^3$，$y'' = 144x^2\ln x$，令 $y'' = 0$，得 $x = 1$；

（3）列表（表 9-2）讨论如下。

表 9-2

x	$(0,1)$	1	$(1,+\infty)$
y''	$-$	0	$+$
y	凸的	拐点	凹的

曲线 $y = x^4(12\ln x - 7)$ 在区间 $(0,1)$ 上是凸的，在区间 $(1,+\infty)$ 上是凹的，拐点为 $(1,-7)$．

例 19　求 $y = 3x^4 - 4x^3 + 1$ 的单调区间、凹凸区间、极值及拐点．

解：（1）定义域 $D = (-\infty, +\infty)$．

（2）$y' = 12x^3 - 12x^2 = 12x^2(x-1)$；$y'' = 36x^2 - 24x = 12x(3x-2)$，

驻点为 $x_1 = 0$，$x_2 = 1$；可能拐点的横坐标为：$x_3 = 0$，$x_4 = \dfrac{2}{3}$．

（3）$0, \dfrac{2}{3}, 1$ 将 $D = (-\infty, +\infty)$ 分成四个区间，如表 9-3 所示．

表 9-3

x	$(-\infty,0)$	0	$\left(0,\dfrac{2}{3}\right)$	$\dfrac{2}{3}$	$\left(\dfrac{2}{3},1\right)$	1	$(1,+\infty)$
y'	$-$		$-$		$-$		$+$
y''	$+$		$-$		$+$		$+$
y	凹，减	1	凸，减	$\dfrac{11}{27}$	凹，减	0	凹，增

（4）注意到 $x = 0, \dfrac{2}{3}, 1$ 均为连续点，故

单调增加区间 $[1, +\infty)$；单调减少区间 $(-\infty, 1]$；凹区间 $(-\infty, 0]$，$\left[\dfrac{2}{3}, \infty\right]$；凸区间 $\left[0, \dfrac{2}{3}\right]$；极小值为在 $x = 1$ 处 y 值为 0；拐点为 $(0,1)$，$\left(\dfrac{2}{3}, \dfrac{11}{27}\right)$．

注：本题在求出单调区间时，顺便求出极值；在求出凹凸区间时，顺便求出拐

点；求单调区间时，要求出驻点和导数不存在的点；求凹凸区间时，要求出二阶导为零和二阶导不存在的点．本题只有驻点和二阶导数为零的点．

例 20 已知函数 $f(x)=a\ln x+bx^2+x$ 有两个极值点 $x_1=1$，$x_2=2$，求 a,b 的值．

解：$f'(x)=\dfrac{a}{x}+2bx+1$，$x_1=1$，$x_2=2$ 为函数的极值点，故有

$$\begin{cases} f'(1)=a+2b+1=0 \\ f'(2)=\dfrac{a}{2}+4b+1=0 \end{cases}, \ 得\ a=-\frac{2}{3},\ b=-\frac{1}{6}.$$

例 21 当 a,b 为何值时，点 $(1,0)$ 是曲线 $y=ax^3+bx^2+2$ 的拐点？

分析：若使得 $(1,0)$ 为曲线的拐点需满足 $\begin{cases} y''|_{x=1}=0 \\ y|_{x=1}=0 \end{cases}$，解方程求得 a，b 的值．

解：$y'=3ax^2+2bx$，$y''=6ax+2b$，由题意有

$$\begin{cases} 6a+2b=0 \\ a+b+2=0 \end{cases}, \ 从而有\ a=1,\ b=-3.$$

例 22 求函数 $y=(x-1)\sqrt[3]{x^2}$ 在区间 $\left[-1,\frac{1}{2}\right]$ 的最大值和最小值．

解：$y'=\dfrac{5}{3}\sqrt[3]{x^2}-\dfrac{2}{3\sqrt[3]{x}}$，令 $y'=0$，得 $x=\dfrac{2}{5}$，不可导点为 $x=0$，

$f(-1)=-2$，$f(0)=0$，$f\left(\dfrac{2}{5}\right)=-\dfrac{3}{5}\sqrt[3]{\dfrac{4}{25}}$，$f\left(\dfrac{1}{2}\right)=-\dfrac{1}{2}\sqrt[3]{\dfrac{1}{4}}$，故函数的最大值为 $f(0)=0$，最小值为 $f(-1)=-2$．

例 23 设有一底部为正方形的无盖长方体水箱，其底部材料的单位面积与侧面材料的单位面积的价格之比为 $3:2$，问：容积 V 一定的条件下，水箱高度 h 与底部正方形边长 a 之比为多少时造价最省？

解：由题意，$V=a^2h$，$h=\dfrac{V}{a^2}$，设水箱的造价为 y，底部材料的单位面积价格为 $3t$，侧面材料的单位面积价格为 $2t$，则有

$$y=3a^2t+8aht=3a^2t+\frac{8aVt}{a^2}=3a^2t+\frac{8Vt}{a^2}, \ y'=6at-\frac{8Vt}{a^2}=0, \ 得\ a=\sqrt[3]{\frac{4V}{3}},$$

所以有 $\dfrac{h}{a}=\dfrac{3}{4}$，故当水箱高度 h 与底部正方形边长 a 之比为 $3:4$ 时造价最省．

例 24 求曲线 $y=\dfrac{x+1}{x^2-3x-4}$ 的渐近线．

解：$\lim\limits_{x\to\infty}\dfrac{x+1}{x^2-3x-4}=0$，故直线 $y=0$ 为曲线的水平渐近线．

当 $x^2 - 3x - 4 = 0$ 时有 $x_1 = -1$，$x_2 = 4$.

$$\lim_{x \to 4} \frac{x+1}{x^2 - 3x - 4} = \lim_{x \to 4} \frac{x+1}{(x+1)(x-4)} = \lim_{x \to 4} \frac{1}{x-4} = \infty,$$

故直线 $x = 4$ 为曲线的铅直渐近线.

$$\lim_{x \to -1} \frac{x+1}{x^2 - 3x - 4} = \lim_{x \to -1} \frac{1}{x-4} = -\frac{1}{5},$$

故直线 $x = -1$ 不是曲线的铅直渐近线.

四、强化练习

（一）选择题

1. 曲线 $y = x \arctan x$ 的图形（　　）.

A. 在 $(-\infty, +\infty)$ 内是凹的

B. 在 $(-\infty, 0)$ 内是凸的，在 $(0, +\infty)$ 内是凹的

C. 在 $(-\infty, +\infty)$ 内是凸的

D. 在 $(-\infty, 0)$ 内是凹的，在 $(0, +\infty)$ 内是凸的

2. 设 $a < 0$，则当满足条件（　　）时函数 $f(x) = ax^3 + 3ax^2 + 8$ 为增函数.

A. $x < -2$ 　　　B. $-2 < x < 0$ 　　　C. $x > 0$ 　　　D. $x < -2$ 或 $x > 0$

3. $f(x) = (x-1)^2 (x+1)^3$ 的极值点的集合是（　　）.

A. $\left\{ \frac{1}{5}, -1, 1 \right\}$ 　　B. $\left\{ -1, \frac{1}{5} \right\}$ 　　C. $\left\{ \frac{1}{5}, 1 \right\}$ 　　D $\left\{ \frac{1}{5} \right\}$

4. 已知 $f(x) = x^3 + ax^2 + bx$ 在 $x = 1$ 处取极小值 -2，则（　　）.

A. $a = 1, b = 2$ 　　B. $a = 0, b = -3$ 　　C. $a = 2, b = 2$ 　　D. $a = 1, b = 1$

5. 已知 $f(x) = 2kx^3 - 3kx^2 - 12kx$ 在区间 $[-1, 2]$ 上是增函数，则 k 的取值范围是（　　）.

A. $k < 1$ 　　　B. $k > 0$ 　　　C. $k < 0$ 　　　D. k 为任何实数

6. 设函数 $f(x)$ 在 $[0,1]$ 上 $f''(x) > 0$，则 $f'(0), f'(1), f(1) - f(0)$ [或 $f(0) - f(1)$] 的大小顺序是（　　）.

A. $f'(1) > f'(0) > f(1) - f(0)$ 　　　　B. $f'(1) > f(1) - f(0) > f'(0)$

C. $f(1) - f(0) > f'(1) > f'(0)$ 　　　　D. $f'(1) > f'(0) > f(1) - f(0)$

7. 设函数 $f(x), g(x)$ 是大于零的可导函数，且 $f'(x)g(x) - f(x)g'(x) < 0$，则当 $a < x < b$ 时，有（　　）.

A. $f(x)g(b) > f(b)g(x)$ 　　　　B. $f(x)g(a) > f(a)g(x)$

C. $f(x)g(x) > f(b)g(b)$ 　　　　D. $f(x)g(x) > f(a)g(a)$

8. 函数 $y = x + \sqrt{1-x}$ 在区间 $[-5, 1]$ 上的最大值点为（　　）.

A. $x = -5$ 　　　B. $x = 1$ 　　　C. $x = \frac{3}{4}$ 　　　D. $x = \frac{5}{8}$

9. 曲线 $y=x^3+1$ 在区间 $(0,+\infty)$ 内是 （　　）.

　　A. 单调递增且凸的　　　　　　　　B. 单调递增且凹的

　　C. 单调递减且凸的　　　　　　　　D. 单调递减且凹的

10. 曲线 $y=x^4-2x^3$ 的拐点为 （　　）.

　　A. $(0,0)$　　　　　　　　　　　　B. $(0,1)$

　　C. $(1,0)$　　　　　　　　　　　　D. $(0,0)$ 和 $(1,-1)$

11. 曲线 $y=x+x^{\frac{5}{3}}$ 在区间 （　　） 内是凸的.

　　A. $(-\infty,0)$　　B. $(0,+\infty)$　　C. $(-\infty,+\infty)$　　D. 以上都不对

12. 下列选项中能够使用洛必达法则的是 （　　）.

　　A. $\lim\limits_{x\to\infty}\dfrac{x+\sin x}{x}$　　B. $\lim\limits_{x\to 0}\dfrac{\cos x}{x}$　　C. $\lim\limits_{x\to+\infty}\dfrac{x}{e^x}$　　D. $\lim\limits_{x\to\infty}\sqrt{\dfrac{1+x^2}{x}}$

13. 设函数 $f(x)$ 的导数在 $x=a$ 处连续，又 $\lim\limits_{x\to a}\dfrac{f'(x)}{x-a}=-1$，则 （　　）.

　　A. $x=a$ 是 $f(x)$ 的极小值点　　　　B. $x=a$ 是 $f(x)$ 的极大值点

　　C. $(a,f(a))$ 是 $f(x)$ 的拐点　　　　D. $x=a$ 不是 $f(x)$ 的极小值点

14. 设函数 $f(x)$ 在 $[a,b]$ 上连续，在 (a,b) 内可导，区间 $[x_1,x_2]\subset$ $[a,b]$，则下列结论不一定成立的是 （　　）.

　　A. $f(b)-f(a)=f'(\xi)(b-a),\xi\in(a,b)$

　　B. $f(x_2)-f(x_1)=f'(\xi)(x_2-x_1),\xi\in(a,b)$

　　C. $f(b)-f(a)=f'(\xi)(b-a),\xi\in(x_1,x_2)$

　　D. $f(x_2)-f(x_1)=f'(\xi)(x_2-x_1),\xi\in(x_1,x_2)$

15. 若函数 $f(x)$ 在 $x=a$ 处具有二阶导数，则 $\lim\limits_{h\to 0}\dfrac{\dfrac{f(a+h)-f(a)}{h}-f'(a)}{h}=$ （　　）.

　　A. $f''(a)$　　　　B. $\dfrac{f''(a)}{2}$　　　　C. $2f''(a)$　　　　D. $-f''(a)$

16. 函数 $y=\dfrac{1}{2}(e^x-e^{-x})$ 在区间 $(-1,1)$ 内 （　　）.

　　A. 单调增加　　　B. 单调减少　　　C. 不增不减　　　D. 有增有减

17. 函数 $y=\ln(1+x^2)$ 的驻点为 （　　）.

　　A. $x=1$　　　　B. $x=0$　　　　C. $x=-1$　　　　D. $x=2$

18. 函数 $y=(x-2)^{\frac{2}{3}}$ 的单调递增区间为 （　　）.

　　A. $(-\infty,-2)$　　B. $(-\infty,2)$　　C. $[2,+\infty)$　　D. $(2,+\infty)$

19. 函数 $y=e^x+\arctan x$ 在区间 $[-1,1]$ 上 （　　）.

　　A. 单调递减　　　B. 单调递增　　　C. 无最大值　　　D. 无最小值

20. 函数 $y = xe^{-x}$ 的单调递减区间为 （　　）.

　　A. $(1, +\infty)$　　　　B. $(-\infty, 1)$　　　C. $(-1, +\infty)$　　D. $(-\infty, -1)$

21. 函数 $y = x^3 - 3x$ 的极小值为 （　　）.

　　A. -2　　　　　　B. 0　　　　　　　C. 2　　　　　　D. -3

22. 若 $f'(x_0) = 0$，$f''(x_0) < 0$，则函数 $y = f(x)$ 在点 $x = x_0$ 处 （　　）.

　　A. 一定有极大值　　B. 一定有极小值　　C. 没有极值　　　D. 不一定有极值

23. 函数 $f'(x_0) = 0$ 是函数 $y = f(x)$ 在点 $x = x_0$ 处取得极值的 （　　）.

　　A. 必要条件　　　　　　　　　　　B. 充分条件

　　C. 充要条件　　　　　　　　　　　D. 既非充分也非必要条件

24. 函数 $f(x) = x^3 - 3x^2 + 2$ 在区间 $[-1, 1]$ 上的最大值是 （　　）.

　　A. -2　　　　　　B. 0　　　　　　　C. 2　　　　　　D. 4

25. 下列关于曲线 $y = \dfrac{x^3}{x-3}$ 的渐近线正确的是 （　　）.

　　A. $y = 0$　　　　　　　　　　　　B. $x = 3$

　　C. 有水平渐近线和铅直渐近线　　　D. 没有渐近线

26. 方程 $x^5 + x - 1 = 0$ 至少有一个根在区间 （　　）.

　　A. $(-1, 0)$　　　B. $(-2, -1)$　　　C. $(1, 2)$　　　　D. $(0, 1)$

（二）填空题

1. 曲线 $y = 3x^4 - 4x^3$ 的拐点是 _____.

2. 函数 $y = x^2 + px + q$ 在 $x = 4$ 处取得极值，则 $p =$ _____.

3. 若点 $(1, 3)$ 是曲线 $y = ax^3 + bx^2$ 的拐点，则 $a =$ _____，$b =$ _____.

4. 函数 $y = \ln\sqrt{2x-1}$ 的单调递增区间为 _____.

5. 函数 $y = \sqrt{2x+1}$ 在 $[0, 4]$ 上的最大值为 _____，最小值为 _____.

6. 当 $x \geqslant 1$ 时，$\arctan\sqrt{x^2-1} + \arcsin\dfrac{1}{x} =$ _____.

7. 已知曲线 $y = \dfrac{x^2}{x^2-1}$，则其水平渐近线方程是 _____，垂直渐近线方程是 _____.

（三）判断题

1. 函数 $y = \sqrt[3]{x}$ 在区间 $[-1, 1]$ 上满足罗尔定理. （　　）

2. 若 x_0 是可导函数 $f(x)$ 的驻点，则 $f(x_0)$ 可能是极值也可能不是极值. （　　）

3. 设 $f(x)$ 在开区间 (a, b) 上有 $f'(x) > 0$，$f''(x) < 0$，则 $f(x)$ 在 $[a, b]$ 上单调增加且是凸的. （　　）

4. 当 $x \to \infty$ 时，$\lim\limits_{x \to \infty} \dfrac{(x+\cos x)'}{x'} = \lim\limits_{x \to \infty} 1 - \sin x$ 的极限不存在，故计算

$\lim\limits_{x \to \infty} \dfrac{x+\cos x}{x}$ 时不能使用洛必达法则. （　　）

5. 曲线 $y = \mathrm{e}^{\frac{1}{x}}$ 有水平渐近线 $y = 1$. （　　）

6. $\lim\limits_{x \to 2} \dfrac{x^3 - 2x - 4}{(x-2)^2} = \lim\limits_{x \to 2} \dfrac{3x^2 - 2}{2(x-2)} = \lim\limits_{x \to 2} \dfrac{6x}{2} = 6$. （　　）

7. 设 x_1，x_2 分别是函数 $f(x)$ 的极大值点和极小值点，则必有 $f(x_1) >$ $f(x_2)$. （　　）

8. 若函数 $f(x)$ 在 x_0 处取得极值，则曲线 $y = f(x)$ 在点 $(x_0, f(x_0))$ 处有平行于 x 轴的切线. （　　）

（四）计算题

1. 求 $\lim\limits_{x \to 0} \dfrac{\ln(1 + \sin^2 2x)}{\ln(1 + x^2)}$.

2. 求 $\lim\limits_{x \to 1} \left(\dfrac{x}{x-1} - \dfrac{1}{\ln x} \right)$.

3. 求 $\lim\limits_{x \to \frac{\pi}{2}} \dfrac{\ln \sin x}{(\pi - 2x)^2}$.

4. 求 $\lim\limits_{x \to 0} (x + \mathrm{e}^x)^{\frac{1}{x}}$.

5. 求函数 $y = (x-1)^2 (x+1)^{\frac{2}{3}}$ 的单调区间与极值，并求函数在区间 $[-1, 3]$ 上的最大值与最小值.

6. 确定常数 a，b，c，d，使函数 $y = ax^3 + bx^2 + cx + d$ 在 $x = 0$ 处有极大值 2，在 $x = 1$ 处有极小值 1.

7. 求 $f(x) = 2x^3 - 3x^2 - 12x + 2$ 的单调区间、凹凸区间、极值与拐点.

8. 描绘函数 $y = \dfrac{1}{x^2 - 2x - 3}$ 的图形.

（五）证明题

1. 证明不等式：当 $x > 0$ 时，$\dfrac{1}{1+x} < \ln \dfrac{x+1}{x} < \dfrac{1}{x}$.

2. 证明不等式：当 $0 < x < 1$ 时，$\mathrm{e}^{2x} < \dfrac{1+x}{1-x}$.

3. 证明：方程 $x^5 + 3x^3 + x - 3 = 0$ 只有一个正根.

第十章　不定积分

本章基本要求

　　理解原函数和不定积分的概念，掌握不定积分的性质和基本积分表．理解换元积分法的基本思想，重点掌握不定积分的两类换元积分法和分部积分法．掌握简单有理函数的积分以及可化为有理函数积分的计算方法．

一、内容结构

概念 { 原函数的概念 / 原函数存在定理 / 不定积分的概念 }

不定积分的性质

基本积分公式

积分法 { 直接积分法 / 换元积分法 { 第一类换元积分法 / 第二类换元积分法 } / 分部积分法 }

二、知识要点

（一）原函数与不定积分的概念

1. 原函数的定义

设函数 $F(x)$ 与 $f(x)$ 在区间 I 上有定义，且有 $F'(x)=f(x)$ 或 $\mathrm{d}F(x)=f(x)\mathrm{d}x$，则称 $F(x)$ 为 $f(x)$ 在区间 I 上的一个原函数．

2. 原函数存在定理

若函数 $f(x)$ 在区间 I 上连续，则在区间 I 上存在可导函数 $F(x)$，使得对

任一 $x \in I$ 有 $F'(x) = f(x)$. 简单地说就是连续函数一定存在原函数.

3. 不定积分的定义

函数 $f(x)$ 在区间 I 上的全体原函数称为 $f(x)$ 在区间 I 上的不定积分,记作 $\int f(x) \mathrm{d}x$. 若 $F'(x) = f(x)$,则 $\int f(x) \mathrm{d}x = F(x) + C$,其中 C 为任意的常数.

4. 不定积分的几何意义

$y = F(x)$ 表示函数 $f(x)$ 的一条积分曲线,则 $\int f(x) \mathrm{d}x$ 表示函数 $f(x)$ 的积分曲线族.

(二) 不定积分的性质

(1) $\int [f(x) \pm g(x)] \mathrm{d}x = \int f(x) \mathrm{d}x \pm \int g(x) \mathrm{d}x$.

(2) $\int k f(x) \mathrm{d}x = k \int f(x) \mathrm{d}x$.

(3) $\left[\int f(x) \mathrm{d}x \right]' = f(x)$; $\qquad$ $\mathrm{d}\left[\int f(x) \mathrm{d}x \right] = f(x) \mathrm{d}x$;

$\quad \int F'(x) \mathrm{d}x = F(x) + C$; $\qquad$ $\int \mathrm{d}F(x) = F(x) + C$.

(三) 基本积分公式

(1) $\int x^k \mathrm{d}x = \dfrac{1}{k+1} x^{k+1} + C (k \neq -1)$, $\int \dfrac{1}{x^2} \mathrm{d}x = -\dfrac{1}{x} + C$, $\int \dfrac{1}{\sqrt{x}} \mathrm{d}x = 2\sqrt{x} + C$;

(2) $\int \dfrac{1}{x} \mathrm{d}x = \ln |x| + C$;

(3) $\int a^x \mathrm{d}x = \dfrac{a^x}{\ln a} + C (a > 0, a \neq 1)$, $\int \mathrm{e}^x \mathrm{d}x = \mathrm{e}^x + C$;

(4) $\int \cos x \mathrm{d}x = \sin x + C$, $\int \sin x \mathrm{d}x = -\cos x + C$;

(5) $\int \dfrac{1}{\cos^2 x} \mathrm{d}x = \int \sec^2 x \mathrm{d}x = \tan x + C$, $\int \dfrac{1}{\sin^2 x} \mathrm{d}x = \int \csc^2 x \mathrm{d}x = -\cot x + C$;

(6) $\int \dfrac{1}{\sin x} \mathrm{d}x = \int \csc x \mathrm{d}x = \ln |\csc x - \cot x| + C$,

$\quad \int \dfrac{1}{\cos x} \mathrm{d}x = \int \sec x \mathrm{d}x = \ln |\sec x + \tan x| + C$;

(7) $\int \sec x \tan x \mathrm{d}x = \sec x + C$, $\int \csc x \cot x \mathrm{d}x = -\csc x + C$;

(8) $\int \tan x \, \mathrm{d}x = -\ln|\cos x| + C$, $\int \cot x \, \mathrm{d}x = \ln|\sin x| + C$;

(9) $\int \dfrac{\mathrm{d}x}{a^2 + x^2} = \dfrac{1}{a} \arctan \dfrac{x}{a} + C$, $\int \dfrac{\mathrm{d}x}{1 + x^2} = \arctan x + C$;

(10) $\int \dfrac{\mathrm{d}x}{\sqrt{a^2 - x^2}} = \arcsin \dfrac{x}{a} + C$, $\int \dfrac{\mathrm{d}x}{\sqrt{1 - x^2}} = \arcsin x + C$;

(11) $\int \dfrac{\mathrm{d}x}{a^2 - x^2} = \dfrac{1}{2a} \ln \left| \dfrac{a+x}{a-x} \right| + C$, $\int \dfrac{\mathrm{d}x}{1 - x^2} = \dfrac{1}{2} \ln \left| \dfrac{1+x}{1-x} \right| + C$;

(12) $\int \dfrac{\mathrm{d}x}{\sqrt{x^2 \pm a^2}} = \ln \left| x + \sqrt{x^2 \pm a^2} \right| + C$.

（四）积分方法

1. 直接积分法

利用基本积分公式和性质计算不定积分的方法称为直接积分法. 用直接积分法辅之以代数、三角恒等变形可以求出某些简单函数的积分.

例如：$\int \sin^2 \dfrac{x}{2} \mathrm{d}x = \int \dfrac{1 - \cos x}{2} \mathrm{d}x = \int \dfrac{1}{2} \mathrm{d}x - \int \dfrac{\cos x}{2} \mathrm{d}x = \dfrac{1}{2} x - \dfrac{1}{2} \sin x + C$.

2. 换元积分法

利用基本积分公式和性质计算出来的积分是非常有限的，因此还需要寻求其他方法计算函数的积分. 把复合函数的微分方法反过来用于不定积分，利用中间变量的替换，得到复合函数的积分方法，称为换元积分法. 换元积分法一般分为两类：第一类换元积分法与第二类换元积分法.

（1）第一类换元积分法

设 $f(u)$ 有原函数 $F(u)$ ，$u = \varphi(x)$ 可导，则有换元积分法的公式

$$\int f[\varphi(x)] \varphi'(x) \mathrm{d}x = \int f[\varphi(x)] \mathrm{d}\varphi(x) = \left[\int f(u) \mathrm{d}u \right]_{u = \varphi(x)} = F[\varphi(x)] + C$$

注：① 由 $\int f[\varphi(x)] \varphi'(x) \mathrm{d}x = \int f[\varphi(x)] \mathrm{d}\varphi(x)$ ，这一步是凑微分的过程；

② 运算熟练后不必再设中间变量 $u = \varphi(x)$ ；

③ 凑微分法是非常重要的一种积分法，要运用自如，务必记住基本积分表，并掌握常见的凑微分形式及"凑"的一些技巧.

几种常见的凑微分类型如下.

① $\int f(ax + b) \mathrm{d}x = \dfrac{1}{a} \int f(ax + b) \mathrm{d}(ax + b)$ ，

$\int x^{n-1} f(ax^n + b) \mathrm{d}x = \dfrac{1}{an} \int f(ax^n + b) \mathrm{d}(ax^n + b)$ ；

② $\int f(\mathrm{e}^x)\mathrm{e}^x\,\mathrm{d}x = \int f(\mathrm{e}^x)\mathrm{d}\mathrm{e}^x$，$\int f(\sqrt{x})\dfrac{\mathrm{d}x}{\sqrt{x}} = 2\int f(\sqrt{x})\mathrm{d}(\sqrt{x})$；

③ $\int f(\ln x)\dfrac{\mathrm{d}x}{x} = \int f(\ln x)\mathrm{d}(\ln x)$，

$$\int \frac{f'(x)}{f(x)}\mathrm{d}x = \int \frac{1}{f(x)}\mathrm{d}f(x) = \ln|f(x)| + C;$$

④ $\int \sin^m x\,\mathrm{d}x$ 或 $\int \cos^m x\,\mathrm{d}x$，当 m 为正偶数时，利用倍角公式 $\sin^2 x = \dfrac{1-\cos 2x}{2}$，$\cos^2 x = \dfrac{1+\cos 2x}{2}$ 降幂，当 m 为大于 1 的奇数时，利用平方和公式 $\sin^2 x + \cos^2 x = 1$ 化为

$$\int \sin^m x\,\mathrm{d}x = \int (1-\cos^2 x)^{\frac{m-1}{2}}(-\mathrm{d}\cos x) \text{ 或 } \int \cos^m x\,\mathrm{d}x = \int (1-\sin^2 x)^{\frac{m-1}{2}}(\mathrm{d}\sin x);$$

⑤ $\int f(\sin x)\cos x\,\mathrm{d}x = \int f(\sin x)\mathrm{d}(\sin x)$，

$$\int f(\cos x)\sin x\,\mathrm{d}x = -\int f(\cos x)\mathrm{d}(\cos x);$$

⑥ $\int f(\tan x)\sec^2 x\,\mathrm{d}x = \int f(\tan x)\mathrm{d}(\tan x)$，

$$\int f(\cot x)\csc^2 x\,\mathrm{d}x = -\int f(\cot x)\mathrm{d}(\cot x);$$

⑦ $\int \dfrac{f(\arcsin x)}{\sqrt{1-x^2}}\mathrm{d}x = \int f(\arcsin x)\mathrm{d}(\arcsin x)$，

$$\int \frac{f(\arctan x)}{1+x^2}\mathrm{d}x = \int f(\arctan x)\mathrm{d}(\arctan x).$$

注：可以将上述常见的凑微分公式进一步推广，即当 $f(u)$ 分别取 u^a，a^u，$\sin u$，$\cos u$，$\sec^2 u$，$\csc^2 u$，$\tan u$，$\cot u$，$\dfrac{1}{\sqrt{1-u^2}}$，$\dfrac{1}{1+u^2}$ 等形式，而 $u = \varphi(x)$ 分别取 $ax+b$，ax^b，e^x，$\ln x$，$\sin x$，$\cos x$，$\arcsin x$，$\arctan x$，$\tan x$，$\cot x$ 等函数时仍然成立.

（2）第二类换元积分法

第一类换元积分法能解决一部分不定积分的计算，其关键是根据具体被积函数进行适当的凑微分后，依托某个基本积分公式. 但是，有些积分是不容易凑微分的，必须先进行换元，即先作适当的变量替换来改变被积函数表达式的结构，使之化为基本积分公式的某种形式，这就是第二类换元积分法.

设函数 $x = \varphi(t)$ 在区间 I 上单调可导，且 $\varphi'(t) \neq 0$，又设 $f[\varphi(t)]\varphi'(t)$ 在

区间 I 上有原函数，则有换元公式：

$$\int f(x)\mathrm{d}x = \left[\int f[\varphi(t)]\mathrm{d}\varphi(t)\right] = \left[\int f[\varphi(t)]\varphi'(t)\mathrm{d}t\right]\Big|_{t=\varphi^{-1}(x)}$$

其中 $t=\varphi^{-1}(x)$ 是 $x=\varphi(t)$ 的反函数.

注：① 为了保证 $x=\varphi(t)$ 的反函数 $t=\varphi^{-1}(x)$ 存在，以及保证不定积分 $\int g[\varphi(t)]\varphi'(t)\mathrm{d}t$ 有意义，应要求 $x=\varphi(t)$ 单调可导，且 $\varphi'(t)\neq 0$.

② 几种常用的换元法.

a. 三角代换.

被积函数中含有 $\sqrt{a^2-x^2}$ 时，令 $x=a\sin t$，则 $\sqrt{a^2-x^2}=a\cos t$.

被积函数中含有 $\sqrt{a^2+x^2}$ 时，令 $x=a\tan t$，则 $\sqrt{a^2+x^2}=a\sec t$.

被积函数中含有 $\sqrt{x^2-a^2}$ 时，令 $x=a\sec t$，则 $\sqrt{x^2-a^2}=a\tan t$.

被积函数中含有 $\sqrt{ax^2+bx+c}$ 时，通常采用配方法消去一次项，再进行变量替换化为 $\sqrt{k^2-t^2}$、$\sqrt{k^2+t^2}$、$\sqrt{t^2-k^2}$，再用三角代换法去掉根号.

b. 简单无理式积分. 被积函数中含有 $\sqrt[n]{ax+b}$ 和 $\sqrt[m]{ax+b}$ 时，令 $t=\sqrt[p]{ax+b}$（p 为 m，n 的最小公倍数），解出 $x=\varphi(t)$，即为选取的代换，达到去根号的目的.

被积函数中含有 $\sqrt[n]{\dfrac{ax+b}{cx+d}}$ 时，令 $t=\sqrt[n]{\dfrac{ax+b}{cx+d}}$，从中解出 $x=\varphi(t)$，即为选取的变量代换，可去掉根号.

c. 三角函数有理式的积分. 对 $\int R(\sin\theta,\cos\theta)\mathrm{d}\theta$ 作半角代换，即令 $u=\tan\dfrac{\theta}{2}$，则 $\sin\theta=\dfrac{2u}{1+u^2}$，$\cos\theta=\dfrac{1-u^2}{1+u^2}$，$\mathrm{d}\theta=\dfrac{2}{1+u^2}\mathrm{d}u$.

注：半角代换可把三角函数有理式的积分化为有理函数的积分，有时会把问题变得很复杂. 求三角函数有理式的积分时，应根据被积函数的特点选取适当的变量替换，而尽量不用半角代换. 如：

若 $R(\sin\theta,\cos\theta)=R(-\sin\theta,-\cos\theta)$，令 $t=\tan\theta$；

若 $R(\sin\theta,\cos\theta)=-R(\sin\theta,-\cos\theta)$，令 $t=\sin\theta$；

若 $R(\sin\theta,\cos\theta)=-R(-\sin\theta,\cos\theta)$，令 $t=\cos\theta$，等等.

d. 倒代换. 令 $x=\dfrac{1}{t}$，设 m、n 分别表示分子、分母中变量的最高次幂，当 $n-m>1$ 时，可选用倒代换.

3. 分部积分法

分部积分法是基本积分方法之一，它是由两个函数乘积的微分法则推得的一种求积分的基本方法，它主要是解决某些被积函数是两类不同函数类型的不定积分.

如 $\int x^n a^x \, \mathrm{d}x$ ，$\int x^n \sin\beta x \, \mathrm{d}x$ ，$\int x^n \arctan x \, \mathrm{d}x$ ，$\int e^x \cos\beta x \, \mathrm{d}x$ 等.

设 $u = u(x), v = v(x)$ 具有连续导数，则

$$\int uv' \, \mathrm{d}x = uv - \int u'v \, \mathrm{d}x \quad \text{或} \quad \int u \, \mathrm{d}v = uv - \int v \, \mathrm{d}u$$

注：①应用分部积分法求不定积分，正确分解被积分式是关键. 分解被积分式 $f(x)\mathrm{d}x = u(x)v'(x)\mathrm{d}x = u(x)\mathrm{d}v(x)$ 的原则：a. $v(x)$ 好求，即 $\int \mathrm{d}v$ 易积分，而 $u(x)$ 求导简单；b. $\int v \, \mathrm{d}u$ 要比 $\int u \, \mathrm{d}v$ 好积分.

② 应用分部积分法求不定积分时，有时又出现等式左端的积分，即求得

$$\int f(x)\mathrm{d}x = G(x) + k \int f(x)\mathrm{d}x, k \neq 1$$

这是关于所求积分 $\int f(x)\mathrm{d}x$ 的一个方程式，解此方程即得所求积分：

$$\int f(x)\mathrm{d}x = \frac{1}{1-k}G(x) + C$$

③ 应用分部积分法有时可以得到计算积分的递推公式，反复用递推公式，最后归结为求一次幂或零次幂的不定积分，则可求得结果.

④ 几种常用的分部积分类型

a. 被积函数是正整数次幂的幂函数（或多项式）和正、余弦函数的乘积，以及正整数次幂的幂函数（或多项式）和指数函数的乘积时，则可考虑用分部积分法，并设幂函数（或多项式）为 $u(x)$.

b. 被积函数是幂函数与对数函数的乘积，或者幂函数与反三角函数的乘积时，则可考虑用分部积分法，并设对数函数（或反三角函数）为 $u(x)$.

c. 被积函数是正、余弦函数和指数函数的乘积时，要用分部积分法，设哪个因子为 $u(x)$ 均可，通过分部积分，等式右端又出现原不定积分，解方程求得积分结果再加上常数 C.

4. 有理函数积分

形如 $\int \dfrac{P_n(x)}{Q_m(x)} \mathrm{d}x$ 的积分形式称为有理函数积分，其中 $P_n(x)$、$Q_m(x)$ 分别是关于 x 的 n 次、m 次多项式.

(1) 当 $m > n$ 时，$\dfrac{P_n(x)}{Q_m(x)}$ 为真分式时，若 $Q_m(x)$ 能够因式分解，将 $\dfrac{P_n(x)}{Q_m(x)}$ 分解成最简分式后再进行积分；若 $Q_m(x)$ 不能因式分解，可采用直接积分法或第一类、第二类换元积分法计算.

(2) 当 $m \leq n$ 时，$\dfrac{P_n(x)}{Q_m(x)}$ 为假分式时，先将其拆分成多项式和真分式之和，

再分别进行积分运算.

三、精选例题解析

例 1　设 $f(x)$ 的一个原函数为 $\sin x$，求：(1) $f'(x)$；(2) $\int f(x)\mathrm{d}x$.

解：$(\sin x)'=f(x)$，

(1) $f'(x)=(\sin x)''=(\cos x)'=-\sin x$；

(2) $\int f(x)\mathrm{d}x=\sin x+C$.

例 2　求不定积分 $\int\left(x^2+\sin x-\dfrac{1}{x}\right)\mathrm{d}x$.

解：原式 $=\int x^2\mathrm{d}x+\int\sin x\mathrm{d}x-\int\dfrac{1}{x}\mathrm{d}x=\dfrac{1}{3}x^3-\cos x-\ln|x|+C$..

例 3　求积分 $\int\dfrac{(\sqrt{x}+1)^2}{x}\mathrm{d}x$.

解：原式 $=\int\dfrac{x+2\sqrt{x}+1}{x}\mathrm{d}x=\int 1\mathrm{d}x+2\int x^{-\frac{1}{2}}\mathrm{d}x+\int\dfrac{1}{x}\mathrm{d}x$

$=x+4\sqrt{x}+\ln|x|+C$.

例 4　求积分 $\int\sqrt{x^2}\,\mathrm{d}x$.

解：$\sqrt{x^2}=|x|=\begin{cases}-x,x<0\\x,x\geqslant 0\end{cases}$，故 $F(x)=\int\sqrt{x^2}\,\mathrm{d}x=\begin{cases}-\dfrac{1}{2}x^2+C_1,x<0\\[2mm]\dfrac{1}{2}x^2+C_2,x\geqslant 0\end{cases}$，

又因为

$F(0^-)=\lim\limits_{x\to 0^-}F(x)=\lim\limits_{x\to 0^-}\left(-\dfrac{1}{2}x^2+C_1\right)=C_1$，

$F(0^+)=\lim\limits_{x\to 0^+}F(x)=\lim\limits_{x\to 0^+}\left(\dfrac{1}{2}x^2+C_2\right)=C_2$，

因为原函数在 $(-\infty,+\infty)$ 内连续，所以有

$F(0^-)=F(0^+)$，得 $C_1=C_2=C$. 故 $F(x)=\int\sqrt{x^2}\,\mathrm{d}x=\dfrac{1}{2}x|x|+C$.

例 5　求积分 $\int\sin\dfrac{x}{2}\left(\sin\dfrac{x}{2}+\cos\dfrac{x}{2}\right)\mathrm{d}x$.

分析：用三角恒等变形（常用和、差、倍角、半角、同角三角关系、和差化积和积化和差），再进行积分.

解：原式 $=\int\left(\sin^2\dfrac{x}{2}+\sin\dfrac{x}{2}\cos\dfrac{x}{2}\right)\mathrm{d}x=\int\left(\dfrac{1-\cos x}{2}+\dfrac{1}{2}\sin x\right)\mathrm{d}x$

$$= \frac{1}{2}\int dx - \frac{1}{2}\int \cos x\, dx + \frac{1}{2}\int \sin x\, dx = \frac{1}{2}(x - \sin x - \cos x) + C .$$

例 6 求积分 $\displaystyle\int \frac{1}{\sin^2 x + \cos^2 x}\, dx$.

解：原式 $\displaystyle= \int \frac{\sin^2 x + \cos^2 x}{\sin^2 x + \cos^2 x}\, dx = \int \left(\frac{1}{\cos^2 x} + \frac{1}{\sin^2 x} \right) dx$

$$= \int \sec^2 x\, dx + \int \csc^2 x\, dx = \tan x - \cot x + C .$$

例 7 求积分 $\displaystyle\int \frac{1}{1 + \cos 2x}\, dx$.

解：原式 $\displaystyle= \int \frac{1}{2\cos^2 x}\, dx = \frac{1}{2}\int \sec^2 x\, dx = \frac{1}{2}\tan x + C .$

例 8 $\displaystyle\int 3^{2x} e^x\, dx$.

解：原式 $\displaystyle= \int (3^2 e)^x\, dx = \int (9e)^x\, dx = \frac{(9e)^x}{1 + \ln 9} + C = \frac{(9e)^x}{1 + 2\ln 3} + C .$

例 9 计算积分 $\displaystyle\int \frac{x^4}{x^2 + 1}\, dx$.

分析：先将被积函数作适当的代数恒等变形，化为基本积分公式中的类型，再直接进行积分.

解：原式 $\displaystyle= \int \frac{x^4 - 1 + 1}{x^2 + 1}\, dx = \int \frac{(x^2 + 1)(x^2 - 1)}{x^2 + 1}\, dx + \int \frac{1}{x^2 + 1}\, dx$

$$= \int (x^2 - 1)\, dx + \arctan x = \frac{1}{3}x^3 - x + \arctan x + C .$$

例 10 计算积分 $\displaystyle\int \frac{(1 + 2x^2)^2}{x^2(1 + x^2)}\, dx$.

解：原式 $\displaystyle= \int \frac{1 + 4x^2 + 4x^4}{x^2(1 + x^2)}\, dx = \int \frac{1 + 4x^2(1 + x^2)}{x^2(1 + x^2)}\, dx$

$$= \int \left[4 + \frac{1}{x^2(1 + x^2)} \right] dx = 4\int dx + \int \left(\frac{1}{x^2} - \frac{1}{1 + x^2} \right) dx$$

$$= 4x - \frac{1}{x} - \arctan x + C .$$

例 11 已知平面曲线 $y = F(x)$ 上任一点 $M(x,y)$ 处的切线的斜率为 $k = 4x^3 - 1$，且曲线经过点 $P(1,3)$，求该曲线方程.

解：$\displaystyle F(x) = \int k\, dx = \int (4x^3 - 1)\, dx = x^4 - x + C$ ，又曲线过点 $P(1,3)$，故 $F(1) = 3$，所以有 $C = 3$，故曲线方程为 $F(x) = x^4 - x + 3$.

例 12 计算积分 $\displaystyle\int (2x + 4)^4\, dx$.

解： 原式 $=\dfrac{1}{2}\displaystyle\int (2x+4)^4 d(2x+4)=\dfrac{1}{2}\times\dfrac{1}{5}(2x+4)^5+C=\dfrac{1}{10}(2x+4)^5+C.$

例 13 计算积分 $\displaystyle\int \dfrac{\ln x}{x}dx.$

解： 原式 $=\displaystyle\int \ln x\, d(\ln x)=\dfrac{1}{2}(\ln x)^2+C.$

例 14 计算积分 $\displaystyle\int e^x\sqrt{2+e^x}\,dx.$

解： 原式 $=\displaystyle\int (2+e^x)^{\frac{1}{2}}d(2+e^x)=\dfrac{2}{3}(2+e^x)^{\frac{3}{2}}+C.$

例 15 计算积分 $\displaystyle\int \dfrac{\cos\sqrt{x}}{\sqrt{x}}dx.$

分析： $\dfrac{1}{\sqrt{x}}dx=d2\sqrt{x}.$

解： 原式 $=\displaystyle\int \cos\sqrt{x}\,d(2\sqrt{x})=2\sin\sqrt{x}+C.$

例 16 计算积分 $\displaystyle\int \dfrac{dx}{\sqrt{x}(1+x)}.$

解： 原式 $=2\displaystyle\int \dfrac{d\sqrt{x}}{1+(\sqrt{x})^2}=2\arctan\sqrt{x}+C.$

例 17 计算积分 $\displaystyle\int \dfrac{x}{\sqrt[5]{(3x+1)^4}}dx.$

解： 原式 $=\dfrac{1}{3}\displaystyle\int \dfrac{3x+1-1}{\sqrt[5]{(3x+1)^4}}dx=\dfrac{1}{3}\displaystyle\int \dfrac{3x+1}{\sqrt[5]{(3x+1)^4}}dx-\dfrac{1}{3}\displaystyle\int \dfrac{dx}{\sqrt[5]{(3x+1)^4}}$

$=\dfrac{1}{3}\displaystyle\int (3x+1)^{\frac{1}{5}}dx-\dfrac{1}{3}\displaystyle\int (3x+1)^{-\frac{4}{5}}dx=\dfrac{1}{9}\displaystyle\int (3x+1)^{\frac{1}{5}}d(3x+1)-$

$\dfrac{1}{9}\displaystyle\int (3x+1)^{-\frac{4}{5}}d(3x+1)$

$=\dfrac{5}{54}(3x+1)^{\frac{6}{5}}-\dfrac{5}{9}(3x+1)^{\frac{1}{5}}+C.$

例 18 计算积分 $\displaystyle\int \sin 2x\,dx.$

解： 法一 $\displaystyle\int \sin 2x\,dx=\dfrac{1}{2}\displaystyle\int \sin 2x\,d(2x)=-\dfrac{1}{2}\cos 2x+C;$

法二 $\displaystyle\int \sin 2x\,dx=2\displaystyle\int \sin x\cos x\,dx=2\displaystyle\int \sin x\,d(\sin x)=\sin^2 x+C;$

法三 $\displaystyle\int \sin 2x\,dx=2\displaystyle\int \sin x\cos x\,dx=-2\displaystyle\int \cos x\,d(\cos x)=-\cos^2 x+C.$

法一、法二、法三虽然表达形式不同，但经过简单变形：

$$-\frac{1}{2}\cos 2x=-\frac{1}{2}(1-2\sin^2 x)=\sin^2 x-\frac{1}{2}=1-\cos^2 x-\frac{1}{2}=-\cos^2 x+\frac{1}{2},$$

可见这三种原函数仅相差常数 C.

例19 计算积分 $\displaystyle\int\cos^3 x\sin^2 x\,\mathrm{d}x$.

分析：被积函数为正弦、余弦的偶次方时用倍角公式降幂后再凑微分，被积函数含正弦、余弦的奇次方时把奇次方降幂后再凑微分.

解：原式 $=\displaystyle\int\cos^2 x\sin^2 x\cos x\,\mathrm{d}x=\int(1-\sin^2 x)\sin^2 x\,\mathrm{d}(\sin x)$

$$=\int\sin^2 x\,\mathrm{d}(\sin x)-\int\sin^4 x\,\mathrm{d}(\sin x)=\frac{1}{3}\sin^3 x-\frac{1}{5}\sin^5 x+C.$$

例20 计算积分 $\displaystyle\int\sin 5x\cos 2x\,\mathrm{d}x$.

解：原式 $=\displaystyle\frac{1}{2}\int(\sin 7x+\sin 3x)\,\mathrm{d}x=\frac{1}{2}\times\frac{1}{7}\int\sin 7x\,\mathrm{d}(7x)+\frac{1}{2}\times\frac{1}{3}\int\sin 3x\,\mathrm{d}(3x)$

$$=-\frac{1}{14}\cos 7x-\frac{1}{6}\cos 3x+C.$$

例21 计算积分 $\displaystyle\int\frac{1}{\sqrt{3+2x-x^2}}\,\mathrm{d}x$.

解：原式 $=\displaystyle\int\frac{1}{\sqrt{4-(x-1)^2}}\,\mathrm{d}x=\frac{1}{2}\int\frac{\mathrm{d}x}{\sqrt{1-\left(\frac{x-1}{2}\right)^2}}=\int\frac{\mathrm{d}\left(\frac{x-1}{2}\right)}{\sqrt{1-\left(\frac{x-1}{2}\right)^2}}$

$$=\arcsin\frac{x-1}{2}+C.$$

例22 计算积分 $\displaystyle\int\frac{(x+1)}{x(1+xe^x)}\,\mathrm{d}x$.

解：原式 $=\displaystyle\int\frac{e^x(x+1)}{xe^x(1+xe^x)}\,\mathrm{d}x$，设 $t=xe^x$，$\mathrm{d}t=(e^x+xe^x)\,\mathrm{d}x=e^x(1+x)\,\mathrm{d}x$，

所以有

$$\int\frac{e^x(x+1)}{xe^x(1+xe^x)}\,\mathrm{d}x=\int\frac{1}{t(1+t)}\,\mathrm{d}t=\int\left(\frac{1}{t}-\frac{1}{t+1}\right)\mathrm{d}t=\ln|t|-\ln|t+1|+C$$

$$=\ln|xe^x|-\ln|1+xe^x|+C=\ln\left|\frac{xe^x}{1+xe^x}\right|+C.$$

例23 计算积分 $\displaystyle\int\frac{1}{1+\sqrt{x-1}}\,\mathrm{d}x$.

解：令 $t=\sqrt{x-1}$，则 $x=t^2+1$，$\mathrm{d}x=2t\,\mathrm{d}t$，

$$\text{原式}=\int\frac{2t\,\mathrm{d}t}{1+t}=2\int\left(1-\frac{1}{1+t}\right)\mathrm{d}t=2[t-\ln|1+t|]+C$$
$$=2[\sqrt{x-1}-\ln(1+\sqrt{x-1})]+C.$$

例 24 计算积分 $\displaystyle\int\frac{1}{x}\sqrt{\frac{1+x}{1-x}}\,\mathrm{d}x$．

解：令 $t=\sqrt{\dfrac{1+x}{1-x}}$，$x=\dfrac{t^2-1}{t^2+1}$，$\mathrm{d}x=\dfrac{4t}{(t^2+1)^2}\mathrm{d}t$．

$$\text{原式}=\int\frac{t^2+1}{t^2-1}t\,\frac{4t}{(t^2+1)^2}\mathrm{d}t=4\int\frac{t^2}{(t^2+1)(t^2-1)}\mathrm{d}t$$
$$=4\int\frac{(t^2-1)+1}{(t^2-1)(t^2+1)}\mathrm{d}t=4\int\frac{1}{t^2+1}\mathrm{d}t+2\int\left(\frac{1}{t^2-1}-\frac{1}{t^2+1}\right)\mathrm{d}t$$
$$=2\int\frac{1}{t^2+1}\mathrm{d}t+\int\left(\frac{1}{t-1}-\frac{1}{t+1}\right)\mathrm{d}t$$
$$=2\arctan t+\ln|t-1|-\ln|t+1|+C.$$
$$=2\arctan\sqrt{\frac{1+x}{1-x}}+\ln\left|\frac{\sqrt{1+x}-\sqrt{1-x}}{\sqrt{1+x}+\sqrt{1-x}}\right|+C.$$

例 25 计算积分 $\displaystyle\int x^2(2-x)^{10}\,\mathrm{d}x$．

解：令 $t=2-x$，$x=2-t$，$\mathrm{d}x=-\mathrm{d}t$，

$$\text{原式}=\int(2-t)^2 t^{10}(-\mathrm{d}t)=-\int(4-4t+t^2)t^{10}\,\mathrm{d}t=-\int(4t^{10}-4t^{11}+t^{12})\mathrm{d}t$$
$$=-\frac{4}{11}t^{11}+\frac{1}{3}t^{12}-\frac{1}{13}t^{13}+C$$
$$=-\frac{4}{11}(2-x)^{11}+\frac{1}{3}(2-x)^{12}-\frac{1}{13}(2-x)^{13}+C.$$

例 26 计算积分 $\displaystyle\int\frac{\mathrm{d}x}{(x^2+a^2)^{\frac{3}{2}}}(a>0)$．

分析：被积函数中含有 $\sqrt{x^2+a^2}$，因此可利用三角换元法，令 $x=a\tan t$．

解：令 $x=a\tan t$，$\mathrm{d}x=a\sec^2 t\,\mathrm{d}t$，$(x^2+a^2)^{\frac{3}{2}}=(a^2\sec^2 t)^{\frac{3}{2}}=a^3\sec^3 t$

$$\text{原式}=\int\frac{a\sec^2 t\,\mathrm{d}t}{a^3\sec^3 t}=\frac{1}{a^2}\int\cos t\,\mathrm{d}t=\frac{1}{a^2}\sin t+C.$$

此时，利用辅助三角形方便代换，$\tan t=\dfrac{x}{a}$，则 $\sin t=\dfrac{x}{\sqrt{x^2+a^2}}$，所以

$$\text{原式}=\frac{x}{a^2\sqrt{x^2+a^2}}+C.$$

例 27 计算积分 $\displaystyle\int\frac{1}{x\sqrt{1-x^2}}\mathrm{d}x(x>0)$．

解：法一 令 $x = \sin t \left(0 < t < \dfrac{\pi}{2}\right)$，$\mathrm{d}x = \cos t\, \mathrm{d}t$，$\sqrt{1-x^2} = \sqrt{1-\sin^2 t} = \cos t$.

原式 $= \displaystyle\int \dfrac{1}{\sin t \cos t} \cos t\, \mathrm{d}t = \int \csc t\, \mathrm{d}t = \ln|\csc t - \cot t| + C = \ln\left|\dfrac{1-\sqrt{1-x^2}}{x}\right| + C$.

法二 令 $t = \sqrt{1-x^2}$，$x = \sqrt{1-t^2}$，$\mathrm{d}x = -\dfrac{t}{\sqrt{1-t^2}}\mathrm{d}t$，

原式 $= \displaystyle\int \dfrac{1}{\sqrt{1-t^2}\, t} \times \dfrac{-t}{\sqrt{1-t^2}}\mathrm{d}t = \int \dfrac{1}{t^2-1}\mathrm{d}t$

$= \dfrac{1}{2}\ln\left|\dfrac{t-1}{t+1}\right| + C = \ln\left|\dfrac{\sqrt{1-x^2}-1}{\sqrt{1-x^2}+1}\right| + C$.

法三 令 $x = \dfrac{1}{t}$，$\mathrm{d}x = -\dfrac{1}{t^2}\mathrm{d}t$.

原式 $= \displaystyle\int \dfrac{1}{\dfrac{1}{t}\sqrt{1-\dfrac{1}{t^2}}}\left(-\dfrac{1}{t^2}\right)\mathrm{d}t = -\int \dfrac{1}{\sqrt{t^2-1}}\mathrm{d}t = -\ln|t+\sqrt{t^2-1}| + C$

$= -\ln\left|\dfrac{1+\sqrt{1-x^2}}{x}\right| + C$.

本题采用三种不同的换元形式，得到的结果虽然不同，但经过化简变形后发现彼此间相差常数.

例 28 计算积分 $\displaystyle\int x\cos 2x\, \mathrm{d}x$.

分析： 被积函数为幂函数与三角函数的乘积，可利用分部积分法. 其中 $u = x$，则 $\mathrm{d}v = \cos 2x\, \mathrm{d}x = \mathrm{d}\left(\dfrac{1}{2}\sin 2x\right)$，即 $v = \dfrac{1}{2}\sin 2x$.

解： 原式 $= x \times \dfrac{1}{2}\sin 2x - \displaystyle\int \dfrac{1}{2}\sin 2x\, \mathrm{d}x = \dfrac{1}{2}x\sin 2x + \dfrac{1}{4}\cos 2x + C$.

例 29 计算积分 $\displaystyle\int \mathrm{e}^x \sin x\, \mathrm{d}x$.

分析： 被积函数为指数函数与三角函数的乘积，可以任选一个函数作为 u，需要进行两次分部积分才能得到结果.

解：

法一 $\displaystyle\int \mathrm{e}^x \sin x\, \mathrm{d}x = \int \sin x\, \mathrm{d}(\mathrm{e}^x) = \mathrm{e}^x \sin x - \int \mathrm{e}^x\, \mathrm{d}(\sin x) = \mathrm{e}^x \sin x - \int \mathrm{e}^x \cos x\, \mathrm{d}x$

$= \mathrm{e}^x \sin x - \displaystyle\int \cos x\, \mathrm{d}(\mathrm{e}^x) = \mathrm{e}^x \sin x - \left(\mathrm{e}^x \cos x + \int \mathrm{e}^x \sin x\, \mathrm{d}x\right)$

移项有

$$\int \mathrm{e}^x \sin x\, \mathrm{d}x = \dfrac{\mathrm{e}^x(\sin x - \cos x)}{2} + C;$$

法二 $\displaystyle\int e^x \sin x\,dx = -\int e^x\,d(\cos x) = -e^x\cos x + \int \cos x\,d(e^x)$

$$= -e^x\cos x + \int e^x \cos x\,dx$$

$$= -e^x\cos x + \int e^x\,d(\sin x) = -e^x\cos x + e^x\sin x - \int \sin x\,d(e^x)$$

$$= -e^x\cos x + e^x\sin x - \int e^x\sin x\,dx$$

移项有

$$\int e^x\sin x\,dx = \frac{e^x(\sin x - \cos x)}{2} + C.$$

例 30　计算积分 $\displaystyle\int x\ln(x-1)\,dx$.

解： 原式 $\displaystyle = \int x\ln(x-1)\,dx = \frac{1}{2}\int \ln(x-1)\,d(x^2) = \frac{1}{2}x^2\ln(1-x) - \frac{1}{2}\int \frac{x^2}{x-1}\,dx$

$$= \frac{1}{2}x^2\ln(1-x) - \frac{1}{2}\int \frac{x^2-1+1}{x-1}\,dx$$

$$= \frac{1}{2}x^2\ln(1-x) - \frac{1}{2}\int (x+1)\,dx - \frac{1}{2}\int \frac{1}{x-1}\,dx$$

$$= \frac{1}{2}x^2\ln(1-x) - \frac{1}{4}(x+1)^2 - \ln|x-1| + C.$$

例 31　计算积分 $\displaystyle\int \frac{x\arctan x}{\sqrt{1+x^2}}\,dx$.

分析： 首先进行凑微分，然后再分部积分.

解： 原式 $\displaystyle = \frac{1}{2}\int \frac{\arctan x}{\sqrt{1+x^2}}\,d(1+x^2) = \int \arctan x\,d(\sqrt{1+x^2})$

$$= \sqrt{1+x^2}\arctan x - \int \sqrt{1+x^2}\,d(\arctan x) = \sqrt{1+x^2}\arctan x - \int \frac{\sqrt{1+x^2}}{1+x^2}\,dx$$

$$= \sqrt{1+x^2}\arctan x - \int \frac{1}{\sqrt{1+x^2}}\,dx = \sqrt{1+x^2}\arctan x - \ln(x+\sqrt{1+x^2}) + C.$$

例 32　计算积分 $\displaystyle\int \frac{x^2}{1+x^2}\arctan x\,dx$.

解： 原式 $\displaystyle = \int \left(1 - \frac{1}{1+x^2}\right)\arctan x\,dx = \int \arctan x\,dx - \int \frac{1}{1+x^2}\arctan x\,dx$

$$= x\arctan x - \int x\,d(\arctan x) - \int \arctan x\,d(\arctan x)$$

$$= x\arctan x - \int \frac{x}{1+x^2}\,dx - \frac{1}{2}(\arctan x)^2$$

$$= x\arctan x - \frac{1}{2}\int \frac{d(1+x^2)}{1+x^2} + \frac{1}{2}(\arctan x)^2$$

$$= x \arctan x - \frac{1}{2}\ln(1+x^2) - \frac{1}{2}(\arctan x)^2 + C.$$

例 33 计算积分 $\displaystyle\int \mathrm{e}^x \left(\frac{1}{x} + \ln x \right) \mathrm{d}x$.

分析：将原积分拆分两项，再分别积分.

解：原式 $= \displaystyle\int \mathrm{e}^x \frac{1}{x}\mathrm{d}x + \int \mathrm{e}^x \ln x\, \mathrm{d}x = \int \mathrm{e}^x \mathrm{d}(\ln x) + \int \mathrm{e}^x \ln x\, \mathrm{d}x$

$$= \mathrm{e}^x \ln x - \int \ln x\, \mathrm{e}^x \mathrm{d}x + \int \mathrm{e}^x \ln x\, \mathrm{d}x = \mathrm{e}^x \ln x + C.$$

例 34 设函数满足 $\displaystyle\int x f(x)\mathrm{d}x = x^2 \mathrm{e}^x + C$，求 $\displaystyle\int f(x)\mathrm{d}x$.

解：$\dfrac{\mathrm{d}}{\mathrm{d}x}\left(\displaystyle\int x f(x)\mathrm{d}x \right) = \dfrac{\mathrm{d}}{\mathrm{d}x}(x^2 \mathrm{e}^x + C)$，有 $x f(x) = 2x\mathrm{e}^x + x^2 \mathrm{e}^x$，得

$$f(x) = 2\mathrm{e}^x + x\mathrm{e}^x,$$

$$\int f(x)\mathrm{d}x = \int (2\mathrm{e}^x + x\mathrm{e}^x)\mathrm{d}x = 2\mathrm{e}^x + \int x\mathrm{d}(\mathrm{e}^x) = 2\mathrm{e}^x + x\mathrm{e}^x - \int \mathrm{e}^x \mathrm{d}x$$

$$= 2\mathrm{e}^x + x\mathrm{e}^x - \mathrm{e}^x + C = (1+x)\mathrm{e}^x + C.$$

例 35 计算积分 $\displaystyle\int \frac{x+3}{x^2 - 5x + 6}\mathrm{d}x$.

分析：被积函数为有理真分式，通过待定系数法化为最简分式

$$\frac{x+3}{x^2 - 5x + 6} = \frac{x+3}{(x-2)(x-3)} = \frac{A}{x-3} + \frac{B}{x-2}，\text{得 } A = 6，B = -5，$$

即 $\dfrac{x+3}{x^2 - 5x + 6} = \dfrac{6}{x-3} - \dfrac{5}{x-2}$.

解：原式 $= \displaystyle\int \left(\frac{6}{x-3} - \frac{5}{x-2} \right)\mathrm{d}x = 6\ln|x-3| - 5\ln|x-2| + C$.

例 36 计算积分 $\displaystyle\int \frac{1}{x(x-1)^2}\mathrm{d}x$.

分析：被积函数为有理真分式，通过待定系数法化为最简分式

$$\frac{1}{x(x-1)^2} = \frac{a}{x} + \frac{b}{(x-1)} + \frac{cx+d}{(x-1)^2}，\text{得 } a = 1，b = -1，c = 0，d = 1$$

即 $\dfrac{1}{x(x-1)^2} = \dfrac{1}{x} - \dfrac{1}{(x-1)} + \dfrac{1}{(x-1)^2}$.

解：原式 $= \displaystyle\int \left(\frac{1}{x} - \frac{1}{x-1} + \frac{1}{(x-1)^2} \right)\mathrm{d}x = \ln|x| - \ln|x-1| - \frac{1}{x-1} + C$.

例 37 计算积分 $\displaystyle\int \frac{x^5 + x^4 - 8}{x^3 - x}\mathrm{d}x$.

分析：被积函数为有理假分式，将其化成多项式和真分式后再分别进行积分.

解：由于 $\dfrac{x^5 + x^4 - 8}{x^3 - x} = x^2 + x + 1 + \dfrac{x^2 + x - 8}{x^3 - x}$（利用多项式除法）

设 $\dfrac{x^2+x-8}{x^3-x} = \dfrac{x^2+x-8}{x(x+1)(x-1)} = \dfrac{a}{x} + \dfrac{b}{x+1} + \dfrac{c}{x-1}$

即 $x^2+x-8 = a(x^2-1) + bx(x-1) + cx(x+1)$

令 $x=0$，得 $a=8$；令 $x=-1$，得 $b=-4$；令 $x=1$，得 $c=-3$.

$\displaystyle\int \dfrac{x^5+x^4-8}{x^3-x}\mathrm{d}x = \int \left(x^2+x+1+\dfrac{8}{x}-\dfrac{4}{x+1}-\dfrac{3}{x-1} \right)\mathrm{d}x$

$\qquad\qquad\qquad = \dfrac{1}{3}x^3 + \dfrac{1}{2}x^2 + x + 8\ln|x| - 4\ln|x+1| - 3\ln|x-1| + C.$

例 38 计算积分 $\displaystyle\int \dfrac{x^3}{1+x^4}\mathrm{d}x$.

分析：被积函数的分母不能因式分解，但 $(1+x^4)' = 4x^3$，采用凑微分法计算.

解：原式 $= \dfrac{1}{4}\displaystyle\int \dfrac{\mathrm{d}(1+x^4)}{1+x^4}\mathrm{d}x = \dfrac{1}{4}\ln(1+x^4) + C$.

例 39 计算积分 $\displaystyle\int \dfrac{2x+5}{x^2+4x+5}\mathrm{d}x$.

分析：被积函数的分母不能够因式分解，但 $(x^2+4x+5)' = 2x+4$，采用凑微分法和直接积分法分别进行计算.

解：原式 $= \displaystyle\int \dfrac{2x+4+1}{x^2+4x+5}\mathrm{d}x = \int \dfrac{\mathrm{d}(x^2+4x+5)}{x^2+4x+5} + \int \dfrac{1}{(x+2)^2+1}\mathrm{d}x$

$\qquad\qquad = \ln(x^2+4x+5) + \arctan(x+2) + C.$

例 40 计算积分 $\displaystyle\int \dfrac{3x+4}{\sqrt{x^2+4x+5}}\mathrm{d}x$.

解：原式 $= \displaystyle\int \dfrac{\dfrac{3}{2}(2x+4)-2}{\sqrt{x^2+4x+5}}\mathrm{d}x = \dfrac{3}{2}\int \dfrac{\mathrm{d}(x^2+4x+5)}{\sqrt{x^2+4x+5}}$

$\qquad\qquad -2\displaystyle\int \dfrac{1}{\sqrt{(x+2)^2+1}}\mathrm{d}(x+2)$

$\qquad\qquad = 3\sqrt{x^2+4x+5} - 2\ln(x+2+\sqrt{x^2+4x+5}) + C.$

四、强化练习

（一）选择题

1. 设函数 $f(x)$ 为可导函数，则 $\left[\displaystyle\int f(x)\mathrm{d}x \right]' = ($).

A. $f(x)$ 　　 B. $f(x)+C$ 　　 C. $f'(x)$ 　　 D. $f'(x)\mathrm{d}x$

2. 设 $f(x)$ 的导数为 $\cos x$，则 $f(x)$ 有一个原函数为（ ）.

A. $1-\sin x$　　　　B. $1+\sin x$　　　　C. $1-\cos x$　　　　D. $1+\cos x$

3. $f(x)$ 的一个原函数是 $\cos x$，则 $\int x f'(x)\mathrm{d}x=$（　　）.

A. $-x\sin x-\cos x+C$　　　　　　B. $x\sin x+\cos x+C$

C. $x\cos x+\sin x+C$　　　　　　D. $x\cos x-\sin x+C$

4. 下列各式成立的是（　　）.

A. $\int\sin x\mathrm{d}x=\cos x+C$　　　　B. $\int\arctan x\mathrm{d}x=\dfrac{1}{1+x^2}+C$

C. $\int a^x\mathrm{d}x=a^x\ln a+C$　　　　D. $\int\tan x\mathrm{d}x=-\ln|\cos x|+C$

5. 不定积分 $\int\dfrac{\sqrt{x}}{x}\mathrm{d}x=$（　　）.

A. $\dfrac{2}{\sqrt{x}}+C$　　　　B. $\sqrt{x}+C$　　　　C. $2\sqrt{x}+C$　　　　D. $\dfrac{1}{\sqrt{x}}+C$

6. 设 $\int\dfrac{f(x)}{x}\mathrm{d}x=\tan x+C$，则 $f(x)=$（　　）.

A. $\sec^2 x$　　　　B. $x\sec^2 x$　　　　C. $\dfrac{x}{1+x^2}$　　　　D. $\dfrac{1}{1+x^2}$

7. 设 $F(x)$ 是 $f(x)$ 的一个原函数，则 $\int e^{-x}f(e^{-x})\mathrm{d}x=$（　　）.

A. $F(e^{-x})+C$　　B. $-F(e^{-x})+C$　　C. $F(e^x)+C$　　D. $-F(e^x)+C$

8. 不定积分 $\int\dfrac{x^2}{1+x^2}\mathrm{d}x=$（　　）.

A. $\ln(1+x^2)+C$　　　　　　B. $x-\arctan x+C$

C. $x-\ln(1+x^2)+C$　　　　　D. $x\arctan x+C$

9. 若 $\int f(x)\mathrm{d}x=e^{2x}+C$，则 $f(x)=$（　　）.

A. e^{2x}　　　　B. $2e^{2x}$　　　　C. $\dfrac{1}{2}e^{2x}$　　　　D. $-e^{2x}$

10. 在区间 (a,b) 内，若 $f'(x)=g'(x)$，则下列各式一定成立的是（　　）.

A. $f(x)=g(x)$　　　　　　B. $f(x)=g(x)+1$

C. $\left[\int f(x)\mathrm{d}x\right]'=\left[\int g(x)\mathrm{d}x\right]'$　　　　D. $\int f'(x)\mathrm{d}x=\int g'(x)\mathrm{d}x$

11. $\int(\cos x-\sin x)\mathrm{d}x=$（　　）.

A. $\sin x+\cos x+C$　　　　　　B. $-\sin x+\cos x+C$

C. $-\sin x-\cos x+C$　　　　　D. $\sin x+\cos x+C$

12. 下列各式正确的是（　　）.

A. $\int \dfrac{1}{x^3}\mathrm{d}x = \dfrac{2}{x^2} + C$ B. $\int 2^x \mathrm{d}x = 2^x \ln 2 + C$

C. $\int \dfrac{1}{1+x^2}\mathrm{d}x = -\operatorname{arccot}x + C$ D. $\int \cot x\,\mathrm{d}x = \ln|\cos x| + C$

(二) 填空题

1. $\int \mathrm{d}[\ln(2+\sin x)] = \underline{\qquad}$.

2. $\int \dfrac{x^2}{1+3x^2}\mathrm{d}x = \underline{\qquad}$.

3. $\int \mathrm{e}^{\sqrt{2x+1}}\,\mathrm{d}x = \underline{\qquad}$.

4. $\int \dfrac{\sin x + \cos x}{(\sin x - \cos x)^{\frac{1}{3}}}\mathrm{d}x = \underline{\qquad}$.

5. $\int \dfrac{(2-x)^2}{2-x^2}\mathrm{d}x = \underline{\qquad}$.

6. $\int \dfrac{\ln(x+1) - \ln x}{x(x+1)}\mathrm{d}x = \underline{\qquad}$.

7. $\int x\tan^2 x\,\mathrm{d}x = \underline{\qquad}$.

8. 设 $f(x)$ 的一个原函数是 $\arctan x$，则 $\int x^2 f(x)\mathrm{d}x = \underline{\qquad}$.

9. 设 $f(x)$ 的一个原函数是 e^{-x^2}，则 $\int x f'(x)\mathrm{d}x = \underline{\qquad}$.

10. 设 $f(\ln x) = \dfrac{\ln(x+1)}{x}$，则 $\int f(x)\mathrm{d}x = \underline{\qquad}$.

11. 设 $f(x)$ 的一个原函数是 $\cot^2 x$，则 $\int x f(x)\mathrm{d}x = \underline{\qquad}$.

12. $\int f(x)\mathrm{d}x = F(x) + C$，则 $\int f(3x-5)\mathrm{d}x = \underline{\qquad}$.

13. 已知 $\int f(x^2)\mathrm{d}x = \mathrm{e}^{\frac{x}{2}} + C$，则 $f(x) = \underline{\qquad}$.

14. 若 $f(x) = \mathrm{e}^{-x}$，则 $\int \dfrac{f'(\ln x)}{x}\mathrm{d}x = \underline{\qquad}$.

15. 若 $\int \sin f(x)\mathrm{d}x = x\sin f(x) - \int \cos f(x)\mathrm{d}x$，则 $f(x) = \underline{\qquad}$.

(三) 判断题 (正确的填写 T, 错误的填写 F)

1. $\dfrac{\mathrm{d}}{\mathrm{d}x}\int \cos x\,\mathrm{d}x = \cos x$. (　　)

2. $\sin^2 x$，$-\cos^2 x$ 都是 $\sin 2x$ 的原函数.（　　）

3. $\displaystyle\int \frac{1}{\sqrt{a^2 - x^2}} \mathrm{d}x = \frac{1}{a}\arcsin\frac{x}{a} + C$.（　　）

4. $\displaystyle\int \frac{1}{\sqrt{x^2 - a^2}} \mathrm{d}x = \ln|x + \sqrt{x^2 - a^2}| + C$.（　　）

5. 若函数 $f(x)$ 在区间 (a,b) 内不连续，则 $f(x)$ 在区间 (a,b) 内不存在原函数.（　　）

6. $y = (e^x + e^{-x})^2$，$y = (e^x - e^{-x})^2$ 是同一个函数的原函数.（　　）

7. $y = \ln(ax)$ $(a > 0)$，$y = \ln(bx) + C$ $(b > 0)$ 是同一个函数的原函数.（　　）

8. $\mathrm{d}\displaystyle\int\cos x\,\mathrm{d}x = \sin x$.（　　）

9. 若 $F_1'(x) = F_2'(x)$，则 $F_1(x) - F_2(x) = 0$.（　　）

10. 若 $f(x)$ 在区间 (a,b) 内的某个原函数是常数，则在 (a,b) 内有 $f(x) \equiv 0$.（　　）

（四）计算题

1. $\displaystyle\int \frac{x}{(1-x)^3}\mathrm{d}x$.

2. $\displaystyle\int \frac{3x^4 + 3x^2 + 1}{x^2 + 1}\mathrm{d}x$.

3. $\displaystyle\int \frac{x+2}{x^2 + 4x + 8}\mathrm{d}x$.

4. $\displaystyle\int \left(1 - \frac{1}{x^2}\right)\sqrt{x\sqrt{x}}\,\mathrm{d}x$.

5. $\displaystyle\int \frac{1}{\sqrt{x^2 - 2x + 5}}\mathrm{d}x$.

6. $\displaystyle\int \frac{1}{1 - \cos 2x}\mathrm{d}x$.

7. $\displaystyle\int x\sec^2 x\,\mathrm{d}x$.

8. $\displaystyle\int \frac{\sec x - \cos x}{\cos x}\mathrm{d}x$.

9. $\displaystyle\int \frac{\sin 2x}{\sqrt{3 - \cos^2 x}}\mathrm{d}x$.

10. $\displaystyle\int \frac{1}{\sqrt{1 + x - x^2}}\mathrm{d}x$.

11. $\displaystyle\int \frac{2x - 1}{\sqrt{9x^2 - 4}}\mathrm{d}x$.

12. $\displaystyle\int \cos 4x\cos 3x\,\mathrm{d}x$.

13. $\displaystyle\int \frac{\sqrt{x}}{1 + x}\mathrm{d}x$.

14. $\displaystyle\int \sin x\ln(\tan x)\,\mathrm{d}x$.

15. $\displaystyle\int \frac{\mathrm{d}x}{(x-3)\sqrt{x+1}}$.

16. $\displaystyle\int (x^2 - 2x)\ln x\,\mathrm{d}x$.

第十一章　定积分

一、内容结构

定积分的概念及其几何意义

可积条件 { 充分条件 / 必要条件 }

定积分的性质

变上限积分及求导法则

定积分的计算 {
微积分基本定理——牛顿-莱布尼茨公式
基本积分方法
换元积分法 { 第一类换元积分法 / 第二类换元积分法 }
分部积分法
}

二、知识要点

（一）定积分的概念及几何意义

1. 定义

　　设函数 $f(x)$ 在区间 $[a,b]$ 上有界，在 $[a,b]$ 中任意插入若干个分点 $a = x_0 < x_1 < x_2 < \cdots < x_{n-1} < x_n = b$，把区间 $[a,b]$ 分成 n 个小区间 $[x_0, x_1]$，$[x_1, x_2]$，$\cdots$，$[x_{n-1}, x_n]$，各个区间长度为 $\Delta x_1 = x_1 - x_0$，$\Delta x_2 = x_2 - x_1$，$\cdots$，$\Delta x_n = x_n - x_{n-1}$. 若每个小区间 $[x_{i-1}, x_i]$ 上任取点 ξ_i （$x_{i-1} \leqslant \xi_i \leqslant x_i$），作和

$S = \sum_{i=1}^{n} f(\xi_i) \Delta x_i$，记 $\lambda = \max \{\Delta x_1, \cdots, \Delta x_n\}$，若无论对 $[a,b]$ 如何划分，也无论在 $[x_{i-1}, x_i]$ 上点 ξ_i 如何选取，只要当 $\lambda \to 0$ 时，S 总趋于确定的极限 I，则称极限 I 为函数 $f(x)$ 在区间 $[a,b]$ 上的定积分，记作 $\int_a^b f(x)\mathrm{d}x$，即

$$\int_a^b f(x)\mathrm{d}x = I = \lim_{\lambda \to 0} \sum_{i=1}^{n} f(\xi_i) \Delta x_i$$，其中 $f(x)$ 称为被积函数，$f(x)\mathrm{d}x$ 为被积表达式，x 为积分变量，a 为积分下限，b 为积分上限，$[a,b]$ 为积分区间.

说明：① $\int_a^b f(x)\mathrm{d}x$ 是一个极限值，即表示一个常数值，它只与积分区间 $[a,b]$ 及被积函数 $f(x)$ 有关，而与积分变量的记号无关，即

$$\int_a^b f(x)\mathrm{d}x = \int_a^b f(t)\mathrm{d}t = \int_a^b f(u)\mathrm{d}u = \cdots$$

② 规定：$\int_a^b f(x)\mathrm{d}x = -\int_b^a f(x)\mathrm{d}x$；$\int_a^a f(x)\mathrm{d}x = 0$.

③ $\int_a^b f(x)\mathrm{d}x$ 存在的充分条件：$f(x)$ 在 $[a,b]$ 上连续；$f(x)$ 在 $[a,b]$ 上有界，且只有有限个间断点；$f(x)$ 在 $[a,b]$ 上单调有界.

④ $\int_a^b f(x)\mathrm{d}x$ 存在的必要条件：$f(x)$ 在 $[a,b]$ 上有界，反之不成立.

2. 定积分的几何意义

(1) 在区间 $[a,b]$ 上，若 $f(x) \geqslant 0$，则积分 $\int_a^b f(x)\mathrm{d}x$ 在几何上表示曲线 $y = f(x)$、x 轴及直线 $x = a$、$x = b$ 所围成的曲边梯形的面积.

(2) 在区间 $[a,b]$ 上，若 $f(x) \leqslant 0$，曲线 $y = f(x)$、x 轴及直线 $x = a$、$x = b$ 所围成的曲边梯形位于 x 轴的下方，则积分 $\int_a^b f(x)\mathrm{d}x$ 表示曲边梯形面积的负值.

(3) 在区间 $[a,b]$ 上，$f(x)$ 既取得负值也取得正值，函数 $f(x)$ 的图像一部分在 x 轴的上方，一部分在 x 轴的下方，则积分 $\int_a^b f(x)\mathrm{d}x$ 表示 x 轴上方图形面积减去 x 轴下方的图形面积之差.

3. 函数 $f(x)$ 在 $[a,b]$ 上可积的条件

(1) $f(x)$ 在 $[a,b]$ 上有界是 $f(x)$ 在 $[a,b]$ 上可积的必要条件；

(2) $f(x)$ 在 $[a,b]$ 上连续是 $f(x)$ 在 $[a,b]$ 上可积的充分条件；

(3) $f(x)$ 在 $[a,b]$ 上只有有限多个间断点的有界函数，是 $f(x)$ 在 $[a,b]$ 上可积的充分条件.

（二）定积分的性质

定理 1 若 $f(x)$ 在区间 $[a,b]$ 上连续，则 $f(x)$ 在区间 $[a,b]$ 上可积.

定理 2 若 $f(x)$ 在区间 $[a,b]$ 上有界，且只有有限个间断点，则 $f(x)$ 在区间 $[a,b]$ 上可积.

规定 (1) $\int_a^b f(x)\mathrm{d}x = 0, a = b$.　　　(2) $\int_a^b f(x)\mathrm{d}x = -\int_b^a f(x)\mathrm{d}x$.

性质 1 $\int_a^b [f(x) \pm g(x)]\mathrm{d}x = \int_a^b f(x)\mathrm{d}x \pm \int_a^b g(x)\mathrm{d}x$.

性质 2 $\int_a^b k f(x)\mathrm{d}x = k\int_a^b f(x)\mathrm{d}x, k$ 为常数.

性质 3（积分区间可加性） $\int_a^b f(x)\mathrm{d}x = \int_a^c f(x)\mathrm{d}x + \int_c^b f(x)\mathrm{d}x$.

性质 4（保序性） 若区间 $[a,b]$ 上，总有 $f(x) \geqslant g(x)$ ，则

$$\int_a^b f(x)\mathrm{d}x \geqslant \int_a^b g(x)\mathrm{d}x .$$

推论 1 若区间 $[a,b]$ 上，总有 $f(x) \geqslant 0$ ，则 $\int_a^b f(x)\mathrm{d}x \geqslant 0$.

推论 2 $\left| \int_a^b f(x)\mathrm{d}x \right| \leqslant \int_a^b |f(x)|\,\mathrm{d}x , a < b$.

性质 5 设 M 及 m 分别是函数 $f(x)$ 在区间 $[a,b]$ 上的最大值和最小值，则

$$m(b-a) \leqslant \int_a^b f(x)\mathrm{d}x \leqslant M(b-a), a < b .$$

性质 6（积分中值定理） 若函数 $f(x)$ 在区间 $[a,b]$ 上连续，则在 $[a,b]$ 上至少存在一个点 ξ，满足 $\int_a^b f(x)\mathrm{d}x = f(\xi)(b-a)$ ， $a \leqslant \xi \leqslant b$. 称 $f(\xi) = \dfrac{1}{b-a}\int_a^b f(x)\mathrm{d}x$ 为函数 $f(x)$ 在区间 $[a,b]$ 上的平均值.

注：与定积分性质有关的问题有以下三个.

① 估值问题.

【解题思路】第一步：或者求出被积函数 $f(x)$ 在区间 $[a,b]$ 上的最值，定出 $f(x)$ 的范围；或者用不等式放缩法写出 $f(x)$ 在区间 $[a,b]$ 上的界限；或者二者结合得出 $f(x)$ 的适当范围. 第二步：用估值定理或比较定理进行分析处理.

② 不等式证明问题.

【解题思路】之一：与估值问题同；之二：先将积分区间分成若干个子区间，再用比较定理进行分析处理.

③ 求极限.

【解题思路】第一步：将被积函数 $f(x)$ 在积分区间内放大或缩小（注意：一般情况下以 n 为指数幂的因子保留）；第二步：利用定积分的比较定理和极限的夹

逼定理求极限.

(三) 微积分基本定理

1. 积分上限函数的定义

设函数 $f(x)$ 在区间 $[a,b]$ 上连续，对于每个取定的 $x \in [a,b]$，定积分 $\int_a^x f(t)\mathrm{d}t$ 都有一个确定的值与之对应，则称 $\int_a^x f(t)\mathrm{d}t$ 为定义在 $[a,b]$ 上的一个以上限变量 x 为自变量的函数，记作 $\Phi(x)$，即 $\Phi(x) = \int_a^x f(t)\mathrm{d}t$，$a \leqslant x \leqslant b$，称 $\Phi(x)$ 为积分上限的函数或变上限积分.

2. 积分上限函数求导定理

定理 3 若函数 $f(x)$ 在区间 $[a,b]$ 上连续，则积分上限函数 $\Phi(x) = \int_a^x f(t)\mathrm{d}t$ 在 $[a,b]$ 上可导，且它的导函数为

$$\Phi'(x) = \frac{\mathrm{d}}{\mathrm{d}x}\int_a^x f(t)\mathrm{d}t = f(x)，a \leqslant x \leqslant b.$$

推论 (1) 若 $\Phi(x) = \int_x^a f(t)\mathrm{d}t = -\int_a^x f(t)\mathrm{d}t$，则 $\Phi'(x) = -f(x)$；

(2) 若 $\Phi(x) = \int_a^{\varphi(x)} f(t)\mathrm{d}t$，则 $\Phi'(x) = f[\varphi(x)]\varphi'(x)$；

(3) 若 $\Phi(x) = \int_{\phi(x)}^{\varphi(x)} f(t)\mathrm{d}t$，则 $\Phi'(x) = f[\varphi(x)]\varphi'(x) - f[\phi(x)]\phi'(x)$.

定理 4 若函数 $f(x)$ 在区间 $[a,b]$ 上连续，则积分上限函数 $\Phi(x) = \int_a^x f(t)\mathrm{d}t$ 为 $f(x)$ 在区间 $[a,b]$ 上的原函数.

(四) 定积分的计算

1. 牛顿-莱布尼茨公式

若函数 $f(x)$ 在区间 $[a,b]$ 上连续，函数 $F(x)$ 是 $f(x)$ 在区间 $[a,b]$ 上的原函数，则有 $\int_a^b f(x)\mathrm{d}x = F(b) - F(a)$.

2. 定积分的换元积分法

设函数 $f(x)$ 在区间 $[a,b]$ 上连续. 若函数 $x = \varphi(t)$ 单调并具有连续的导数，且满足条件：$\varphi(a) = a$，$\varphi(\beta) = b$，则有 $\int_a^b f(x)\mathrm{d}x = \int_\alpha^\beta f[\varphi(t)]\varphi'(t)\mathrm{d}t$.

注：① 当用 $x = \varphi(t)$ 作变量替换求定积分时，换元应立即换限；

② 当用 $t = \psi(x)$ 引入新变量 t 时，一定要注意其反函数 $x = \psi^{-1}(t)$ 单值、可导等条件；

③ 新变量 t 在 $[\alpha, \beta]$ 上变化时，$x = \varphi(t)$ 在 $[a, b]$ 上变化；

④ 定积分的换元公式从左→右为第二类换元法；使用从右→左为第一类换元法；

⑤ 求出 $f[\varphi(t)]\varphi'(t)$ 的一个原函数 $F(t)$ 后，不必像计算不定积分那样要把 $F(t)$ 变换成原来变量 x 的函数，而只要把新变量 t 的上下限代入 $F(t)$ 中然后相减就行了.

3. 定积分的分部积分法

若函数 $u(x)$ 和函数 $v(x)$ 在区间 $[a, b]$ 上都具有连续的导数，则有 $\int_a^b u\,dv = uv - \int_a^b v\,du$.

4. 定积分的几个常用公式

设 $f(x)$ 为连续函数：

① 若 $f(x)$ 为偶函数，则 $\int_{-a}^a f(x)dx = 2\int_0^a f(x)dx$；

② 若 $f(x)$ 为奇函数，则 $\int_{-a}^a f(x)dx = 0$；

③ 若 $f(x)$ 是以 T 为周期的周期函数，a 为任意常数，则

$$\int_a^{a+T} f(x)dx = \int_0^T f(x)dx = \int_{-\frac{T}{2}}^{\frac{T}{2}} f(x)dx,$$

$$\int_a^{a+nT} f(x)dx = n\int_0^T f(x)dx;$$

④ $\int_0^{\frac{\pi}{2}} f(\sin x)dx = \int_0^{\frac{\pi}{2}} f(\cos x)dx$；

⑤ $\int_0^\pi x f(\sin x)dx = \frac{\pi}{2}\int_0^\pi f(\sin x)dx$；

⑥ $\int_0^{\frac{\pi}{2}} \sin^n x\,dx = \int_0^{\frac{\pi}{2}} \cos^n x\,dx = \begin{cases} \dfrac{n-1}{n} \times \dfrac{n-3}{n-2} \times \cdots \times \dfrac{3}{4} \times \dfrac{1}{2} \times \dfrac{\pi}{2} & (n \text{ 为正偶数}) \\ \dfrac{n-1}{n} \times \dfrac{n-3}{n-2} \times \cdots \times \dfrac{2}{3} & (n>1, \text{为奇数}) \end{cases}$

三、精选例题解析

例 1 求极限 $\lim\limits_{n\to\infty}\left(\dfrac{n}{n^2+1^2} + \dfrac{n}{n^2+2^2} + \cdots + \dfrac{n}{n^2+n^2}\right)$.

分析：本题利用定积分的定义，可以求解无穷项和的极限，先分析和式，再引出被积函数 $f(x)$ 在积分区间 $[a,b]$ 上的定积分.

解：原式 $= \lim\limits_{n\to\infty} \dfrac{1}{n}\left(\dfrac{n^2}{n^2+1^2}+\dfrac{n^2}{n^2+2^2}+\cdots+\dfrac{n^2}{n^2+n^2}\right)$

$\qquad = \lim\limits_{n\to\infty} \dfrac{1}{n}\left[\dfrac{1}{1+\left(\frac{1}{n}\right)^2}+\dfrac{1}{1+\left(\frac{2}{n}\right)^2}+\cdots+\dfrac{1}{1+\left(\frac{n}{n}\right)^2}\right]$

$\qquad = \displaystyle\int_0^1 \dfrac{1}{1+x^2}\mathrm{d}x = \arctan x \Big|_0^1 = \dfrac{\pi}{4}.$

例 2　已知 $\varphi(x)=\displaystyle\int_{\sin x}^{x^2}(2+t^3)\mathrm{d}t$，求 $\varphi'(x)$.

分析：若 $\varPhi(x)=\displaystyle\int_{\phi(x)}^{\varphi(x)}f(t)\mathrm{d}t$，则 $\varPhi'(x)=f[\varphi(x)]\varphi'(x)-f[\phi(x)]\phi'(x)$.

解：$\varphi'(x)=\left[\displaystyle\int_{\sin x}^{x^2}(2+t^3)\mathrm{d}x\right]'=(2+x^6)\times 2x-(2+\sin^3 x)\cos x$.

例 3　计算极限 $\lim\limits_{x\to 0}\dfrac{\displaystyle\int_0^x \sin t\,\mathrm{d}t}{\ln(1+3x^2)}$.

分析：本题所求极限为 $\dfrac{0}{0}$ 型，可使用洛必达法则和等价无穷小等进行计算.

解：原式 $= \lim\limits_{x\to 0}\dfrac{\displaystyle\int_0^x \sin t\,\mathrm{d}t}{3x^2}=\lim\limits_{x\to 0}\dfrac{\sin x}{6x}=\dfrac{1}{6}$.

例 4　计算极限 $\lim\limits_{x\to 0}\dfrac{x-\sin x}{\displaystyle\int_0^x \dfrac{t^2}{\sqrt{t+4}}\mathrm{d}t}$.

解：原式 $= \lim\limits_{x\to 0}\dfrac{1-\cos x}{\dfrac{x^2}{\sqrt{x+4}}}=\lim\limits_{x\to 0}\dfrac{\dfrac{1}{2}x^2}{\dfrac{x^2}{\sqrt{x+4}}}=\lim\limits_{x\to 0}\dfrac{\sqrt{x+4}}{2}=1.$

例 5　求极限 $\lim\limits_{x\to 0}\dfrac{\displaystyle\int_0^{x^2} t\,\mathrm{e}^t\,\mathrm{d}t}{\displaystyle\int_0^x x^2\sin t\,\mathrm{d}t}$.

分析：$\displaystyle\int_0^x x^2\sin t\,\mathrm{d}t=x^2\int_0^x \sin t\,\mathrm{d}t=u(x)v(x)$.

解：原式 $= \lim\limits_{x\to 0}\dfrac{2x\times x^2\mathrm{e}^{x^2}}{2x\displaystyle\int_0^x \sin t\,\mathrm{d}t+x^2\sin x}=\lim\limits_{x\to 0}\dfrac{2x^2}{2\displaystyle\int_0^x \sin t\,\mathrm{d}t+x\sin x}$

$$=\lim_{x\to 0}\frac{4x}{2\sin x+\sin x+x\cos x}=\lim_{x\to 0}\frac{4}{3\times\dfrac{\sin x}{x}+\cos x}=1.$$

例 6　估计定积分 $\int_0^2(x^3+1)\mathrm{d}x$ 的值.

分析：本题利用定积分的性质 5，计算被积函数 $f(x)=x^3+1$ 在区间 $[0,2]$ 的最大值和最小值即可.

解：设 $f(x)=x^3+1$，$f'(x)=3x^2$，故 $f(x)$ 在区间 $(0,2)$ 内无驻点；$f_{\min}$ $(0)=1$，$f_{\max}(2)=9$，故 $1\times(2-0)\leqslant\int_0^2(x^3+1)\mathrm{d}x\leqslant 9\times(2-0)$，即 $2\leqslant$ $\int_0^2(x^3+1)\mathrm{d}x\leqslant 18$.

例 7　计算定积分 $\int_0^1 x\,|\,x-a\,|\,\mathrm{d}x$.

解：当 $a\leqslant 0$ 时，原式 $=\int_0^1 x(x-a)\mathrm{d}x=\dfrac{1}{3}-\dfrac{a}{2}$；

当 $a>1$ 时，原式 $=\int_0^1 x(a-x)\mathrm{d}x=\dfrac{a}{2}-\dfrac{1}{3}$；

当 $0<a\leqslant 1$ 时，原式 $=\int_0^a x(a-x)\mathrm{d}x+\int_a^1 x(x-a)\mathrm{d}x=\dfrac{1}{3}-\dfrac{a}{2}+\dfrac{1}{3}a^3$，

故 $\int_0^1 x\,|\,x-a\,|\,\mathrm{d}x=\begin{cases}\dfrac{1}{3}-\dfrac{a}{2}, & a\leqslant 0\\[2mm]\dfrac{1}{3}-\dfrac{a}{2}+\dfrac{1}{3}a^3, & 0<a\leqslant 1\\[2mm]\dfrac{a}{2}-\dfrac{1}{3}, & a>1\end{cases}$.

例 8　设函数 $f(x)=\begin{cases}\mathrm{e}^x, & x\leqslant 0\\2+x, & x>0\end{cases}$，计算 $\int_{-1}^1 f(x)\mathrm{d}x$.

解：$\int_{-1}^1 f(x)\mathrm{d}x=\int_{-1}^0\mathrm{e}^x\mathrm{d}x+\int_0^1(2+x)\mathrm{d}x=\mathrm{e}^x\Big|_{-1}^0+\left(2x+\dfrac{1}{2}x^2\right)\Big|_0^1=\dfrac{7}{2}-\dfrac{1}{\mathrm{e}}$.

例 9　计算积分 $\int_1^{\sqrt{3}}\dfrac{1+2x^2}{x^2(x^2+1)}\mathrm{d}x$.

分析：本题被积函数为有理函数，可采用有理函数积分方法.

解：$\int_1^{\sqrt{3}}\dfrac{1+2x^2}{x^2(x^2+1)}\mathrm{d}x=\int_1^{\sqrt{3}}\dfrac{x^2+(1+x^2)}{x^2(x^2+1)}\mathrm{d}x=\int_1^{\sqrt{3}}\dfrac{1}{x^2}\mathrm{d}x+\int_1^{\sqrt{3}}\dfrac{1}{1+x^2}\mathrm{d}x$

$$=\left[-\dfrac{1}{x}\right]_1^{\sqrt{3}}+[\arctan x]_1^{\sqrt{3}}=1-\dfrac{\sqrt{3}}{3}+\dfrac{\pi}{12}.$$

例 10　计算积分 $\int_{\frac{\pi}{6}}^{\frac{\pi}{3}}(\tan x+\cot x)^2\mathrm{d}x$.

解： $\int_{\frac{\pi}{6}}^{\frac{\pi}{3}} (\tan x + \cot x)^2 \, dx$

$= \int_{\frac{\pi}{6}}^{\frac{\pi}{3}} (\tan^2 x + \cot^2 x + 2) \, dx = \int_{\frac{\pi}{6}}^{\frac{\pi}{3}} \sec^2 x \, dx + \int_{\frac{\pi}{6}}^{\frac{\pi}{3}} \csc^2 x \, dx$

$= \left[\tan x - \cot x \right]_{\frac{\pi}{6}}^{\frac{\pi}{3}} = 2 \left(\sqrt{3} - \frac{\sqrt{3}}{3} \right).$

例 11 求函数 $y = \int_0^{x^2} e^{-t^2} \, dt$ 在区间 $(-\infty, +\infty)$ 上的极值.

解： $y' = \left(\int_0^{x^2} e^{-t^2} \, dt \right)' = e^{-x^4} \times 2x$，令 $y' = 0$，得 $x = 0$ 为驻点，当 $x < 0$ 时，$y' < 0$；当 $x > 0$ 时，$y' > 0$，故 $y(0) = 0$ 为函数的极小值.

例 12 计算积分 $\int_0^3 \frac{\sqrt{1+x}}{1+\sqrt{1+x}} \, dx$.

解： 令 $t = \sqrt{1+x}$，$x = t^2 - 1$，$dx = 2t \, dt$，当 $x = 0$ 时，$t = 1$，当 $x = 3$ 时，$t = 2$；

则 $\int_0^3 \frac{\sqrt{1+x}}{1+\sqrt{1+x}} \, dx = \int_1^2 \frac{t}{1+t} \times 2t \, dt = 2 \int_1^2 \frac{t^2}{1+t} \, dt = 2 \int_1^2 \frac{t^2-1}{1+t} \, dt - 2 \int_1^2 \frac{1}{1+t} \, dt$

$= 2 \int_1^2 (t-1) \, dt - 2\ln(1+t) \big|_1^2 = 2 \left[\frac{t^2}{2} - t \right]_1^2 + 2\ln \frac{3}{2} = 2 \left(\ln \frac{3}{2} + \frac{1}{2} \right).$

例 13 设函数 $f(x) = \begin{cases} x e^{-x^2}, & x \geq 0 \\ \dfrac{1}{1+e^x}, & x < 0 \end{cases}$，求 $\int_1^4 f(x-2) \, dx$.

解： 令 $x - 2 = t$，则 $dx = dt$. 且当 $x = 1$ 时，$t = -1$；当 $x = 4$ 时，$t = 2$. 于是

原式 $= \int_{-1}^2 f(t) \, dt = \int_{-1}^0 \frac{dt}{1+e^t} + \int_0^2 t e^{-t^2} \, dt = \int_{-1}^0 \frac{dt}{e^t(1+e^{-t})} - \frac{1}{2} \int_0^2 e^{-t^2} \, d(-t^2)$

$= -\int_{-1}^0 \frac{d(e^{-t})}{(1+e^{-t})} - \frac{1}{2} e^{-t^2} \big|_0^2 = -\ln(1+e^t) \big|_{-1}^0 - \frac{1}{2} e^{-t^2} \big|_0^2$

$= -\ln 2 + \ln(1+e) - \frac{1}{2} e^{-4} + \frac{1}{2}.$

例 14 计算积分 $\int_{-2}^2 (x^3 - x^2) \sqrt{4 - x^2} \, dx$.

分析： (1) 若被积函数 $f(x)$ 为偶函数，则 $\int_{-a}^a f(x) \, dx = 2 \int_0^a f(x) \, dx$；

(2) 若被积函数 $f(x)$ 为奇函数，则 $\int_{-a}^a f(x) \, dx = 0$.

解： $\int_{-2}^2 (x^3 - x^2) \sqrt{4 - x^2} \, dx = \int_{-2}^2 x^3 \sqrt{4 - x^2} \, dx - \int_{-2}^2 x^2 \sqrt{4 - x^2} \, dx =$

$-2\int_0^2 x^2 \sqrt{4-x^2}\,\mathrm{d}x$ ，令 $x=2\sin t$，$\mathrm{d}x=2\cos t$，当 $x=0$ 时，$t=0$；当 $x=2$ 时，

$t=\dfrac{\pi}{2}$；

原式 $=-2\int_0^{\frac{\pi}{2}} 4\sin^2 t \times 2\cos t \times 2\cos t\,\mathrm{d}t = -32\int_0^{\frac{\pi}{2}}(\sin^2 t - \sin^4 t)\,\mathrm{d}t = -2\pi$.

例 15 计算积分 $\int_1^e x\ln x\,\mathrm{d}x$.

解：原式 $=\int_1^e \ln x\,\mathrm{d}\left(\dfrac{1}{2}x^2\right)=\left[\dfrac{1}{2}x^2\ln x\right]_1^e - \dfrac{1}{2}\int_1^e x^2\,\mathrm{d}(\ln x)=\dfrac{1}{2}e^2 - \dfrac{1}{2}\int_1^e x\,\mathrm{d}x$

$=\dfrac{1}{2}e^2 - \dfrac{1}{2}\left[\dfrac{1}{2}x^2\right]_1^e = \dfrac{1}{4}(e^2+1)$.

例 16 计算积分 $\int_0^a \ln(x+\sqrt{x^2+a^2})\,\mathrm{d}x, a>0$.

解：原式 $=\left[x\ln(x+\sqrt{x^2+a^2})\right]_0^a - \int_0^a x\,\mathrm{d}[\ln(x+\sqrt{x^2+a^2})]$

$=a\ln(a+\sqrt{2}a) - \int_0^a x\,\dfrac{1}{\sqrt{x^2+a^2}}\,\mathrm{d}x = a\ln(a+\sqrt{2}a) - \dfrac{1}{2}\int_0^a \dfrac{1}{\sqrt{x^2+a^2}}\,\mathrm{d}(x^2+a^2)$

$=a\ln(a+\sqrt{2}a) - \left[\sqrt{x^2+a^2}\right]_0^a = a - \sqrt{2}a + a\ln(a+\sqrt{2}a)$.

例 17 计算积分 $\int_1^{\sqrt{3}} x\arctan x\,\mathrm{d}x$.

解：原式 $=\dfrac{1}{2}\int_1^{\sqrt{3}}\arctan x\,\mathrm{d}(x^2)=\left[\dfrac{1}{2}x^2\arctan x\right]_1^{\sqrt{3}} - \dfrac{1}{2}\int_1^{\sqrt{3}}\dfrac{x^2}{1+x^2}\,\mathrm{d}x$

$=\dfrac{1}{2}\left(3\times\dfrac{\pi}{3} - \dfrac{\pi}{4}\right) - \dfrac{1}{2}\left(\int_1^{\sqrt{3}}\mathrm{d}x - \int_1^{\sqrt{3}}\dfrac{1}{1+x^2}\,\mathrm{d}x\right)$

$=\dfrac{3\pi}{8} - \dfrac{1}{2}[x-\arctan x]_1^{\sqrt{3}} = \dfrac{5\pi}{12} - \dfrac{1}{2}(\sqrt{3}-1)$.

例 18 设由方程 $x+y^2 = \int_0^{y-x}\cos^2 t\,\mathrm{d}t$ 所确定的隐函数为 $y=y(x)$，求 $\dfrac{\mathrm{d}y}{\mathrm{d}x}$.

解：方程的两边同时对 x 求导，得 $1+2yy' = (y'-1)\cos^2(y-x)$，整理得

$\dfrac{\mathrm{d}y}{\mathrm{d}x} = \dfrac{1+\cos^2(y-x)}{\cos^2(y-x)-2y}$.

例 19 求函数 $F(x) = \int_0^x \dfrac{3t+1}{t^2-t+1}\,\mathrm{d}t$ 在区间 $[0,1]$ 上的最大值与最小值.

解：$F'(x) = \dfrac{3x+1}{x^2-x+1} = \dfrac{3x+1}{\dfrac{3}{4}+\left(x-\dfrac{1}{2}\right)^2} > 0$，$0\leqslant x\leqslant 1$，故 $F(x)$ 在 $[0,1]$

上单调递增，从而 $F_{\min}=F(0)=\int_1^0 \dfrac{3t+1}{t^2-t+1}\,\mathrm{d}t = 0$，

$$F_{\max}=F(1)=\int_0^1\frac{3t+1}{t^2-t+1}dt=\frac{3}{2}\int_0^1\frac{2t-1}{t^2-t+1}dt+\frac{5}{2}\int_0^1\frac{1}{\frac{3}{4}+\left(t-\frac{1}{2}\right)^2}dt$$

$$=\frac{3}{2}\left[\ln(t^2-t+1)\right]_0^1+\frac{5}{2}\times\frac{2}{\sqrt{3}}\left[\arctan\frac{t-\frac{1}{2}}{\frac{\sqrt{3}}{2}}\right]_0^1$$

$$=\frac{5}{\sqrt{3}}\left(\frac{\pi}{6}+\frac{\pi}{6}\right)=\frac{5\sqrt{3}}{9}\pi.$$

例 20 设 $\int_0^x f(t)dt=e^x+x$ ，求 $\int_1^e\frac{1}{x}f(\ln x)dx$.

解： $\int_1^e\frac{1}{x}f(\ln x)dx=\int_1^e f(\ln x)d(\ln x)$ ，设 $t=\ln x$ ， $x=e^t$ ，则有

$$\int_1^e\frac{1}{x}f(\ln x)dx=\int_0^1 f(t)dt=e+1.$$

例 21 求 $\int_{-a}^a x^2[f(x)-f(-x)]dx$ ，其中 $f(x)$ 为连续函数.

解： 设 $F(x)=x^2[f(x)-f(-x)]$ ，则有
$$F(-x)=x^2[f(-x)-f(x)]=-x^2[f(x)-f(-x)]=-F(x),$$

即 $F(x)$ 为奇函数，所以有 $\int_{-a}^a x^2[f(x)-f(-x)]dx=0$.

例 22 求曲线 $y=\int_{\frac{\pi}{2}}^x\frac{\sin t}{t}dt$ 在 $x=\frac{\pi}{2}$ 处的切线方程.

解： $y\left(\frac{\pi}{2}\right)=\int_{\frac{\pi}{2}}^{\frac{\pi}{2}}\frac{\sin t}{t}dt=0$ ， $y'\Big|_{x=\frac{\pi}{2}}=\frac{\sin x}{x}\Big|_{x=\frac{\pi}{2}}=\frac{2}{\pi}$ ，故有曲线的切线方程为

$$y=\frac{2}{\pi}\left(x-\frac{\pi}{2}\right),\quad\text{即}\quad 2x-\pi y-\pi=0.$$

例 23 证明： $\int_0^\pi xf(\sin x)dx=\frac{\pi}{2}\int_0^\pi f(\sin x)dx$.

证： 令 $x=\pi-t$ ， $dx=-dt$ ，当 $x=0$ 时， $t=\pi$ ；当 $x=\pi$ 时， $t=0$ ，

$$\int_0^\pi xf(\sin x)dx=\int_\pi^0(\pi-t)f[\sin(\pi-t)](-dt)=\int_0^\pi\pi f(\sin t)dt-\int_0^\pi tf(\sin t)dt,$$

又因为 $\int_0^\pi xf(\sin x)dx=\int_0^\pi tf(\sin t)dt$ ，将上式整理有

$$2\int_0^\pi xf(\sin x)dx=\pi\int_0^\pi f(\sin x)dx,\quad\text{即}\quad\int_0^\pi xf(\sin x)dx=\frac{\pi}{2}\int_0^\pi f(\sin x)dx.$$

例 24 设函数 $f(x)$ 是以 T 为周期的连续周期函数，证明 $\int_T^{T+a}f(x)dx=$

$\int_0^a f(x)\mathrm{d}x$ ，其中 a 为常数.

证明： 令 $x = t - T$ ，$\mathrm{d}x = \mathrm{d}t$ ，当 $x = 0$ 时，$t = T$ ，当 $x = a$ 时，$t = T + a$ ；则

$$\int_0^a f(x)\mathrm{d}x = \int_T^{T+a} f(t-T)\mathrm{d}t = \int_T^{T+a} f(t)\mathrm{d}t = \int_T^{T+a} f(x)\mathrm{d}x ，即证$$

$$\int_T^{T+a} f(x)\mathrm{d}x = \int_0^a f(x)\mathrm{d}x .$$

利用此结果，容易证明 $\int_a^{a+T} f(x)\mathrm{d}x = \int_0^T f(x)\mathrm{d}x$ ，该结果表明以 T 为周期的连续周期函数 $f(x)$ 在其区间长度为 T 的任何一个积分区间上的积分值不变.

例 25 设 $f(x) = \ln x - \int_1^e f(x)\mathrm{d}x$ ，证明：$\int_1^e f(x)\mathrm{d}x = \dfrac{1}{e}$.

证明： 设 $I = \int_1^e f(x)\mathrm{d}x$ ，

$$I = \int_1^e f(x)\mathrm{d}x = \int_1^e \left[\ln x - \int_1^e f(x)\mathrm{d}x \right]\mathrm{d}x = \int_1^e \ln x\,\mathrm{d}x - I\int_1^e \mathrm{d}x$$

$$= x\ln x \Big|_1^e - \int_1^e x\,\mathrm{d}[\ln x] - I(e-1) ，$$

整理移项有 $$I = \int_1^e f(x)\mathrm{d}x = \dfrac{1}{e} .$$

四、强化练习

（一）选择题

1. 定积分 $\int_a^b f(x)\mathrm{d}x$ 与 （　　） 有关.

A. 区间 $[a,b]$ 的分法　　　　　　　　B. ξ_i 的取法

C. 区间 $[a,b]$ 和被积函数 $f(x)$　　　D. 上述说法都不正确

2. 若函数 $f(x)$ 在区间 $[a,b]$ 上连续，则是 $f(x)$ 在区间 $[a,b]$ 上可积的 （　　）.

A. 必要条件　　　　　　　　　　　　B. 充分条件

C. 充要条件　　　　　　　　　　　　D. 既非充分也非必要条件

3. 下列等式不正确的是 （　　）.

A. $\dfrac{\mathrm{d}}{\mathrm{d}x}\left[\int_a^b f(x)\mathrm{d}x\right] = f(x)$　　　　B. $\dfrac{\mathrm{d}}{\mathrm{d}x}\left[\int_a^{\varphi(x)} f(t)\mathrm{d}t\right] = f[\varphi(x)]\varphi'(x)$

C. $\dfrac{\mathrm{d}}{\mathrm{d}x}\left[\int_x^a f(t)\mathrm{d}t\right] = -f(x)$　　　　D. $\dfrac{\mathrm{d}}{\mathrm{d}x}\left[\int_a^x F'(t)\mathrm{d}t\right] = F'(x)$

4. 函数 $f(x)$ 在 $[a,b]$ 上可微是定积分 $\int_a^b f(x)\mathrm{d}x$ 存在的 （　　）.

A. 充分条件　　　　　　　　　　B. 必要条件

C. 充要条件　　　　　　　　　　D. 既非充分也非必要条件

5. 设 $f(x)=x^3+x$，则 $\int_{-2}^{2}f(x)\mathrm{d}x=($ 　　).

A. 0　　　　　　B. 8　　　　　　C. $\int_{0}^{2}f(x)\mathrm{d}x$　　　D. $2\int_{0}^{2}f(x)\mathrm{d}x$

6. $\int_{0}^{x}f'(2t)\mathrm{d}t=($ 　　).

A. $\dfrac{1}{2}[f(2x)-f(0)]$　　　　　B. $2[f(2x)-f(0)]$

C. $\dfrac{1}{2}[f(x)-f(0)]$　　　　　D. $f(2x)-f(0)$

7. 设 $F(x)=\int_{0}^{-x}e^t\mathrm{d}t$，则 $F'(x)=($ 　　).

A. e^{-x}　　　　B. $-e^{-x}$　　　　C. $-e^x$　　　　D. e^x

8. 设 $f(x)=\begin{cases}x^2,0\leqslant x\leqslant 1\\2x,1<x\leqslant 2\end{cases}$，则 $\int_{0}^{2}f(x)\mathrm{d}x=($ 　　).

A. $\dfrac{13}{3}$　　　　B. $\dfrac{7}{3}$　　　　C. 3　　　　D. $\dfrac{10}{3}$

9. 若 $\int_{0}^{1}(2x+k)\mathrm{d}x=2$，则 $k=($ 　　).

A. 4　　　　B. 2　　　　C. 1　　　　D. 0

10. 若 $\varphi(x)=\int_{x}^{0}\tan^2 t\mathrm{d}t$，则 $\varphi'(x)=($ 　　).

A. $-2\tan x\sec^2 x$　　B. $\tan^2 x$　　　C. $2\tan x\sec^2 x$　　D. $-\tan^2 x$

11. 设 $\varphi(x)=\int_{x}^{5}t e^{-t}\mathrm{d}t$，则 $\varphi'(1)=($ 　　).

A. $-e^{-1}$　　　　B. $2e^{-1}$　　　　C. $-2e$　　　D. e^{-1}

12. $\int_{3}^{6}\dfrac{x}{\sqrt{x-2}}\mathrm{d}x=($ 　　).

A. $\dfrac{13}{3}$　　　　B. $\dfrac{16}{3}$　　　C. $\dfrac{26}{3}$　　　D. $\dfrac{32}{3}$

13. 用换元积分法计算函数定积分时，若设 $\sqrt[3]{x}=t$，则 $\int_{1}^{8}\dfrac{\mathrm{d}x}{x+\sqrt[3]{x}}$ 变形为

(　　).

A. $\int_{1}^{8}\dfrac{t\,\mathrm{d}t}{1+t^2}$　　B. $\int_{1}^{2}\dfrac{t\,\mathrm{d}t}{1+t^2}$　　C. $\int_{1}^{8}\dfrac{3t\,\mathrm{d}t}{1+t^2}$　　D. $\int_{1}^{2}\dfrac{3t\,\mathrm{d}t}{1+t}$

14. 若 $\int_{1}^{x}f(t)\mathrm{d}t=\dfrac{x^2}{2}$，则 $\int_{0}^{4}\dfrac{1}{\sqrt{x}}f(x)\mathrm{d}x=($ 　　).

A. $\dfrac{8}{3}$　　　　B. $\dfrac{16}{3}$　　　　C. 0　　　　D. 2

15. 设 $f(x)$ 与 $g(x)$ 在 $[0,1]$ 上连续且 $f(x)\leqslant g(x)$，则对任何 $C\in(0,1)$，有（　　）.

A. $\displaystyle\int_{\frac{1}{2}}^{C} f(t)\mathrm{d}t \geqslant \int_{\frac{1}{2}}^{C} g(t)\mathrm{d}t$　　　　B. $\displaystyle\int_{\frac{1}{2}}^{C} f(t)\mathrm{d}t \leqslant \int_{\frac{1}{2}}^{C} g(t)\mathrm{d}t$

C. $\displaystyle\int_{C}^{1} f(t)\mathrm{d}t \geqslant \int_{C}^{1} g(t)\mathrm{d}t$　　　　D. $\displaystyle\int_{C}^{1} f(t)\mathrm{d}t \leqslant \int_{C}^{1} g(t)\mathrm{d}t$

16. 设 $I_1=\displaystyle\int_0^{\frac{\pi}{3}}(1+\sin x)^2\mathrm{d}x$，$I_2=\displaystyle\int_0^{\frac{\pi}{3}}(1+\tan x)^2\mathrm{d}x$，则（　　）.

A. $I_2>I_1>1$　　B. $I_1>I_2>1$　　C. $1>I_2>I_1$　　D. $1>I_1>I_2$

17. 设 $\displaystyle\int_0^x f(t)\mathrm{d}t=x\sin x$，则 $f(x)=$（　　）.

A. $\sin x+x\cos x$　　　　B. $\sin x-x\cos x$

C. $x\cos x-\sin x$　　　　D. $-\sin x-x\cos x$

18. 若 $f(x)$ 有连续导数，$f(b)=5$，$f(a)=3$，则 $\displaystyle\int_a^b f'(x)\mathrm{d}x=$（　　）.

A. -2　　　　B. 2　　　　C. 3　　　　D. 5

19. 函数 $f(x)$ 在 $[a,b]$ 上有界是 $f(x)$ 在 $[a,b]$ 上可积的（　　）.

A. 必要条件　　　　B. 充分条件

C. 充要条件　　　　D. 既非充分也非必要条件

20. 设 $\varphi(x)=\displaystyle\int_a^x xf(t)\mathrm{d}t$，则 $\varphi'(x)=$（　　）.

A. $xf(x)$　　　　B. $\displaystyle\int_a^x f(t)\mathrm{d}x-xf(x)$

C. $xf'(x)$　　　　D. $\displaystyle\int_a^x f(t)\mathrm{d}x+xf(x)$

（二）填空题

1. 当 $x=$ _____ 时，函数 $I(x)=\displaystyle\int_0^x t\mathrm{e}^{-t^2}\mathrm{d}t$ 有极值.

2. $I_1=\displaystyle\int_0^{\frac{\pi}{2}}(1+\tan^2 x)^{\frac{1}{3}}\mathrm{d}x$ 与 $I_2=\displaystyle\int_0^{\frac{\pi}{2}}(1+\sin x^2)^{\frac{1}{3}}\mathrm{d}x$ 的大小关系是 _____.

3. 设 $f(x)$ 在 $[a,b]$ 上连续，则 $\displaystyle\int_a^x f(t)\mathrm{d}t$ 称作是 $f(x)$ 在 $[a,b]$ 上的一个 _____.

4. $\displaystyle\lim_{x\to0}\dfrac{\displaystyle\int_x^0 \ln(1+t)\mathrm{d}t}{x^2}=$ _____.

5. 设 $f'(x)$ 在 $[1,3]$ 连续，则 $\int_1^3 \dfrac{f'(x)}{1+[f(x)]^2}\mathrm{d}x =$ _____.

6. $\int_{-1}^1 \dfrac{\arcsin x}{\sqrt{1-x^2}}\mathrm{d}x =$ _____.

7. $\int_{-2}^2 (x^3+1)\sqrt{4-x^2}\,\mathrm{d}x =$ _____.

8. 设 $\begin{cases} x = \int_0^t \cos u\,\mathrm{d}u \\ y = \int_0^t \sin u\,\mathrm{d}u \end{cases}$，则 $\dfrac{\mathrm{d}y}{\mathrm{d}x} =$ _____.

9. 设 $\varphi(x)$ 可导，则 $\dfrac{\mathrm{d}}{\mathrm{d}x}\int_{\varphi(x)}^{\varphi(x^2)} \sin t^2\,\mathrm{d}t =$ _____.

10. 若 $f(x)$ 在区间 $[1,3]$ 上连续，并且在该区间的平均值为 3，$\int_1^3 f(x)\mathrm{d}x =$ _____.

（三）判断题（正确的填写 T，错误的填写 F）

1. 若函数 $f(x)$ 在 $[a,b]$ 上连续，则变限积分函数 $\int_a^x f(t)\mathrm{d}t\,(t \in [a,b])$ 是函数 $f(x)$ 的一个原函数. （　　）

2. $\mathrm{d}\left(\int_0^x \arctan t\,\mathrm{d}t\right) = \arctan x$. （　　）

3. 函数 $f(x)$ 在 $[a,b]$ 上有定义且 $|f(x)|$ 在 $[a,b]$ 上可积，则 $\int_a^b f(x)\mathrm{d}x$ 一定存在. （　　）

4. $\int_{-1}^1 \dfrac{\mathrm{d}x}{1+x^2} = -\int_{-1}^1 \dfrac{\mathrm{d}\left(\frac{1}{x}\right)}{1+\left(\frac{1}{x}\right)^2} = \left(\arctan\dfrac{1}{x}\right)\Big|_{-1}^1 = -\dfrac{\pi}{2}$. （　　）

5. $\int_1^e \ln x\,\mathrm{d}x \leqslant \int_1^e (\ln x)^2\,\mathrm{d}x$. （　　）

6. 若 $f(x)$ 是奇函数，则 $\int_0^x f(t)\mathrm{d}t$ 是偶函数. （　　）

7. 若 $f(x)$ 是偶函数，则 $\int_0^x f(t)\mathrm{d}t$ 是奇函数. （　　）

8. 若函数 $f(x)$ 在区间 $[a,b]$ 上有原函数，则 $f(x)$ 在区间 $[a,b]$ 上一定可积. （　　）

9. 设 $f(x)$ 在 $[a,b]$ 上连续且 $f(x) \geqslant 0$，若 $\int_a^b f(x)\mathrm{d}x = 0$，则在 $[a,b]$ 上 $f(x) = 0$. （　　）

10. $\int_{-1}^{1} f(x)\mathrm{d}x = 0$ 成立的充分必要条件是函数 $f(x)$ 在区间 $[-1,1]$ 上的连续奇函数.（　　）

（四）计算题

1. 求极限 $\lim\limits_{x\to 0}\dfrac{\int_0^{x^2} t\sin t\,\mathrm{d}t}{\ln(1+t^6)}$.

2. 求极限 $\lim\limits_{x\to 0}\dfrac{\int_0^{x^2} 2t\cos t\,\mathrm{d}t}{1-\cos x}$.

3. 求由参数表达式 $x=\int_0^t \sin u\,\mathrm{d}u$，$y=\int_0^t \cos u\,\mathrm{d}u$ 所确定的函数对 x 的导数.

4. 求由 $\int_0^y \mathrm{e}^t\,\mathrm{d}t + \int_0^x \cos t\,\mathrm{d}t = 0$ 所确定的隐函数对 x 的导数 $\dfrac{\mathrm{d}y}{\mathrm{d}x}$.

5. 已知函数 $f(x)=\begin{cases} x, & x<1 \\ x^2, & x\geqslant 1 \end{cases}$，求 $\int_0^x f(t)\,\mathrm{d}t$.

6. 计算下列定积分

(1) $\int_{-\frac{1}{2}}^{\frac{1}{2}} \ln\dfrac{1-x}{1+x}\,\mathrm{d}x$.

(2) $\int_{-1}^{1} \arcsin x\,\mathrm{d}x$.

(3) $\int_{\frac{1}{e}}^{e} |\ln x|\,\mathrm{d}x$.

(4) $\int_0^3 \dfrac{x}{\sqrt{1+x}}\,\mathrm{d}x$.

(5) $\int_0^{\frac{\pi}{2}} \cos^5 2x\sin 4x\,\mathrm{d}x$.

(6) $\int_1^e \dfrac{\mathrm{d}x}{x^3\sqrt{(2+\ln x)^2}}$.

(7) $\int_0^{\ln 2} x\mathrm{e}^{-x}\,\mathrm{d}x$.

(8) $\int_2^3 \dfrac{\mathrm{d}x}{2x^2-x-1}$.

（五）证明题

1. $\int_0^{\frac{\pi}{2}} f(\sin x)\,\mathrm{d}x = \int_0^{\frac{\pi}{2}} f(\cos x)\,\mathrm{d}x$.

2. 已知函数 $f(x)$ 在区间 $[a,b]$ 上连续，设 $\varphi(x)=\int_a^x (x-t)^2 f(t)\,\mathrm{d}t$，$x\in[a,b]$，证明：$\varphi'(x)=2\int_a^x (x-t)f(t)\,\mathrm{d}t$.

3. 设函数 $f(x)$ 在区间 $[a,b]$ 上连续，且 $f(x)>0$，$F(x)=\int_a^x f(t)\,\mathrm{d}t + \int_b^x \dfrac{\mathrm{d}t}{f(t)}$，$x\in[a,b]$.

证明：$F'(x) \geqslant 2$.

（六）综合题

1. 设 $f(x) = \begin{cases} x^2, & 0 \leqslant x < 1 \\ 2-x, & 1 \leqslant x \leqslant 2 \end{cases}$，求 $G(x) = \int_0^x f(t)\,dt$ 在 $[0,2]$ 上的表达式.

2. 已知 $f(x) = \begin{cases} 0, & -\infty < x \leqslant 0 \\ \dfrac{x}{2}, & 0 < x \leqslant 2 \\ 1, & 2 < x \end{cases}$，试求分段函数 $\varphi(x) = \int_{-\infty}^x f(t)\,dt$.

3. 若 $F(x) = \int_0^x f(t)\,dt$，$f(t) = \int_1^{t^2} \dfrac{\sqrt{1+u^4}}{u}\,du$，求 $F''(2)$.

4. 由方程 $\int_0^{y+x} e^t\,dt + \int_0^x \cos t\,dt = 0$ 确定了 y 是 x 的函数，求 $\dfrac{dy}{dx}$.

5. 求 $\varphi(x) = \int_0^x t(t-1)\,dt$ 的极值.

6. 设 $f(x)$ 在区间 $(-\infty, +\infty)$ 内连续，且对任何 x, y 有 $f(x+y) = f(x) + f(y)$，计算 $\int_{-1}^1 (x^2+1)f(x)\,dx$.

第十二章　定积分的应用

一、内容结构

$$
\left\{
\begin{array}{l}
\text{定积分的微元法} \\[2ex]
\text{定积分在几何上的应用}
\left\{
\begin{array}{l}
\text{平面图形的面积}
\left\{
\begin{array}{l}
\text{直角坐标情形} \\
\text{极坐标情形} \\
\text{参数表示情形}
\end{array}
\right. \\[3ex]
\text{立体体积}
\left\{
\begin{array}{l}
\text{旋转体体积} \\
\text{平行截面面积为已知的立体体积}
\end{array}
\right. \\[2ex]
\text{平面曲线的弧长}
\left\{
\begin{array}{l}
\text{直角坐标情形} \\
\text{参数表示情形}
\end{array}
\right.
\end{array}
\right.
\end{array}
\right.
$$

二、知识要点

（一）定积分的微元法

若某一问题中所求的量 U 满足如下的条件：（1）U 是一个与变量 x 的变化区间 $[a,b]$ 有关的变量；（2）U 对于区间 $[a,b]$ 具有可加性. 若把区间 $[a,b]$ 分成许多部分区间，则 U 相应地分成许多部分量，而 U 等于所有部分量之和；（3）部分量 ΔU_i 的近似值可表示为 $f(\xi_i)\Delta x_i$.

此时，可以考虑用定积分来表示所求的量 U，分为如下的步骤：（1）确定积分变量 x 和积分区间 $[a,b]$；（2）将 $[a,b]$ 分成 n 个小区间，任取某一小区间 $[x, x+\mathrm{d}x]$，部分量 $\Delta U \approx f(x)\mathrm{d}x$，记作 $\mathrm{d}U=f(x)\mathrm{d}x$；（3）以所求量 U 的元素

$f(x)\mathrm{d}x$ 为被积表达式，在区间 $[a,b]$ 上作定积分，得 $U=\displaystyle\int_a^b f(x)\mathrm{d}x$，这就是所求量 U 的积分表达式.

这个方法通常称为微元法. 本章中将应用该方法计算几何中的一些问题.

(二) 平面图形的面积

1. 直角坐标情形

(1) 一条曲线与坐标轴围成的图形的面积. 平面内连续曲线 $y=f(x)$ 与直线 $x=a$，$x=b$ 及 x 轴围成的图形的面积为 $A=\displaystyle\int_a^b |f(x)|\,\mathrm{d}x$.

(2) 两条曲线围成的图形的面积.

a. 如图 12-1 所示区域 $a\leqslant x\leqslant b$，$g(x)\leqslant y\leqslant f(x)$ 的面积

$$S=\int_a^b [f(x)-g(x)]\mathrm{d}x.$$

b. 如图 12-2 所示区域 $c\leqslant y\leqslant d$，$\psi(y)\leqslant x\leqslant \varphi(y)$ 的面积

$$S=\int_c^d [\varphi(y)-\psi(y)]\mathrm{d}y.$$

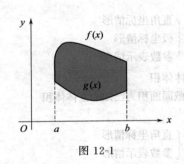

图 12-1 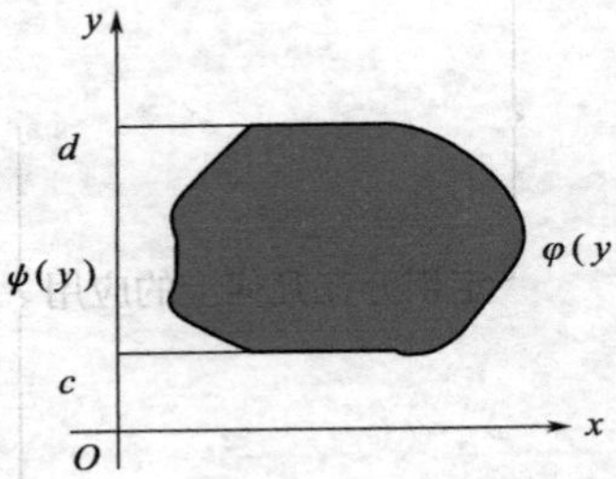　　　　　　　　　　　　　　图 12-2

2. 极坐标情形

如图 12-3 所示扇形区域 $\alpha\leqslant\theta\leqslant\beta$，$\psi(\theta)\leqslant \gamma\leqslant\varphi(\theta)$ 的面积 $S=\dfrac{1}{2}\displaystyle\int_\alpha^\beta [\varphi^2(\theta)-\psi^2(\theta)]\mathrm{d}\theta.$

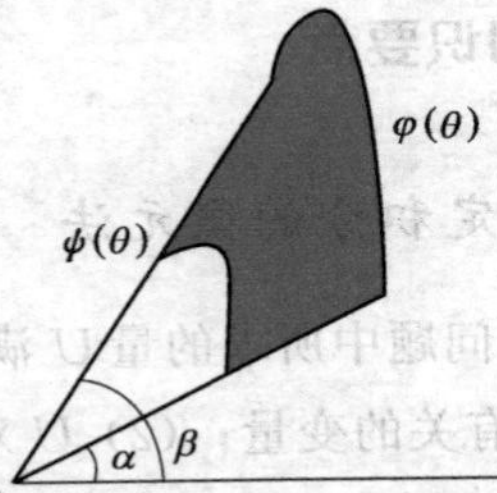

3. 参数表示的情形

若区域 $a\leqslant x\leqslant b$，$0\leqslant y\leqslant f(x)$ 的边界曲线 $y=f(x)$ 由参数方程 $\begin{cases}x=\varphi(t)\\ y=\psi(t)\end{cases}$ 表示，计算其面积时，可先在直角坐标系下表示出来，再根据参数方程换元，即

图 12-3

$$S = \int_a^b f(x)\mathrm{d}x \xrightarrow{x=\varphi(t)\, y=\psi(t)} \int_\alpha^\beta \psi(t)\varphi''(t)\mathrm{d}t.$$

（三）立体体积

1. 旋转体的体积

（1）由连续曲线 $y=f(x)$ 与直线 $x=a$，$x=b$ 及 x 轴围成的平面图形绕 x 轴旋转一周所得的旋转体的体积 $V = \int_a^b \pi[f(x)]^2 \mathrm{d}x$.

（2）由连续曲线 $x=\varphi(y)$ 和直线 $y=c$，$y=d$ 及 y 轴围成的平面图像绕 y 轴旋转一周所得的旋转体的体积 $V = \int_c^d \pi[\varphi(y)^2]\mathrm{d}y$.

（3）若平面区域 $a\leqslant x\leqslant b$，$0\leqslant y\leqslant f(x)$ 的边界曲线 $y=f(x)$ 由参数方程 $\begin{cases} x=\varphi(t) \\ y=\psi(t) \end{cases}$ 表示，计算旋转体体积，可先在直角坐标系下写出计算公式，再根据参数方程换元. 如绕 x 轴旋转：

$$V = \pi\int_a^b f^2(x)\mathrm{d}x = \pi\int_a^b y^2 \mathrm{d}x \xrightarrow{x=\varphi(t)\, y=\psi(t)} \pi\int_\alpha^\beta [\psi(t)]^2 \varphi'(t)\mathrm{d}t.$$

2. 平行截面面积为已知的立体体积

（1）对 $a\leqslant x\leqslant b$，若某立体在 x 处截面面积为 $S(x)$，则体积为
$$V = \int_a^b S(x)\mathrm{d}x.$$

（2）对 $c\leqslant y\leqslant d$，若某立体在 y 处截面面积为 $S(y)$，则体积为
$$V = \int_c^d S(y)\mathrm{d}y.$$

（四）平面曲线的弧长

（1）当 $a\leqslant x\leqslant b$ 时，曲线弧 $y=f(x)$ 的弧长 $L = \int_a^b \sqrt{1+f'^2(x)}\,\mathrm{d}x$.

（2）当 $c\leqslant y\leqslant d$ 时，曲线弧 $x=g(y)$ 的弧长 $L = \int_c^d \sqrt{1+g'^2(y)}\,\mathrm{d}y$.

（3）当 $\alpha\leqslant t\leqslant \beta$ 时，曲线弧 $\begin{cases} x=\varphi(t) \\ y=\psi(t) \end{cases}$ 的弧长 $L = \int_\alpha^\beta \sqrt{\varphi'^2(t)+\psi'^2(t)}\,\mathrm{d}t$.

（4）当 $\alpha\leqslant \vartheta\leqslant \beta$ 时，曲线弧 $\gamma=\gamma(\vartheta)$ 的弧长 $L = \int_\alpha^\beta \sqrt{\gamma^2(\vartheta)+\gamma'^2(\vartheta)}\,\mathrm{d}\vartheta$.

三、精选例题解析

例 1　求由曲线 $y^2=x$，$y^2=4x$ 及直线 $x=1$ 所围成的平面图形的面积.

分析：计算直角坐标情形下的平面图形的步骤如下.

(1) 作图，计算出交点坐标；

(2) 选择积分变量，确定积分区间；

(3) 利用微元法，求出面积微元 dA；

(4) 将面积微元 dA 在积分区间积分，所得结果即为平面图形的面积.

解：(1) 由 $\begin{cases} y^2 = x \\ y^2 = 4x \\ x = 1 \end{cases}$ 得图形的交点为 $(0,0)$, $(1,2)$, $(1,1)$.

(2) 选择 x 为积分变量，积分区间为 $[0,1]$.

(3) 求面积微元. 由于该平面图形具有对称性，计算 x 轴上方图形面积即可，记作 A_1，则整个图形的面积 $A = 2A_1$ 在区间 $[0,1]$ 上任取小区间 $[x, x+dx]$，所得窄矩形面积微元的高为 $\sqrt{4x} - \sqrt{x}$，底为 dx，从而面积微元为

$$dA_1 = (\sqrt{4x} - \sqrt{x})dx = \sqrt{x}\,dx.$$

(4) $A = 2A_1 = 2\int_0^1 (\sqrt{4x} - \sqrt{x})dx = 2\int_0^1 \sqrt{x}\,dx = \dfrac{4}{3}$.

例2 求由双曲线 $y = \dfrac{1}{x}$，直线 $y = x$，$y = 2x$ 所围成图形在第一象限部分的面积.

解：由 $\begin{cases} y = \dfrac{1}{x} \\ y = x \\ y = 2x \end{cases}$ 得交点坐标为 $(0,0)$, $(1,1)$, $\left(\dfrac{\sqrt{2}}{2}, \sqrt{2}\right)$.

法一 (1) 选择 y 为积分变量，积分区间为 $[0,\sqrt{2}] = [0,1] \cup [1,\sqrt{2}]$.

(2) 求面积微元. 在区间 $[0,1]$ 上任取小区间 $[y, y+dy]$，所得窄矩形的面积微元的底为 $y - \dfrac{y}{2}$，高为 dy，则面积微元为 $dA_1 = \left(y - \dfrac{y}{2}\right)dy$. 在区间 $[1,\sqrt{2}]$ 上任取小区间 $[y, y+dy]$，所得窄矩形的面积微元的底为 $\dfrac{1}{y} - \dfrac{y}{2}$，高为 dy，则面积微元 $dA_2 = \left(\dfrac{1}{y} - \dfrac{y}{2}\right)dy$.

(3) $A = A_1 + A_2 = \int_0^1 \left(y - \dfrac{y}{2}\right)dy + \int_1^{\sqrt{2}} \left(\dfrac{1}{y} - \dfrac{y}{2}\right)dy = \dfrac{1}{2}\ln 2$.

法二 (1) 选取 x 为积分变量，积分区间为 $[0,1] = \left[0, \dfrac{\sqrt{2}}{2}\right] \cup \left[\dfrac{\sqrt{2}}{2}, 1\right]$.

(2) 求面积微元. 在区间 $\left[0, \dfrac{\sqrt{2}}{2}\right]$ 上任取小区间 $[x, x+dx]$，所得窄矩形的面

积微元的高为 $2x-x$，底为 $\mathrm{d}x$，则面积微元为 $\mathrm{d}A_1=(2x-x)\mathrm{d}x$. 在区间 $\left[\dfrac{\sqrt{2}}{2},1\right]$ 上任取小区间 $[x,x+\mathrm{d}x]$，所得窄矩形的面积微元的高为 $\dfrac{1}{x}-x$，底为 $\mathrm{d}x$，则面积微元 $\mathrm{d}A_2=\left(\dfrac{1}{x}-x\right)\mathrm{d}x$.

(3) $A=A_1+A_2=\displaystyle\int_0^{\frac{\sqrt{2}}{2}}(2x-x)\mathrm{d}x+\int_{\frac{\sqrt{2}}{2}}^1\left(\dfrac{1}{x}-x\right)\mathrm{d}x=\dfrac{1}{2}\ln2.$

注：本题的难点在于面积微元的选取，选取的面积微元一定要能够代表图形的特点，因此本题中分为两部分选取面积微元.

例3 求抛物线 $y=-x^2+4x-3$ 及其点 $(0,-3)$ 和 $(3,0)$ 处的切线所围成的图形的面积.

解：(1) $y'=-2x+4$，$y'(0)=4$，$y'(3)=-2$，故在 $(0,-3)$ 处的切线方程为 $y+3=4x$，即 $y=4x-3$，在 $(3,0)$ 处的切线方程为 $y-0=-2(x-3)$，即 $y=-2x+6$.

(2) 由抛物线 $y=-x^2+4x-3$ 和直线 $y=4x-3$、$y=-2x+6$ 围成的图形的交点为 $(0,-3)$，$\left(\dfrac{3}{2},3\right)$，$(3,0)$.

(3) 选取 x 为积分变量，积分区间为 $[0,3]=\left[0,\dfrac{3}{2}\right]\cup\left[\dfrac{3}{2},3\right]$.

(4) 在 $\left[0,\dfrac{3}{2}\right]$ 上任取小区间 $[x,x+\mathrm{d}x]$，面积微元 $\mathrm{d}A_1=[4x-3-(-x^2+4x-3)]\mathrm{d}x$，在 $\left[\dfrac{3}{2},3\right]$ 上任取小区间 $[x,x+\mathrm{d}x]$，面积微元 $\mathrm{d}A_2=[-2x+6-(-x^2+4x-3)]\mathrm{d}x$.

(5) $A=A_1+A_2$

$=\displaystyle\int_0^{\frac{3}{2}}[4x-3-(-x^2+4x-3)]\mathrm{d}x+\int_{\frac{3}{2}}^3[-2x+6-(-x^2+4x-3)]\mathrm{d}x$

$=\displaystyle\int_0^{\frac{3}{2}}x^2\mathrm{d}x+\int_{\frac{3}{2}}^3(x^2-6x+9)\mathrm{d}x=\dfrac{27}{4}.$

例4 求极坐标方程 $r=1+\cos\theta$ $(0\leqslant\theta<2\pi)$ 所围成图形的面积.

分析：极坐标情形下的图形面积为 $A=\displaystyle\int_\alpha^\beta\dfrac{1}{2}[\rho(\theta)]^2\mathrm{d}\theta$.

解：$A=\displaystyle\int_0^{2\pi}\dfrac{1}{2}(1+\cos\theta)^2\mathrm{d}\theta=\dfrac{1}{2}\int_0^{2\pi}(1+2\cos\theta+\cos^2\theta)\mathrm{d}\theta$

$=\dfrac{1}{2}\displaystyle\int_0^{2\pi}\mathrm{d}\theta+\int_0^{2\pi}\cos\theta\,\mathrm{d}\theta+\dfrac{1}{4}\int_0^{2\pi}(1+\cos2\theta)\mathrm{d}\theta$

$$= \pi + [\sin\theta]_0^{2\pi} + \frac{1}{4} \times 2\pi + \frac{1}{8}[\sin 2\theta]_0^{2\pi}$$

$$= \frac{3\pi}{2}.$$

例 5 求星形线 $\begin{cases} x = a\cos^3 t \\ y = a\sin^3 t \end{cases}$ 所围成图形的面积，其中 $a > 0$ 的常数，t 为参数.

分析： 由参数方程 $\begin{cases} x = \varphi(t) \\ y = \phi(t) \end{cases}$，$t \in [\alpha, \beta]$ 所围成的平面图形的面积为 $A = \int_\alpha^\beta \phi(t)\varphi'(t)\mathrm{d}t$.

解： 由图形的对称性可知，$A = 4A_1$，其中 A_1 为第一象限内图形的面积. 当 $x = 0$ 时，$t = \frac{\pi}{2}$，当 $x = a$ 时，$t = 0$. 故

$$A = 4A_1 = 4\int_{\frac{\pi}{2}}^0 a\sin^3 t(-3a\cos^2 t\sin t)\mathrm{d}t$$

$$= 12\int_0^{\frac{\pi}{2}} \sin^4 t\cos^2 t\,\mathrm{d}t = 12\int_0^{\frac{\pi}{2}}(\sin^4 t - \sin^6 t)\mathrm{d}t$$

$$= 12a^2\left[\frac{3}{4} \times \frac{1}{2} \times \frac{\pi}{2} - \frac{5}{6} \times \frac{3}{4} \times \frac{1}{2} \times \frac{\pi}{2}\right]$$

$$= \frac{3}{8}\pi a^2.$$

例 6 计算由椭圆 $\dfrac{x^2}{a^2} + \dfrac{y^2}{b^2} = 1$ 所围成的图形绕 x 轴旋转一周而成的旋转体的体积.

分析： 计算旋转体的体积步骤如下. （1）确定平面图形；（2）选择积分变量，确定积分区间；（3）利用微元法，求体积微元；（4）计算体积微元在积分区间的积分值.

解：（1）该旋转体可看成由半个椭圆 $y = \dfrac{b}{a}\sqrt{a^2 - x^2}$ 及 x 轴围成的图形绕 x 轴旋转一周而成的立体.

（2）选择 x 为积分变量，积分区间为 $[-a, a]$.

（3）在区间 $[-a, a]$ 上任取一个小区间 $[x, x + \mathrm{d}x]$，所得的薄片的体积近似于底面半径为 $\dfrac{b}{a}\sqrt{a^2 - x^2}$、高为 $\mathrm{d}x$ 的扁圆柱体的体积，即体积微元 $\mathrm{d}V = \dfrac{\pi b^2}{a^2}(a^2 - x^2)\mathrm{d}x$.

（4）旋转体的体积

$$V = \int_{-a}^a \mathrm{d}V = \int_{-a}^a \pi\frac{b^2}{a^2}(a^2 - x^2)\mathrm{d}x = \pi\frac{b^2}{a^2}\left[a^2 x - \frac{x^3}{3}\right]_{-a}^a = \frac{4}{3}\pi ab^2.$$

例 7 求曲线 $y=x^2$ 与 $y=8-x^2$ 所围成的图形绕 x 轴旋转一周而成的旋转体的体积.

分析: 本题的旋转体可看成是曲线 $y=8-x^2$ 绕 x 轴旋转一周而成的旋转体的体积减去曲线 $y=x^2$ 绕 x 轴旋转一周而成的旋转体的体积.

解: (1) 由 $\begin{cases} y=x^2 \\ y=8-x^2 \end{cases}$ 得曲线的交点坐标为 $(2,4)$,$(-2,4)$.

(2) 选择 x 为积分变量,积分区间为 $[-2,2]$.

(3) 在区间 $[-2,2]$ 上任取一个小区间 $[x,x+\mathrm{d}x]$,体积微元 $\mathrm{d}V=\pi(8-x^2)^2\mathrm{d}x-\pi x^4\mathrm{d}x$.

(4) 旋转体的体积

$$V=\int_{-2}^{2}\pi\left[(8-x^2)^2-x^4\right]\mathrm{d}x=2\pi\int_{0}^{2}\left[64-16x^2\right]\mathrm{d}x$$

$$=2\pi\left[64-\frac{16}{3}x^3\right]_{0}^{2}=\frac{512\pi}{3}.$$

例 8 求以半径为 R 的圆为底,平行且等于底圆直径的线段为顶、高为 h 的正劈锥体的体积.

分析: 求解本题的关键是找到平行截面面积的表达式 $A(x)$.

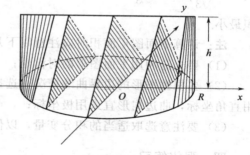

图 12-4

解: 取底圆所在的平面为 xOy 平面,圆心 O 为原点,并使 x 轴与正劈锥的顶平行(如图 12-4 所示). 底圆的方程为 $x^2+y^2=R^2$. 过 x 轴上的点 $x(-R\leqslant x\leqslant R)$ 作垂直于 x 轴的平面,截正劈锥体得等腰三角形,截面面积为 $A(x)=hy=h\sqrt{R^2-x^2}$,故所求的正劈锥体得体积为

$$V=\int_{-R}^{R}A(x)\mathrm{d}x=\int_{-R}^{R}h\sqrt{R^2-x^2}\,\mathrm{d}x=h\int_{-R}^{R}\sqrt{R^2-x^2}\,\mathrm{d}x=\frac{\pi R^2 h}{2}.$$

例 9 计算曲线 $y=\frac{2}{3}x^{\frac{3}{2}}$ 上相应于 $a\leqslant x\leqslant b$ 的一段弧的长度.

解: $y'=x^{\frac{1}{2}}$,从而弧长

$$s=\int_{a}^{b}\sqrt{1+(\sqrt{x})^2}\,\mathrm{d}x=\int_{a}^{b}\sqrt{1+x}\,\mathrm{d}x=\left[\frac{2}{3}\sqrt{(1+x)^3}\right]_{a}^{b}$$

$$=\frac{2}{3}\left[\sqrt{(1+b)^3}-\sqrt{(1+a)^3}\right].$$

例 10 在抛物线 $y=-x^2+1$ $(x\geqslant0)$ 上找一点 $P(x_1,y_1)$,其中 $x_1\neq0$,过点 P 作抛物线的切线,使此切线与抛物线及两坐标轴所围平面图形的面积最小.

分析： 此题是一道综合应用题，应先求出所求面积的表达式，然后求此表达式函数的极值点.

解： 由于 $y' = -2x$，因此过点 $P(x_1, y_1)$ 的切线方程为 $y - y_1 = -2x_1(x - x_1)$，该切线与 x, y 轴的交点分别是 $S\left(\dfrac{x_1^2+1}{2x_1}, 0\right)$，$B(0, 1+x_1^2)$.

所求面积 $S = \dfrac{1}{2}\left(\dfrac{x_1^2+1}{2x_1}\right)(1+x_1^2) - \int_0^1(-x^2+1)\mathrm{d}x = \dfrac{1}{4}\left(x_1^3 + 2x_1 + \dfrac{1}{x_1}\right) - \dfrac{2}{3}$

令 $\dfrac{\mathrm{d}S}{\mathrm{d}x_1} = \dfrac{1}{4}\left(x_1^2 + 2 - \dfrac{1}{x_1^2}\right) = \dfrac{1}{4}\left(3x_1 - \dfrac{1}{x_1}\right)\left(x_1 + \dfrac{1}{x_1}\right) = 0$. 由于 $x_1 + \dfrac{1}{x_1} > 0$，得 $x_1 = \dfrac{1}{\sqrt{3}}$，由于此问题的最小值存在，且在 $(0, +\infty)$ 内有唯一驻点，故 $x_1 = \dfrac{1}{\sqrt{3}}$，$y_1 = -\left(\dfrac{1}{\sqrt{3}}\right)^2 + 1 = \dfrac{2}{3}$ 就是所求的点 P，即：取切点为 $P\left(\dfrac{1}{\sqrt{3}}, \dfrac{2}{3}\right)$ 时，所求的图形面积最小.

注： 计算平面图形面积时应注意以下几方面.

(1) 要充分利用平面图形的对称性；

(2) 要根据图形的边界曲线情况，选择适当的坐标系，一般地，曲边梯形宜采用直角坐标，曲边扇形宜采用极坐标；

(3) 要注意选取适当的积分变量，以便简化计算.

四、强化练习

（一）选择题

1. 设 $f(x)$ 在区间 $[a, b]$ 上连续，则曲线 $y = f(x)$ 与直线 $x = a$，$x = b$ 和 x 轴所围成的图形的面积为 （　　）.

A. $\displaystyle\int_a^b f(x)\mathrm{d}x$ 　　B. $\left|\displaystyle\int_a^b f(x)\mathrm{d}x\right|$ 　　C. $\displaystyle\int_a^b |f(x)|\mathrm{d}x$ 　　D. 不确定

2. 由 x 轴、y 轴及抛物线 $y = (x+1)^2$ 所围成的平面图形的面积为 （　　）.

A. $\displaystyle\int_0^1(x+1)^2\mathrm{d}x$ 　B. $\displaystyle\int_1^0(x+1)^2\mathrm{d}x$ 　C. $\displaystyle\int_0^{-1}(x+1)^2\mathrm{d}x$ 　D. $\displaystyle\int_{-1}^0(x+1)^2\mathrm{d}x$

3. 由曲线 $y = \mathrm{e}^x$，直线 $y = x$，$x = 1$ 及 y 轴所围成的图形的面积为 （　　）.

A. $\mathrm{e} - \dfrac{3}{2}$ 　　　　B. $\mathrm{e} - \dfrac{1}{2}$ 　　　　C. $\mathrm{e} - 1$ 　　　　D. e

4. 曲线 $y = x^2$ 与 $x = 1$ 及 x 轴所围成的图形绕 x 轴旋转所形成的旋转体的体积为 （　　）.

A. $\dfrac{\pi}{2}$　　　　　B. $\dfrac{\pi}{3}$　　　　　C. $\dfrac{\pi}{4}$　　　　　D. $\dfrac{\pi}{5}$

5. 曲线 $(x-2)^2+y^2=1$ 绕 x 轴旋转一周所形成的旋转体的体积为（　　）.

A. $\dfrac{4\pi}{3}$　　　　　B. 4π　　　　　C. 8π　　　　　D. 16π

6. 由抛物线 $y=x^2$ 和直线 $x+y=2$ 所围成的图形的面积为（　　）.

A. $\dfrac{5}{2}$　　　　　B. $\dfrac{7}{2}$　　　　　C. $\dfrac{9}{2}$　　　　　D. $\dfrac{11}{2}$

7. 椭圆 $\dfrac{x^2}{a^2}+\dfrac{y^2}{b^2}=1$ 绕 x 轴旋转一周所形成的旋转体的体积为（　　）.

A. $\dfrac{4}{3}\pi a^2 b$　　　B. $\dfrac{4}{3}\pi ab^2$　　　C. $\dfrac{4}{3}\pi ab$　　　D. $4\pi a^2 b$

8. 曲线 $\rho=2a\cos\theta$ 所围成的图形的面积为（　　）.

A. $2\pi a$　　　　　B. πa^2　　　　　C. $\dfrac{\pi}{2}a^2$　　　　　D. $2\pi a^2$

9. 由直线 $y=0$，$x=\mathrm{e}$ 及曲线 $y=\ln x$ 所围成平面图形的面积为（　　）.

A. e　　　　　B. $\mathrm{e}-1$　　　　　C. $2\mathrm{e}+1$　　　　　D. 1

10. 曲线 $\dfrac{x^2}{a^2}+\dfrac{y^2}{b^2}=1$ 所围成的图形的面积为（　　）.

A. ab　　　　　B. $\dfrac{4}{3}\pi ab$　　　　　C. πab　　　　　D. $\pi a^2 b$

（二）填空题

1. 计算由曲线 $y=\ln x$，直线 $x=1$ 及 $y=1$ 所围成平面图形的面积时，若选取 y 为积分变量，则面积的积分表达式为_____.

2. 计算由曲线 $y=\cos x$（$0\leqslant x\leqslant 2\pi$）及 x 轴围成的平面图形的面积时，若选取 x 为积分变量，则面积的积分表达式为_____.

3. 计算由曲线 $y=x^3$ 及 $y=2x$ 围成平面图形时，若选取 x 为积分变量，则面积的积分表达式为_____；若选取 y 为积分变量，则面积的积分表达式为_____.

4. 计算由曲线 $y^2=x$ 与直线 $y=x-2$ 所围成的平面图形的面积时，选取_____为积分变量，计算过程比较简单.

5. 计算由曲线 $y=\mathrm{e}^x$，$y=\mathrm{e}^{-x}$ 及直线 $x=0$，$x=1$ 所围成的图形绕 x 轴旋转一周所形成的旋转体的体积时，若选取 x 为积分变量，则旋转体的体积的积分表达式为_____.

6. 曲线 $y=\cos x$ $\left(-\dfrac{\pi}{2}\leqslant x\leqslant\dfrac{\pi}{2}\right)$ 与 x 轴围成的图形绕 x 轴旋转所成旋转体的体

积 $V = $ _____.

7. 曲线 $y^2 = 4(x+1)$ 及 $y^2 = 4(1-x)$ 所围图形的面积为 _____.

8. 抛物线 $y = \dfrac{1}{2}x^2$ 被圆 $x^2 + y^2 = 8$ 所截下部分的弧长为 _____.

（三）判断题（正确的填写 T，错误的填写 F）

1. 曲线 $y = e^{-x}$ 及直线 $y = 0$，$x = 0$，$x = 1$ 所围成图像的面积为 $1 - e^{-1}$.
（　　）

2. 曲线 $y = \sin x$（$0 \leqslant x \leqslant \pi$）和 x 轴所围成的平面图形绕 x 轴旋转所得的旋转体的体积为 $\pi \displaystyle\int_0^\pi \sin^2 x \, dx$.（　　）

3. $y = x^2$（$0 \leqslant x \leqslant 1$）的弧长 $s = \displaystyle\int_0^1 \sqrt{1 + 4x^2} \, dx$.（　　）

（四）计算题

1. 求由下列各组曲线所围成的图形的面积：

(1) $xy = 1$，$y = x$，$x = 3$ 及 x 轴；

(2) $y = e^x$，$y = e^{-x}$ 及 $x = 1$；

(3) $y = x^2 - 2x + 3$，$y = x + 3$；

(4) $y = \dfrac{1}{x}$，$y = 4x$，$x = 2$；

(5) $y = x^2$，$y^2 = x$.

2. 求当 c（$0 < c < 1$）为何值时，曲线 $y = x^2$ 与 $y = cx^3$ 所围成的图形的面积为 $\dfrac{2}{3}$.

3. 计算曲线 $y = -x^3 + x^2 + 2x$ 与 x 轴所围成的图形的面积 A.

4. 求由 $xy \leqslant 1$，$x \geqslant 1$，$y \geqslant 0$ 所决定的平面图形绕 x 轴旋转一周所形成的立体体积.

5. 设曲线 C：$y = \sqrt{x}$ 与直线 L：$y = x$ 围成平面图形 D，求：(1) 图形 D 的面积；(2) 图形 D 绕 x 轴旋转一周所得旋转体的体积.

6. 设曲线 C：$y = x^2 - x$ 与 x 轴围成的平面图形 D，求：(1) 图形 D 的面积；(2) 图形 D 绕 x 轴旋转一周所得旋转体的体积.

7. 已知函数 $y = y(x)$ 由参数方程 $\begin{cases} x = 2(t - \sin t) \\ y = 2(1 - \cos t) \end{cases}$（$0 \leqslant t \leqslant 2\pi$）所确定，求该曲线与 x 轴所围成的图形的面积.

高等数学自测题

自测题（一）

（一）选择题

1. 设函数 $f(x)=\begin{cases}\dfrac{e^{2x}-1}{kx}, & x>0 \\ 1-x, & x\leqslant 0\end{cases}$ 在 $x=0$ 处连续，则 $k=$（　　）.

   A. -1 B. 1 C. -2 D. 2

2. $x\to 0$ 时，与 x 等价的无穷小量是（　　）.

   A. $1-e^{x}$ B. $\ln\dfrac{1+x^{2}}{1-x}$

   C. $\sqrt{1+x}-1$ D. $1-\cos x$

3. 不定积分 $\displaystyle\int xf''(x)\mathrm{d}x=$（　　）.

   A. $xf''(x)-xf'(x)-f(x)+C$ B. $xf(x)-\displaystyle\int f(x)\mathrm{d}x$

   C. $xf'(x)-f(x)+C$ D. $xf'(x)+f(x)+C$

4. 在 $\left[-\dfrac{\pi}{2},\dfrac{\pi}{2}\right]$ 上的曲线 $y=\sin x$ 与 x 轴围成平面图形的面积为（　　）.

   A. $\displaystyle\int_{-\frac{\pi}{2}}^{\frac{\pi}{2}}\sin x\,\mathrm{d}x$ B. $\displaystyle\int_{0}^{\frac{\pi}{2}}\sin x\,\mathrm{d}x$ C. 0 D. $\displaystyle\int_{-\frac{\pi}{2}}^{\frac{\pi}{2}}|\sin x|\,\mathrm{d}x$

5. 设 $f(x)$ 在 x_0 处可导，则 $f'(x_0)=0$ 是 $f(x)$ 在 x_0 处取得极值的（　　）.

   A. 充分条件   B. 必要条件

   C. 充要条件   D. 非充分也非必要条件

（二）填空题

1. $\displaystyle\lim_{x\to 0}\frac{\displaystyle\int_{0}^{x^{2}}t^{\frac{3}{2}}\mathrm{d}t}{\displaystyle\int_{0}^{x}t(t-\sin t)\mathrm{d}t}$.

2. 设 $f'(0)=a$，$g'(0)=b$，且 $f(0)=g(0)$，则 $\lim\limits_{x\to 0}\dfrac{f(x)-g(x)}{x}=$ _____.

3. 设曲线 $y=ax^3+bx^2+1$ 的拐点为 $(1,3)$，则 $a=$ _____，$b=$ _____.

4. 定积分 $\displaystyle\int_{-1}^{1}(\sin x^3+x^2)\sqrt{1-x^2}\,\mathrm{d}x=$ _____.

5. 设 $f''(x)$ 存在，$y=\ln[f(x)]$，则 $y''=$ _____.

（三）计算题

1. 求极限 $\lim\limits_{x\to 0}\dfrac{1-\cos x^2}{x^3\sin x}$.

2. 设函数 $y=y(x)$ 是由方程 $y=1+x\sin y$ 所确定的隐函数，求 $\dfrac{\mathrm{d}y}{\mathrm{d}x}\Big|_{x=0}$.

3. 求定积分 $\displaystyle\int_0^1\dfrac{1}{1+\mathrm{e}^x}\mathrm{d}x$.

4. 设参数方程 $\begin{cases}x=2t\mathrm{e}^t+1\\y=t^3-3t\end{cases}$ 确定了函数 $y=y(x)$，求 $\dfrac{\mathrm{d}^2y}{\mathrm{d}x^2}\Big|_{t=0}$.

5. 求不定积分 $\displaystyle\int\dfrac{\cos x+\sin x}{\sin x-\cos x}\mathrm{d}x$.

6. 设 $f(x)=\begin{cases}x^2, & 0\leqslant x<1\\x, & 1\leqslant x\leqslant 2\end{cases}$，求 $G(x)=\displaystyle\int_0^x f(t)\mathrm{d}t$ 在 $[0,2]$ 上的表达式.

7. 求函数 $y=2x^2-\ln x$ 的单调区间以及极值.

（四）讨论题

讨论函数 $f(x)=\begin{cases}\dfrac{1-\cos 2x}{x}, & x\neq 0\\0, & x=0\end{cases}$ 在 $x=0$ 处的连续性与可导性.

（五）证明题

试证：当 $x>0$ 时，$\arctan x>x-\dfrac{x^3}{3}$.

（六）应用题

1. 某工厂生产 q 台电视机的成本是 $C=5000+250q-0.01q^2$，销售收入为 $R=400q-0.02q^2$，假设生产的电视机全部都能售出，问生产多少台时利润最大.

2. 由曲线 $y=x^2$ 与直线 $x=1$ 以及 x 轴所围成的图形分别绕 x 轴、y 轴旋转，计算所得旋转体的体积.

自测题（二）

（一）选择题

1. 设 $f(x)$ 在 x_0 点可导，则 $\lim\limits_{h \to 0} \dfrac{f(x_0+h)-f(x_0)}{h}$ （　　）.

   A. 与 x_0、h 都有关　　　　　　　　B. 仅与 x_0 有关，与 h 无关

   C. 仅与 h 有关，与 x_0 无关　　　　D. 与 x_0、h 都无关

2. 点 $x=0$ 是函数 $f(x)=\begin{cases} e^{\frac{1}{x-1}}, & x>0 \\ \ln(1+x), & -1<x\leqslant 0 \end{cases}$ 的（　　）.

   A. 连续点　　　　B. 跳跃间断点　　　　C. 可去间断点　　　　D. 第二类间断点

3. 设 $f(x)$ 有连续的二阶导数，且 $f(0)=0$，$f'(0)=1$，$f''(0)=-2$，则

$\lim\limits_{x \to 0} \dfrac{f(x)-x}{x^2}=$ （　　）.

   A. -1　　　　　　B. 0　　　　　　C. -2　　　　　　D. 不存在

4. 若函数 $f(x)$ 的一个原函数是 e^{-x}，则 $\displaystyle\int \dfrac{f(\ln x)}{x}\mathrm{d}x=$ （　　）.

   A. $\ln\ln x + C$　　　B. $\dfrac{1}{2}\ln^2 x + C$　　　C. $x + C$　　　D. $\dfrac{1}{x} + C$

5. 曲线 $\rho=a(1-\cos\theta)$（$a>0$）相应于 $0\leqslant\theta\leqslant 2\pi$ 一段的弧长是（　　）.

   A. $\displaystyle\int_0^\pi a\sqrt{2(1-\cos\theta)}\,\mathrm{d}\theta$　　　　　　　B. $2\displaystyle\int_0^\pi a\sqrt{2(1-\cos\theta)}\,\mathrm{d}\theta$

   C. $\displaystyle\int_0^{2\pi} a\sqrt{(1-\cos\theta)}\,\mathrm{d}\theta$　　　　　　D. $2\displaystyle\int_0^\pi a\sqrt{(1-\cos\theta)}\,\mathrm{d}\theta$

（二）填空题

1. $\lim\limits_{x \to 0}(1+3x)^{\frac{2}{\sin x}}=$ _____ .

2. 设 $f'(x)$ 存在，且 $\lim\limits_{x \to 0}\dfrac{f(2)-f(2-x)}{2x}=1$，则 $f'(2)=$ _____ .

3. 若函数 $f(x)=ax^2-x+1$ 在 $x=\dfrac{1}{2}$ 处具有极小值，则 $a=$ _____ .

4. 定积分 $\displaystyle\int_{-2}^2 \dfrac{x-3}{\sqrt{8-x^2}}\mathrm{d}x=$ _____ .

5. 函数 $f(x)=2x^3-3x^2$ 的拐点是 _____ .

（三）计算题

1. 求极限 $\lim\limits_{x \to 0} \dfrac{\displaystyle\int_0^x t^2 e^{t^2}\,dt}{x e^{x^2}}$.

2. 设函数 $y = y(x)$ 是由方程 $xy^2 + e^y = \cos(x + y^2)$ 所确定的隐函数，求 $\dfrac{dy}{dx}$.

3. 求参数方程 $\begin{cases} x = \sin t \\ y = \sin(t + \sin t) \end{cases}$ 在 $t = 0$ 处的切线方程和法线方程.

4. 求不定积分 $\displaystyle\int \dfrac{\sin x}{1 + \sin x}\,dx$.

5. 设函数 $f(x) = \begin{cases} x e^{x^2}, & x \geqslant 0 \\ \dfrac{1}{1 + \cos x}, & -1 < x < 0 \end{cases}$，求定积分 $\displaystyle\int_1^4 f(x - 2)\,dx$.

6. $y = y(x)$ 由方程 $e^{xy} + \tan x = x + y$ 所确定，求 $y'(x)\big|_{x=0}$.

7. 已知函数 $f(x) = \begin{cases} \sqrt{x^2 - 1}, & x < -1 \\ b, & x = -1 \\ a + \arctan x, & -1 < x \leqslant 1 \end{cases}$ 在 $x = -1$ 处连续，求 a, b 的值.

8. 求函数 $f(x) = x^2 - 4x + 4\ln(1 + x)$ 的单调区间与极值.

（四）讨论题

讨论函数 $f(x) = \begin{cases} \dfrac{x}{1 + e^{\frac{1}{x}}}, & x \neq 0 \\ 0, & x = 0 \end{cases}$ 在 $x = 0$ 处的左右导数.

（五）证明题

当 $x > 0$ 时，证明：$(1 - x)e^{2x} < 1 + x$.

（六）应用题

1. 某个宾馆有 150 间客房，通过一段时间的经营管理，经理得出一些数据：如果每个房间定价为 160 元，则住房率为 55%；如果每个房间定价为 140 元，则住房率为 65%；如果每个房间定价为 120 元，则住房率为 75%；如果每个房间定价为 100 元，则住房率为 85%. 如果想使得每天收入最高，那么每个房间定价应为多少？

2. 求由抛物线 $x = 1 - 2y^2$ 与直线 $y = x$ 所围成平面图形的面积.

自测题（三）

（一）选择题

1. 设 $f(a)=3$，$\lim\limits_{x\to a}f(x)=2$，则点 $x=a$ 是 $f(x)$ 的（　　）.

A. 连续点　　　　B. 可去间断点　　　C. 跳跃间断点　　　D. 无穷间断点

2. 设 $f(x)$ 在点 $x=a$ 处可导，且 $\lim\limits_{h\to 0}\dfrac{f(a)-f(a-h)}{2h}=-1$，则 $f'(a)=$（　　）.

A. -2　　　　　B. 2　　　　　C. $\dfrac{1}{2}$　　　　　D. -1

3. 设 $\lim\limits_{x\to\infty}\left(1-\dfrac{k}{x}\right)^x=4$，则 $k=$（　　）.

A. $\ln 4$　　　B. $\dfrac{1}{4}$　　　　C. $-\ln 4$　　　　D. $-\dfrac{1}{4}$

4. $\lim\limits_{x\to 0}\dfrac{\displaystyle\int_0^x\tan t^2\,\mathrm{d}t}{x^3}=$（　　）.

A. $\dfrac{1}{4}$　　　B. $\dfrac{1}{2}$　　　　C. 1　　　　D. $\dfrac{1}{3}$

5. 若 e^x 是 $f(x)$ 的一个原函数，则 $\displaystyle\int xf(x)\,\mathrm{d}x=$（　　）.

A. $e^x(x+1)+C$　B. $e^x(x-1)+C$　C. xe^x+C　　　D. $e^x(1-x)+C$

（二）填空题

1. 设 $f(x)=\begin{cases}3x+2, & x\leqslant 0,\\ x^2-2, & x>0,\end{cases}$ 则 $\lim\limits_{x\to 0^+}f(x)=$ _____ .

2. $y=\cot(2x+1)$，则 $y''=$ _____ .

3. 函数 $y=\dfrac{\sqrt{x-3}}{(x+1)(x+2)}$ 的连续区间为 _____ .

4. $\displaystyle\int\dfrac{\cos x}{1+\sin^2 x}\,\mathrm{d}x=$ _____ .

5. $\displaystyle\int_{-1}^{1}(x^2+x^3\sqrt{1-x^2})\,\mathrm{d}x=$ _____ .

（三）计算题

1. $\lim\limits_{x\to 0}\dfrac{x-\arcsin x}{x^3}$.

2. $\lim\limits_{x \to 1} \left(\dfrac{x}{x-1} - \dfrac{1}{\ln x} \right)$.

3. 求由方程 $y^3 + 3xy^2 + 5x^3 = 27$ 所确定的隐函数 y 的导数 $\dfrac{\mathrm{d}y}{\mathrm{d}x}$ 以及 $\dfrac{\mathrm{d}y}{\mathrm{d}x}\Big|_{x=0}$.

4. $\displaystyle\int \dfrac{x^2 + 2x}{(x+1)^2}\mathrm{d}x$.

5. $\displaystyle\int \dfrac{\mathrm{d}x}{1 + \sec 2x}$.

6. $\displaystyle\int (x+1)\mathrm{e}^x\,\mathrm{d}x$.

7. $\displaystyle\int_0^3 \dfrac{x\,\mathrm{d}x}{1 + \sqrt{1+x}}$.

（四）讨论题

当 a, b 为何值时，函数 $f(x) = \begin{cases} \dfrac{a}{1+x}, & x \leqslant 0 \\ x+b, & x > 0 \end{cases}$ 在 $x=0$ 处可导？

（五）证明题

证明：在开区间 $(0, \pi)$ 内至少存在一点 ξ，使 $\sin\xi + \xi\cos\xi = 0$.

（六）应用题

1. 要制作一个圆锥形漏斗，其斜高长为 20cm，问其高 h 应为多少时，方能使漏斗的体积最大.

2. 求曲线 $y = \mathrm{e}^{-x}$ 及其点 $(-1, \mathrm{e})$ 处的切线与 y 轴所围成图形的面积.

自测题（四）

（一）选择题

1. 设 $f(x)$ 在 x_0 处可导，则 $f(x)$ 在 x_0 处取得极值是 $f'(x_0) = 0$ 的（　　）.

A. 充分条件　　　　　　　　　　B. 必要条件

C. 充要条件　　　　　　　　　　D. 既非充分也非必要条件

2. 下列求极限运算中，不能使用洛必达法则的是（　　）.

A. $\lim\limits_{x \to \infty} \dfrac{x - \sin x}{x + \sin x}$ 　　　　　　　　B. $\lim\limits_{x \to 0} \dfrac{\sin 2x}{x}$

C. $\lim\limits_{x\to 1}\dfrac{\ln x}{x-1}$ D. $\lim\limits_{x\to 0}\dfrac{x(\mathrm{e}^x-1)}{\cos x-1}$

3. 设 $f(x)$ 的原函数为 $x\mathrm{e}^{x^2}$，则 $f'(x)=$（ ）.

A. $(2x^2+1)\mathrm{e}^{x^2}$ B. $4(x^3+x)\mathrm{e}^{x^2}$ C. $(4x^3+6x)\mathrm{e}^{x^2}$ D. $\dfrac{1}{2}\mathrm{e}^{x^2}+C$

4. $\lim\limits_{x\to\infty}\dfrac{\displaystyle\int_1^{x^2}\left(1+\dfrac{1}{t}\right)^t\mathrm{d}t}{3x^2}=$（ ）.

A. 0 B. e^3 C. 3e D. $\dfrac{\mathrm{e}}{3}$

5. 设 $I_1=\displaystyle\int_0^{\frac{\pi}{2}}(1+\sin x)^2\mathrm{d}x$，$I_2=\displaystyle\int_0^{\frac{\pi}{2}}(1+\tan x)^2\mathrm{d}x$，则（ ）.

A. $I_2>I_1>1$ B. $I_1>I_2>1$ C. $1>I_1>I_2$ D. $1>I_2>I_1$

（二）填空题

1. 设 $f(x)=\begin{cases}x+1, & x\le 3,\\ 2x-a, & x>3,\end{cases}$ 若 $x=3$ 为 $f(x)$ 的连续点，则 $a=$ _____.

2. 函数 $y=\sec(x^2+1)$，则 $y'=$ _____.

3. $\displaystyle\int_{-\frac{\pi}{2}}^{\frac{\pi}{2}}(x^2\sin x+\cos x)\mathrm{d}x=$ _____.

4. 不定积分 $\displaystyle\int\dfrac{x}{\sqrt{1-x^2}}\mathrm{d}x=$ _____.

5. 定积分 $\displaystyle\int_0^{\pi}\sqrt{1-\sin^2 x}\,\mathrm{d}x=$ _____.

（三）计算题

1. $\lim\limits_{x\to 0}\dfrac{x-\sin 3x}{x+\sin 5x}$.

2. $\lim\limits_{x\to 1}\dfrac{\displaystyle\int_1^x\mathrm{e}^{t^2}\mathrm{d}t}{\ln x}$.

3. 由方程 $x-y+\arctan y=0$ 确定 $y=y(x)$，求 $\mathrm{d}y$.

4. 求函数 $y=x^\mathrm{e}\mathrm{e}^{-x}$（$x\ge 0$）的单调区间和极值.

5. $\displaystyle\int\dfrac{x}{\cos^2 x}\mathrm{d}x$.

6. $\displaystyle\int\dfrac{\mathrm{d}x}{x\ln^2 x}$.

7. $\int_0^1 \arctan x \, dx$.

8. 设 $f(x)=x^2-\int_0^1 f(x)\,dx$ ，求 $f(x)$.

（四）讨论题

设函数

$$f(x)=\begin{cases} e^{2x}+b, & x\leqslant 0 \\ \sin ax, & x>0 \end{cases}$$

当 a,b 为何值时，函数 $f(x)$ 在 $x=0$ 处可导？

（五）证明题

证明：当 $x>0$ 时，$\ln(1+x)>\dfrac{x}{1+x}$.

（六）应用题

1. 求由曲线 $y=\ln x$ ，直线 $x=\dfrac{1}{e}$ ，$x=e$ 及 x 轴所围成的平面图形的面积.

2. 求由曲线 $y=2\sqrt{x}$ 与直线 $x=1$ ，$y=0$ 所围成的图形绕 x 轴旋转而成的旋转体的体积.

高等数学模拟题

模拟题（一）

（一）选择题（每题 3 分，共 54 分）

1. 下列函数在给定的极限过程中不是无穷小量的是 （ ）.

A. $x\sin\dfrac{1}{x}$ $(x\to 0)$

B. $\ln x$ $(x\to 0^{+})$

C. $\sqrt{x^2+1}-x$ $(x\to +\infty)$

D. $x\ln x$ $(x\to 0^{+})$

2. 下列极限计算正确的是 （ ）.

A. $\lim\limits_{x\to 0}\dfrac{\cos x}{\ln(1+x)}=1$

B. $\lim\limits_{x\to 0}(1-x)^{\frac{1}{x}}=\mathrm{e}$

C. $\lim\limits_{x\to\infty}x\sin\dfrac{1}{x}=0$

D. $\lim\limits_{x\to\infty}\dfrac{x^2+2x+1}{3x^2-x}=\dfrac{1}{3}$

3. 方程 $x^3+3x-2=0$ 在下列哪个区间内至少有一个实根 （ ）.

A. $(-1,0)$ B. $\left(0,\dfrac{1}{3}\right)$ C. $\left(\dfrac{1}{3},1\right)$ D. $(1,3)$

4. 设 $f'(x_0)=2$，则 $\lim\limits_{h\to 0}\dfrac{f(x_0-2h)-f(x_0)}{h}=$（ ）.

A. 2   B. -2 C. -4 D. 4

5. 函数 $f(x)=\begin{cases}-1, & x<0\\0, & x=0\\1, & x>0\end{cases}$，则 $f(x)$ 在 $x=0$ 处 （ ）.

A. 左导数存在   B. 右导数存在   C. 不可导   D. 可导

6. 曲线 $y=1-x\mathrm{e}^y$ 在点 （0，1）处的切线方程为 （ ）.

A. $\mathrm{e}x+y-1=0$

B. $\mathrm{e}x+y+1=0$

C. $\mathrm{e}x-y-1=0$

D. $\mathrm{e}y+x-1=0$

7. 若 $\dfrac{\mathrm{d}f(x)}{\mathrm{d}x}=x(x+1)$，则 $f(x)$ 在区间 $[0,1]$ 上是 （ ）.

A. 单调递减且是凸的

B. 单调递增且是凸的

C. 单调递减且是凹的   D. 单调递增且是凹的

8. 关于曲线 $y = \dfrac{x^3}{x-3}$ 渐近线的结论正确的是（   ）.

A. 有水平渐近线 $y = 0$

B. 有垂直渐近线 $x = 3$

C. 既有水平渐近线又有垂直渐近线

D. 既没有水平渐近线又没有垂直渐近线

9. 下列式子正确的是（   ）.

A. $\displaystyle\int \dfrac{1}{x^2}\mathrm{d}x = \dfrac{1}{x} + C$ 　　　　B. $\displaystyle\int \cos x\,\mathrm{d}x = -\sin x + C$

C. $\displaystyle\int \dfrac{1}{\sqrt{1-x^2}}\mathrm{d}x = -\arccos x + C$ 　　D. $\displaystyle\int \tan x\,\mathrm{d}x = \ln|\cos x| + C$

10. 下列式子不正确的是（   ）.

A. $\displaystyle\int \dfrac{f(\sqrt{x})}{\sqrt{x}}\mathrm{d}x = 2\int f(\sqrt{x})\mathrm{d}(\sqrt{x})$ 　　B. $\displaystyle\int \dfrac{f(\ln x)}{x}\mathrm{d}x = \int f(\ln x)\mathrm{d}(\ln x)$

C. $\displaystyle\int \sec^2 x\tan x\,\mathrm{d}x = \int \sec x(\sec x)$ 　　D. $\displaystyle\int 3^x f(3^x)\mathrm{d}x = \int f(3^x)\mathrm{d}(3^x)$

11. 设函数 $f(x)$ 的一个原函数是 $\sin x$，则 $\displaystyle\int x f'(x)\mathrm{d}x = ($ $)$.

A. $x\cos x + \sin x + C$ 　　　　　B. $x\cos x - \sin x + C$

C. $x\sin x + \cos x + C$ 　　　　　D. $-x\cos x + \sin x + C$

12. $\displaystyle\int \dfrac{1}{x^2 + 2x - 3}\mathrm{d}x = ($ $)$.

A. $\dfrac{1}{4}\ln\left|\dfrac{x-1}{x+3}\right| + C$ 　　　　B. $\dfrac{1}{4}\ln\left|\dfrac{x+3}{x-1}\right| + C$

C. $\dfrac{1}{2}\ln\left|\dfrac{x-1}{x+3}\right| + C$ 　　　　D. $\dfrac{1}{2}\ln\left|\dfrac{x+3}{x-1}\right| + C$

13. 函数 $f(x)$ 在区间 $[a,b]$ 上连续是 $f(x)$ 在区间 $[a,b]$ 上可积的（   ）.

A. 必要条件   B. 充分条件

C. 充要条件   D. 既非充分也非必要

14. 若函数 $f(x)$ 在区间 $[1,3]$ 上连续，并且在该区间上的平均值是 5，则 $\displaystyle\int_1^3 f(x)\mathrm{d}x = ($ $)$.

A. 5 　　　　　B. 10 　　　　　C. 15 　　　　　D. 20

15. $\displaystyle\int_3^6 \dfrac{x}{\sqrt{x-2}}\mathrm{d}x = ($ $)$.

A. $\dfrac{13}{3}$ 　　　　B. $\dfrac{16}{3}$ 　　　　C. $\dfrac{26}{3}$ 　　　　D. $\dfrac{32}{3}$

16. 曲线 $y=x^2$ 与直线 $x=1$ 及 x 轴所围成的图形绕 x 轴旋转一周形成的旋转体的体积是 (   ).

A. $\dfrac{\pi}{2}$　　　　　B. $\dfrac{\pi}{3}$　　　　　C. $\dfrac{\pi}{4}$　　　　　D. $\dfrac{\pi}{5}$

17. (多选) 下列选项正确的是 (   ).

A. 如果函数 $f(x)$ 在 $x=a$ 处可导, 那么 $f(x)$ 在 $x=a$ 处可微

B. $(1+x)e^x \, dx = d(x^2 e^x)$

C. $y=x^{\cos x}$ $(x>0)$ 的导函数是 $y'=x^{\cos x}\left(\dfrac{\cos x}{x}-\ln x\sin x\right)$

D. $6 \leqslant \displaystyle\int_1^4 (x^2+1)\,dx \leqslant 51$

18. (多选) 下列式子中正确的是 (   ).

A. 利用夹逼定理, 可得 $\displaystyle\lim_{n\to\infty}\dfrac{2^n}{n!}=0$

B. $\displaystyle\int_0^\pi \sqrt{\sin x - \sin^3 x}\,dx = \int_0^{\frac{\pi}{2}} \sqrt{\sin x}\cos x\,dx - \int_{\frac{\pi}{2}}^\pi \sqrt{\sin x}\cos x\,dx$

C. $\dfrac{d}{dx}\left(\displaystyle\int_0^{\frac{\pi}{4}} \cos x\,dx\right) = \dfrac{\sqrt{2}}{2}$

D. 根据对称区间上奇偶函数积分的方法, 可得

$$\int_{-1}^1 (|x|+x)e^{-|x|}\,dx = 2\int_0^1 xe^{-x}\,dx$$

(二) 判断题 (结论对的选 T, 错的选 F, 每小题 2 分, 共 26 分)

19. 如果 $\displaystyle\lim_{x\to a^+} f(x)$ 和 $\displaystyle\lim_{x\to a^-} f(x)$ 都存在, 那么 $f(x)$ 在 $x=a$ 处连续. (   )

20. $x=0$ 是函数 $y=e^{\frac{1}{x}}$ 的第二类间断点. (   )

21. 如果数列 $\{x_n\}$ 极限存在, 那么数列 $\{x_n\}$ 必定有界. (   )

22. 如果 $\displaystyle\lim_{x\to x_0} f(x)$ 和 $\displaystyle\lim_{x\to x_0} g(x)$ 都不存在, 那么 $\displaystyle\lim_{x\to x_0}[f(x)+g(x)]$ 一定不存在. (   )

23. 如果函数 $f(x)$ 在点 x_0 处可微, Δx 是自变量 x 在 x_0 点的增量, 那么当 $\Delta x \to 0$ 时, $\Delta y - dy$ 是 Δx 的高阶无穷小. (   )

24. 函数 $y=\sqrt[3]{x}$ 在 $[-1,1]$ 上满足罗尔定理的条件. (   )

25. $\displaystyle\lim_{x\to\infty}\dfrac{x+\cos x}{x}$ 不能使用洛必达法则计算, 因为 $\dfrac{(x+\cos x)'}{x'}=1-\sin x$ 在 $x\to\infty$ 时极限不存在. (   )

26. $\dfrac{\mathrm{d}}{\mathrm{d}x}\displaystyle\int \sin x\,\mathrm{d}x=\sin x.$ （　　　）

27. 函数 $\sin^2 x$、$\dfrac{1}{2}\cos 2x$ 都是 $\sin 2x$ 的原函数.（　　　）

28. 由参数方程 $\begin{cases}x=t^2\\y=t^3\end{cases}$ 确定的函数的导数 $\dfrac{\mathrm{d}y}{\mathrm{d}x}=\dfrac{2}{3t}.$（　　　）

29. 如果 $|f(x)|$ 在 $[a,b]$ 上可积，那么 $\displaystyle\int_a^b |f(x)|\,\mathrm{d}x\geqslant 0.$（　　　）

30. 设函数 $f(x)$ 在 $[a,b]$ 上具有一阶连续导数，那么曲线 $y=f(x)$ 在区间 $[a,b]$ 上的弧长 $s=\displaystyle\int_a^b \sqrt{1+[f'(x)]^2}\,\mathrm{d}x.$（　　　）

31. 根据定积分的几何意义，$\displaystyle\int_0^1 \sqrt{1-x^2}\,\mathrm{d}x=\dfrac{\pi}{2}.$（　　　）

（三）计算题（每题 5 分，共 20 分）

32. 求不定积分 $\displaystyle\int \mathrm{e}^{\sqrt{x+1}}\,\mathrm{d}x.$

33. 设 $f(x)=\begin{cases}\dfrac{1-\cos ax}{\sin\dfrac{x^2}{4}}+4, & x<0\\[4mm] 6, & x=0\\[4mm] \dfrac{3\displaystyle\int_0^x \tan at^2\,\mathrm{d}t}{\sin x-x}, & x>0\end{cases}$

求：（1）a 取何值时，$f(x)$ 在 $x=0$ 处连续；
（2）a 取何值时，$x=0$ 是 $f(x)$ 的可去间断点.

34. 设 $x>0$，证明不等式：$\ln(1+x)>\dfrac{x}{1+x}.$

35. 设 S_1 是由曲线 $y=x^2$ 与直线 $y=t^2$ $(0<t<1)$ 及 y 轴所围图形的面积，S_2 是由曲线 $y=x^2$ 与直线 $y=t^2$ $(0<t<1)$ 及 $x=1$ 所围图形的面积（如下图所示）. 求：t 取何值时，$S(t)=S_1+S_2$ 取到极小值？极小值是多少？

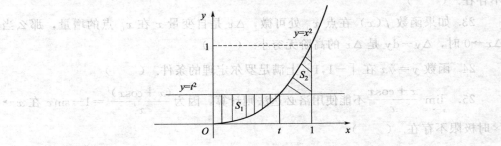

模拟题(二)

(一) 选择题（每题 3 分，共 54 分）

1. 下列函数在给定的极限过程中不是无穷小量的是 （　　）.

A. $x\sin\dfrac{1}{x}$ $(x \to 0)$

B. $\ln(x-1)(x \to 1^+)$

C. $\sqrt{x+1}-\sqrt{x+2}$ $(x \to +\infty)$

D. $\sin x \ln x$ $(x \to 0^+)$

2. 下列极限计算正确的是 （　　）.

A. $\lim\limits_{x \to 0}\dfrac{\sin x}{e^x-1}=0$

B. $\lim\limits_{x \to \infty}\left(1-\dfrac{1}{x}\right)^x=e$

C. $\lim\limits_{x \to \infty}x^2\sin\dfrac{1}{x^2}=0$

D. $\lim\limits_{x \to \infty}\dfrac{2x^3+2x^2+1}{5x^3-3x}=\dfrac{2}{5}$

3. 方程 $x^3-3x+1=0$ 在下列哪个区间内至少有一个实根 （　　）.

A. $(-3,-2)$　　　　B. $(-1,0)$　　　　C. $(0,1)$　　　　D. $(2,3)$

4. 设 $f'(x_0)=1$，则 $\lim\limits_{h \to 0}\dfrac{f(x_0-3h)-f(x_0)}{h}=($　　$)$.

A. -4　　　　B. -3　　　　C. -2　　　　D. -1

5. 函数 $f(x)=\begin{cases}2, & x<0 \\ 0, & x=0 \\ -2, & x>0\end{cases}$，则 $f(x)$ 在 $x=0$ 处 （　　）.

A. 左导数存在　　B. 右导数存在　　　C. 不可导　　　　D. 可导

6. 曲线 $y=2-xe^y$ 在点 $(0,2)$ 处的切线方程为 （　　）.

A. $e^2x+y-2=0$

B. $e^{-2}x+y-2=0$

C. $e^2x+y+2=0$

D. $e^{-2}x-y-2=0$

7. 若 $\dfrac{\mathrm{d}f(x)}{\mathrm{d}x}=x(x-1)$，则 $f(x)$ 在区间 $[1,2]$ 上是 （　　）.

A. 单调递减且是凸的

B. 单调递增且是凸的

C. 单调递减且是凹的

D. 单调递增且是凹的

8. 关于曲线 $y=\dfrac{x^2}{x-2}$ 渐近线的结论正确的是 （　　）.

A. 有水平渐近线 $y=0$

B. 有垂直渐近线 $x=2$

C. 既有水平渐近线又有垂直渐近线

D. 既没有水平渐近线又没有垂直渐近线

9. 下列式子正确的是（ ）.

A. $\int \dfrac{1}{x^3}\mathrm{d}x = \dfrac{2}{x^2} + C$ B. $\int 2^x \mathrm{d}x = 2^x \ln 2 + C$

C. $\int \dfrac{1}{1+x^2}\mathrm{d}x = \arctan x + C$ D. $\int \cot x \mathrm{d}x = \ln|\cos x| + C$

10. 下列式子不正确的是（ ）.

A. $\int f(\sin x)\cos x \mathrm{d}x = \int f(\sin x)\mathrm{d}(\sin x)$ B. $\int \dfrac{f\left(\dfrac{1}{x}\right)}{x^2}\mathrm{d}x = -\int f\left(\dfrac{1}{x}\right)\mathrm{d}\left(\dfrac{1}{x}\right)$

C. $\int \sec^2 x \tan x \mathrm{d}x = \int \tan x \mathrm{d}(\tan x)$ D. $\int x f(x^2)\mathrm{d}x = \int f(x^2)\mathrm{d}(x^2)$

11. 设函数 $f(x)$ 的一个原函数是 e^x，则 $\int x f'(x)\mathrm{d}x = ($ ）.

A. $(x+1)\,\mathrm{e}^x + C$ B. $(x-1)\,\mathrm{e}^x + C$

C. $(x+1)\,\mathrm{e}^{-x} + C$ D. $(1-x)\,\mathrm{e}^{-x} + C$

12. $\int \dfrac{1}{x^2 - 5x + 6}\mathrm{d}x = ($ ）.

A. $\ln\left|\dfrac{x-3}{x-2}\right| + C$ B. $\ln\left|\dfrac{x-2}{x-3}\right| + C$

C. $\dfrac{1}{5}\ln\left|\dfrac{x-3}{x-2}\right| + C$ D. $\dfrac{1}{5}\ln\left|\dfrac{x-2}{x-3}\right| + C$

13. 函数 $f(x)$ 在区间 $[a,b]$ 上可积是 $f(x)$ 在区间 $[a,b]$ 上连续的（ ）.

A. 必要条件   B. 充分条件

C. 充要条件   D. 既非充分也非必要条件

14. 若函数 $f(x)$ 在区间 $[1,3]$ 上连续，并且在该区间上的平均值是 3，则 $\int_1^3 f(x)\mathrm{d}x = ($ ）.

A. 3   B. 6   C. 9   D. 12

15. $\int_4^7 \dfrac{x}{\sqrt{x-3}}\mathrm{d}x = ($ ）.

A. $\dfrac{13}{3}$ B. $\dfrac{16}{3}$ C. $\dfrac{26}{3}$ D. $\dfrac{32}{3}$

16. 曲线 $y = x^3$ 与直线 $x = 1$ 及 x 轴所围成的图形绕 x 轴旋转一周形成的旋转体的体积是（ ）.

A. $\dfrac{\pi}{4}$ B. $\dfrac{\pi}{5}$ C. $\dfrac{\pi}{7}$ D. $\dfrac{\pi}{8}$

17. （多选）下列选项正确的是（ ）.

A. 如果函数 $f(x)$ 在 $x=a$ 处可微，那么 $f(x)$ 在 $x=a$ 处可导

B. $2 \leqslant \int_0^2 (x^3+1)\mathrm{d}x \leqslant 18$

C. $y=x^x \ (x>0)$ 的导函数是 $y'=x^x(1+\ln x)$

D. $\dfrac{2x}{\sqrt{1+x^2}}\mathrm{d}x=\mathrm{d}(\sqrt{1+x^2})$

18. （多选）下列式子中正确的是（ ）.

A. $\dfrac{\mathrm{d}}{\mathrm{d}x}\left(\int_0^{\frac{\pi}{4}}\sin x\,\mathrm{d}x\right)=\dfrac{\sqrt{2}}{2}$

B. $\displaystyle\int_0^{2\pi}\sqrt{\cos x-\cos^3 x}\,\mathrm{d}x=\int_0^\pi\sqrt{\cos x}\sin x\,\mathrm{d}x-\int_\pi^{2\pi}\sqrt{\cos x}\sin x\,\mathrm{d}x$

C. 利用夹逼定理，可得 $\lim\limits_{n\to\infty}\sqrt[n]{1+3^n+5^n}=5$

D. 根据对称区间上奇偶函数积分的方法，可得

$$\int_{-1}^1(|x|+x)\cos x\,\mathrm{d}x=2\int_{-1}^1 x\cos x\,\mathrm{d}x$$

（二）判断题（结论对的选 T，错的选 F，每小题 2 分，共 26 分）

19. 如果 $\lim\limits_{x\to a^+}f(x)$ 和 $\lim\limits_{x\to a^-}f(x)$ 相等，那么 $f(x)$ 在 $x=a$ 处连续.（ ）

20. $x=1$ 是函数 $y=\mathrm{e}^{\frac{1}{x-1}}$ 的第二类间断点.（ ）

21. 如果数列 $\{x_n\}$ 有界，那么数列 $\{x_n\}$ 必有极限.（ ）

22. 如果 $f(x)$ 和 $g(x)$ 在点 x_0 处不连续，那么 $f(x)+g(x)$ 在点 x_0 处不连续.（ ）

23. 如果函数 $f(x)$ 在点 x_0 处可微，Δx 是自变量 x 在 x_0 点的增量，那么当 $\Delta x\to 0$ 时，$\Delta y-\mathrm{d}y$ 是 Δx 的同阶无穷小.（ ）

24. 函数 $y=\sqrt[3]{x}$ 在 $[-2,2]$ 上满足罗尔定理的条件.（ ）

25. $\lim\limits_{x\to\infty}\dfrac{x-\cos x}{x}$ 不能使用洛必达法则计算，因为 $\dfrac{(x-\cos x)'}{x'}=1+\sin x$ 在 $x\to\infty$ 时极限不存在.（ ）

26. $\dfrac{\mathrm{d}}{\mathrm{d}x}\int\cos x\,\mathrm{d}x=\cos x$.（ ）

27. 函数 $\sin^2 x$、$-\cos^2 x$ 都是 $\sin 2x$ 的原函数.（ ）

28. 由参数方程 $\begin{cases}x=\mathrm{e}^t \\ y=\mathrm{e}^{-t}\end{cases}$ 确定的函数的导数 $\dfrac{\mathrm{d}y}{\mathrm{d}x}=-\mathrm{e}^{2t}$.（ ）

29. 如果 $f^2(x)$ 在 $[a,b]$ 上可积，那么 $\int_a^b f^2(x)\mathrm{d}x\geqslant 0$.（ ）

30. 设函数 $f(x)=x^3$ 在 $[a,b]$ 上的弧长 $s=\int_a^b \sqrt{1+9x^4}\,dx$. （　　　）

31. 根据定积分的几何意义，$\int_{-1}^1 \sqrt{1-x^2}\,dx=\dfrac{\pi}{2}$. （　　　）

（三）计算题（每题 5 分，共 20 分）

32. 求不定积分 $\displaystyle\int \sin\sqrt{x}\,dx$.

33. 设 $f(x)=\begin{cases}\dfrac{1-\cos ax}{\sin^2\dfrac{x}{2}}+4, & x<0 \\[3mm] 6, & x=0 \\[3mm] \dfrac{12\displaystyle\int_0^{x^2} at\,dt}{-x^2\ln(1+x^2)}, & x>0\end{cases}$

求：（1）a 取何值时，$f(x)$ 在 $x=0$ 处连续；

（2）a 取何值时，$x=0$ 是 $f(x)$ 的可去间断点 .

34. 设 $x>0$，证明不等式：$\ln(1+x)<x$.

35. 设 S_1 是由曲线 $y=x^3$ 与直线 $y=t^3$ （$0<t<1$）及 y 轴所围图形的面积，S_2 是由曲线 $y=x^3$ 与直线 $y=t^3$ （$0<t<1$）及 $x=1$ 所围图形的面积（如下图所示）。求：t 取何值时，$S(t)=S_1+S_2$ 取到极小值？极小值是多少？

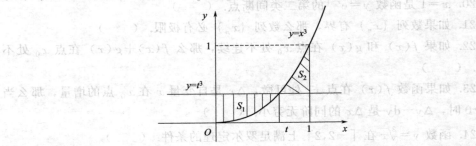

模拟题(三)

（一）选择题（每题 3 分，共 54 分）

1. 下列函数在给定的极限过程中不是无穷小量的是（　　　）.

A. $\dfrac{1}{x}\arctan x$ （$x\to 0$）　　　　B. $\ln(x-2)$ （$x\to 2^+$）

C. $\sqrt{x}-\sqrt{x+1}$ （$x\to +\infty$）　　　D. $x^2\cot x$ （$x\to 0^+$）

2. 下列极限计算正确的是（　　　）.

A. $\lim\limits_{x\to 0}\dfrac{e^{x}}{1-\cos x}=0$ B. $\lim\limits_{x\to 0}(1-2x)^{\frac{3}{x}}=e^{-\frac{3}{2}}$

C. $\lim\limits_{x\to\infty}\dfrac{\sin(x^{2}-4)}{x-2}=2$ D. $\lim\limits_{x\to\infty}\dfrac{2x^{3}+2x^{2}+1}{5x^{3}-3x}=\dfrac{2}{5}$

3. 方程 $x^{4}-3x^{2}-1=0$ 在下列哪个区间内至少有一个实根（ ）.

A. $(-1,0)$ B. $(0,1)$ C. $(1,2)$ D. $(2,3)$

4. 设 $f'(x_{0})=\dfrac{1}{2}$，则 $\lim\limits_{h\to 0}\dfrac{f(x_{0}-5h)-f(x_{0})}{h}=$（ ）.

A. $-\dfrac{5}{2}$ B. $-\dfrac{2}{5}$ C. $-\dfrac{1}{10}$ D. -10

5. 函数 $f(x)=\begin{cases}3, & x<0\\ 0, & x=0\\ -3, & x>0\end{cases}$，则 $f(x)$ 在 $x=0$ 处（ ）.

A. 左导数存在 B. 右导数存在 C. 不可导 D. 可导

6. 曲线 $y=3-xe^{y}$ 在点 $(0,3)$ 处的切线方程为（ ）.

A. $e^{3}x+y-3=0$ B. $e^{3}x-y+3=0$

C. $e^{-3}x+y-3=0$ D. $e^{-3}x-y+3=0$

7. 若 $\dfrac{df(x)}{dx}=x(x-2)$，则 $f(x)$ 在区间 $[0,1]$ 上是（ ）.

A. 单调递减且是凸的 B. 单调递增且是凸的

C. 单调递减且是凹的 D. 单调递增且是凹的

8. 关于曲线 $y=\dfrac{x^{4}}{x-5}$ 渐近线的结论正确的是（ ）.

A. 有水平渐近线 $y=0$

B. 有垂直渐近线 $x=5$

C. 既有水平渐近线又有垂直渐近线

D. 既没有水平渐近线又没有垂直渐近线

9. 下列式子正确的是（ ）.

A. $\displaystyle\int\dfrac{1}{x^{4}}dx=\dfrac{3}{x^{3}}+C$ B. $\displaystyle\int 5^{x}dx=5^{x}\ln 5+C$

C. $\displaystyle\int\dfrac{1}{\sqrt{1-x^{2}}}dx=-\arccos x+C$ D. $\displaystyle\int\dfrac{2}{\sqrt{x}}dx=\sqrt{x}+C$

10. 下列式子不正确的是（ ）.

A. $\displaystyle\int f(\cos x)\sin x\, dx=\int f(\cos x)d(\cos x)$

B. $\displaystyle\int\dfrac{f\left(\dfrac{1}{x^{2}}\right)}{x^{3}}dx=-\dfrac{1}{2}\int f\left(\dfrac{1}{x^{2}}\right)d\left(\dfrac{1}{x^{2}}\right)$

C. $\int \csc^2 x \cot x \,\mathrm{d}x = -\int \csc x \,\mathrm{d}(\csc x)$

D. $\int x^2 f(x^3) \,\mathrm{d}x = 3\int f(x^3) \,\mathrm{d}(x^3)$

11. 设函数 $f(x)$ 的一个原函数是 $\cos x$，则 $\int x f'(x) \,\mathrm{d}x = ($ $)$.

    A. $-x\sin x + \cos x + C$ B. $-x\sin x - \cos x + C$

    C. $-x\cos x - \sin x + C$ D. $-x\cos x + \sin x + C$

12. $\int \dfrac{1}{x^2 + 5x - 6} \,\mathrm{d}x = ($ $)$.

    A. $\dfrac{1}{7}\ln\left|\dfrac{x-1}{x+6}\right| + C$ B. $\dfrac{1}{7}\ln\left|\dfrac{x+6}{x-1}\right| + C$

    C. $\dfrac{1}{5}\ln\left|\dfrac{x-1}{x+6}\right| + C$ D. $\dfrac{1}{5}\ln\left|\dfrac{x+6}{x-1}\right| + C$

13. 函数 $f(x)$ 在区间 $[a,b]$ 上有界且只有有限个间断点是 $f(x)$ 在区间 $[a,b]$ 上可积的 (   ).

    A. 必要条件   B. 充分条件

    C. 充要条件   D. 既非充分也非必要条件

14. 若函数 $f(x)$ 在区间 $[1,3]$ 上连续，并且在该区间上的平均值是 2，则 $\int_1^3 f(x) \,\mathrm{d}x = ($ $)$.

    A. 4 B. 6 C. 8 D. 10

15. $\int_2^5 \dfrac{x}{\sqrt{x-1}} \,\mathrm{d}x = ($ $)$.

    A. $\dfrac{7}{3}$ B. $\dfrac{10}{3}$ C. $\dfrac{14}{3}$ D. $\dfrac{20}{3}$

16. 曲线 $y = \sqrt{x}$ 与直线 $x = 2$ 及 x 轴所围成的图形绕 x 轴旋转一周形成的旋转体的体积是 (   ).

    A. $\dfrac{\pi}{2}$ B. π

    C. $\dfrac{3\pi}{2}$ D. 2π

17. （多选）下列选项正确的是 (   ).

    A. $\dfrac{3x}{\sqrt{1+x^3}} \,\mathrm{d}x = \mathrm{d}\left(\sqrt{1+x^3}\right)$

    B. 如果函数 $f(x)$ 在 $x = a$ 处可导，那么 $f(x)$ 在 $x = a$ 处连续

    C. $y = x^{\sin x}$ $(x > 0)$ 的导函数是 $y' = x^{\sin x}\left(\dfrac{\sin x}{x} + \ln x \cos x\right)$

D. $\dfrac{\pi}{2} \leqslant \displaystyle\int_0^{\frac{\pi}{2}} (\sin x + 1)\mathrm{d}x \leqslant \pi$

18.（多选）下列式子中正确的是（　　）.

A. 利用夹逼定理，可得 $\displaystyle\lim_{n\to\infty} \sqrt[n]{1+2^n+3^n} = 3$

B. $\dfrac{\mathrm{d}}{\mathrm{d}x}\left(\displaystyle\int_0^2 x^2 \mathrm{d}x\right) = 4$

C. $\displaystyle\int_0^{2\pi} \sqrt{\cos^3 x - \cos^5 x}\,\mathrm{d}x = \int_0^{\pi} \sqrt{\cos^3 x}\,\sin x\,\mathrm{d}x - \int_{\pi}^{2\pi} \sqrt{\cos^3 x}\,\sin x\,\mathrm{d}x$

D. 根据对称区间上奇偶函数积分的方法，可得

$$\int_{-1}^1 (\cos x + \sin x)x^2\,\mathrm{d}x = 2\int_0^1 x^2\cos x\,\mathrm{d}x$$

（二）判断题（结论对的选 T，错的选 F，每小题 2 分，共 26 分）

19. 如果 $\displaystyle\lim_{x\to a^+} f(x)$ 和 $\displaystyle\lim_{x\to a^-} f(x)$ 都存在，那么 $\displaystyle\lim_{x\to a} f(x)$ 存在.（　　）

20. $x=2$ 是函数 $y=\mathrm{e}^{\frac{1}{x-2}}$ 的第二类间断点.（　　）

21. 如果数列 $\{x_n\}$ 有界，那么数列 $\{x_n\}$ 不一定有极限.（　　）

22. 如果 $\displaystyle\lim_{x\to x_0} f(x)$ 存在，$\displaystyle\lim_{x\to x_0} g(x)$ 不存在，那么 $\displaystyle\lim_{x\to x_0}[f(x)+g(x)]$ 一定不存在.（　　）

23. 如果函数 $f(x)$ 在点 x_0 处可微，Δx 是自变量 x 在 x_0 点的增量，那么当 $\Delta x\to 0$ 时，$\Delta y - \mathrm{d}y$ 是 Δx 的低阶无穷小.（　　）

24. 函数 $y=|x|$ 在 $[-1,1]$ 上满足罗尔定理的条件.（　　）

25. $\displaystyle\lim_{x\to\infty}\dfrac{x+\sin x}{x-\cos x}$ 不能使用洛必达法则计算，因为 $\dfrac{(x+\sin x)'}{(x-\cos x)'} = \dfrac{1+\cos x}{1+\sin x}$ 在 $x\to\infty$ 时极限不存在.（　　）

26. $\dfrac{\mathrm{d}}{\mathrm{d}x}\displaystyle\int \tan x\,\mathrm{d}x = \tan x$.（　　）

27. 函数 $-\cos^2 x$、$\dfrac{1}{2}\cos 2x$ 都是 $\sin 2x$ 的原函数.（　　）

28. 由参数方程 $\begin{cases} x=\sin t \\ y=\cos t \end{cases}$ 确定的函数的导数 $\dfrac{\mathrm{d}y}{\mathrm{d}x} = -\cot t$.（　　）

29. 如果 $f(x)$ 在 $[a,b]$ 上可积且 $f(x)\geqslant 0$，那么 $\displaystyle\int_a^b f(x)\mathrm{d}x \geqslant 0$.（　　）

30. 设函数 $f(x)=x^2$ 在 $[a,b]$ 的弧长 $s=\displaystyle\int_a^b \sqrt{1+4x^2}\,\mathrm{d}x$.（　　）

31. 根据定积分的几何意义，$\displaystyle\int_0^2 \sqrt{4-x^2}\,\mathrm{d}x = 2\pi$.（　　）

（三）计算题（每题 5 分，共 20 分）

32. 求不定积分 $\int \cos\sqrt{x}\,\mathrm{d}x$.

33. 设 $f(x)=\begin{cases} \dfrac{2\sin^2 ax+4x^2}{\mathrm{e}^{x^2}-1}, & x<0 \\ 6, & x=0 \\ \dfrac{6\int_0^x \sin at^2\,\mathrm{d}t}{x-\tan x}, & x>0 \end{cases}$

求：（1） a 取何值时，$f(x)$ 在 $x=0$ 处连续；

（2） a 取何值时，$x=0$ 是 $f(x)$ 的可去间断点.

34. 设 $x>0$，证明不等式：$\mathrm{e}^x>1+x$.

35. 设 S_1 是由曲线 $y=\sqrt{x}$ 与直线 $y=\sqrt{t}$ （$0<t<1$）及 y 轴所围图形的面积，S_2 是由曲线 $y=\sqrt{x}$ 与直线 $y=\sqrt{t}$ （$0<t<1$）及 $x=1$ 所围图形的面积（如下图所示）. 求：t 取何值时，$S(t)=S_1+S_2$ 取到极小值？极小值是多少？

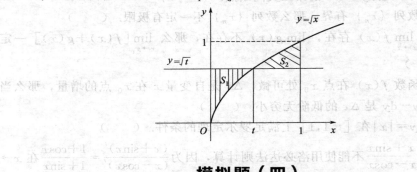

模拟题（四）

（一）选择题（每题 3 分，共 54 分）

1. 下列函数在给定的极限过程中不是无穷小量的是（　　）.

A. $\dfrac{1}{x}\operatorname{arccot}x$ （$x\to\infty$）　　　　B. $\ln(1-x)$ （$x\to 1^-$）

C. $\sqrt{x^2+1}-x$ （$x\to+\infty$）　　　　D. $\sin^2 x\cot x$ （$x\to 0$）

2. 下列极限计算正确的是（　　）.

A. $\lim\limits_{x\to 0}\dfrac{\tan x}{\ln(1+x)}=0$　　　　B. $\lim\limits_{x\to\infty}\left(\dfrac{x+1}{x+2}\right)^{x+3}=\mathrm{e}^{\frac{1}{2}}$

C. $\lim\limits_{x\to\infty}(x-1)\sin\dfrac{1}{x-1}=0$　　　　D. $\lim\limits_{x\to\infty}\dfrac{3x^4+2x^2+1}{6x^4-3x}=\dfrac{1}{2}$

3. 方程 $x^5-5x-2=0$ 在下列哪个区间内至少有一个实根（　　）.

A. $(-1,0)$　　　　B. $(-3,-2)$　　　　C. $(0,1)$　　　　D. $(2,3)$

4. 设 $f'(x_0)=1$，则 $\lim\limits_{h\to 0}\dfrac{f(x_0-h)-f(x_0)}{2h}=$（　　）.

A. -2　　　　B. -1　　　　C. $-\dfrac{1}{2}$　　　　D. 2

5. 函数 $f(x)=\begin{cases}x+2,x<0\\0,\quad x=0,\\x-2,x>0\end{cases}$ 则 $f(x)$ 在 $x=0$ 处（　　）.

A. 左导数存在　　　B. 右导数存在　　　C. 不可导　　　D. 可导

6. 曲线 $y=xe^y+2$ 在点 $(0,2)$ 处的切线方程为（　　）.

A. $e^2x-y+2=0$　　　　　　B. $e^{-2}x-y+2=0$

C. $e^2x+y+2=0$　　　　　　D. $e^{-2}x+y+2=0$

7. 若 $\dfrac{\mathrm{d}f(x)}{\mathrm{d}x}=(x-1)(x-2)$，则 $f(x)$ 在区间 $[2,3]$ 上是（　　）.

A. 单调递减且是凸的　　　　　B. 单调递增且是凸的
C. 单调递减且是凹的　　　　　D. 单调递增且是凹的

8. 关于曲线 $y=\dfrac{x^3}{x^2-2}$ 渐近线的结论正确的是（　　）.

A. 有水平渐近线 $y=0$

B. 有垂直渐近线 $x=\sqrt{2}$ 和 $x=-\sqrt{2}$

C. 既有水平渐近线又有垂直渐近线

D. 既没有水平渐近线又没有垂直渐近线

9. 下列式子正确的是（　　）.

A. $\displaystyle\int \sqrt[3]{x}\,\mathrm{d}x=\dfrac{4}{3}\sqrt[3]{x^4}+C$　　　　B. $\displaystyle\int 5^x\,\mathrm{d}x=5^x\ln5+C$

C. $\displaystyle\int \dfrac{1}{4+x^2}\,\mathrm{d}x=-\dfrac{1}{2}\text{arccot}\dfrac{x}{2}+C$　　D. $\displaystyle\int \sec x\,\mathrm{d}x=\ln|\sec x-\tan x|+C$

10. 下列式子不正确的是（　　）.

A. $\displaystyle\int f(\sin^2x)\sin2x\,\mathrm{d}x=\int f(\sin^2x)\mathrm{d}(\sin^2x)$

B. $\displaystyle\int \dfrac{f(\arcsin x)}{\sqrt{1-x^2}}\,\mathrm{d}x=\int f(\arcsin x)\mathrm{d}(\arcsin x)$

C. $\displaystyle\int \csc^2x\cot x\,\mathrm{d}x=-\int \cot x\,\mathrm{d}(\cot x)$

D. $\displaystyle\int e^{-x}f(e^{-x})\,\mathrm{d}x=\int f(e^{-x})\mathrm{d}(e^{-x})$

11. 设函数 $f(x)$ 的一个原函数是 $\sin 2x$，则 $\int xf'(x)dx =$（ ）.

 A. $2x\cos 2x + \sin 2x + C$ B. $2x\cos 2x - \sin 2x + C$

 C. $2x\sin x + \cos 2x + C$ D. $2x\sin x - \cos 2x + C$

12. $\int \dfrac{1}{x^2 - 5x + 6}dx =$（ ）.

 A. $\ln\left|\dfrac{x-3}{x-2}\right| + C$ B. $\ln\left|\dfrac{x-2}{x-3}\right| + C$

 C. $-\dfrac{1}{5}\ln\left|\dfrac{x-3}{x-2}\right| + C$ D. $-\dfrac{1}{5}\ln\left|\dfrac{x-2}{x-3}\right| + C$

13. 关于定积分的定义，下列结论错误的是（ ）.

 A. 定积分的值与积分变量用什么符号表示有关

 B. 定积分的值与被积函数有关

 C. 定积分的值与积分区间 $[a,b]$ 有关

 D. $\lim\limits_{\lambda \to 0}\sum\limits_{i=1}^{n} f(\xi_i)\Delta x_i$ 存在与区间 $[a,b]$ 的分法及 ξ_i 的取法无关

14. 若函数 $f(x)$ 在区间 $[2,6]$ 上连续，并且在该区间上的平均值是 3，则 $\int_2^6 f(x)dx =$（ ）.

 A. 4   B. 8   C. 12   D. 16

15. $\int_1^5 \dfrac{x}{\sqrt{2x-1}}dx =$（ ）.

 A. $\dfrac{13}{3}$ B. $\dfrac{16}{3}$ C. $\dfrac{26}{3}$ D. $\dfrac{32}{3}$

16. 曲线 $y = \sin x$（$0 \leqslant x \leqslant \pi$）与 x 轴所围成的图形绕 x 轴旋转一周形成的旋转体的体积是（ ）.

 A. $\dfrac{\pi^2}{8}$ B. $\dfrac{\pi^2}{6}$ C. $\dfrac{\pi^2}{4}$ D. $\dfrac{\pi^2}{2}$

17. （多选）下列选项正确的是（ ）.

 A. 如果函数 $f(x)$ 在 $x = a$ 处不可导，那么 $f(x)$ 在 $x = a$ 处不连续

 B. $(2+x)e^{2x}dx = d(xe^{2x})$

 C. $y = (\sin x)^x$（$0 < x < \pi$）的导函数是 $y' = (\sin x)^x (x\cot x + \ln\sin x)$

 D. $\dfrac{\pi}{2} \leqslant \int_0^{\frac{\pi}{2}} (1 + \cos x)dx \leqslant \pi$

18. （多选）下列式子中正确的是（ ）.

 A. 利用夹逼定理，可得 $\lim\limits_{n \to \infty} \sqrt[n]{1 + 3^n + 4^n} = 4$

B. $\int_0^\pi \sqrt{\sin^3 x - \sin^5 x}\,\mathrm{d}x = \int_0^{\frac{\pi}{2}} \sqrt{\sin^3 x}\,\cos x\,\mathrm{d}x - \int_{\frac{\pi}{2}}^\pi \sqrt{\sin^3 x}\,\cos x\,\mathrm{d}x$

C. $\dfrac{\mathrm{d}}{\mathrm{d}x}\left(\int_1^{\mathrm{e}} \ln x\,\mathrm{d}x\right) = 1$

D. 根据对称区间上奇偶函数积分的方法，可得

$$\int_{-1}^1 (\tan x + \cos x)x^2\,\mathrm{d}x = 2\int_0^1 x^2 \cos x\,\mathrm{d}x$$

（二）判断题（结论对的选 T，错的选 F，每小题 2 分，共 26 分）

19. 如果 $\lim\limits_{x \to a^+} f(x)$ 和 $\lim\limits_{x \to a^-} f(x)$ 相等，那么 $\lim\limits_{x \to a} f(x)$ 不一定存在. （　　　）

20. $x = 3$ 是函数 $y = \mathrm{e}^{\frac{1}{x-3}}$ 的第二类间断点. （　　　）

21. 如果函数 $f(x)$ 在 $x \to 0$ 时有极限，那么 $f(x)$ 必定有界. （　　　）

22. 如果函数 $f(x)$ 在点 x_0 处连续，$g(x)$ 在点 x_0 处不连续，那么 $f(x) + g(x)$ 在点 x_0 处一定不连续. （　　　）

23. 如果函数 $f(x)$ 在点 x_0 处可微，Δx 是自变量 x 在 x_0 点的增量，那么当 $\Delta x \to 0$ 时，$\Delta y - \mathrm{d}y$ 是 Δx 的等价无穷小. （　　　）

24. 函数 $y = |x - 1|$ 在 $[0, 2]$ 上满足罗尔定理的条件. （　　　）

25. $\dfrac{\mathrm{d}}{\mathrm{d}x} \int \cot x\,\mathrm{d}x = \cot x$. （　　　）

26. $\lim\limits_{x \to \infty} \dfrac{x - \sin x}{x + \cos x}$ 不能使用洛必达法则计算，因为 $\dfrac{(x - \sin x)'}{(x + \cos x)'} = \dfrac{1 - \cos x}{1 - \sin x}$ 在 $x \to \infty$ 时极限不存在. （　　　）

27. 函数 $1 + \sin^2 x$、$-\cos^2 x$ 都是 $\sin 2x$ 的原函数. （　　　）

28. 由参数方程 $\begin{cases} x = 1 + t^2 \\ y = 1 + t^3 \end{cases}$ 确定的函数的导数 $\dfrac{\mathrm{d}y}{\mathrm{d}x} = \dfrac{2}{3t}$. （　　　）

29. 如果函数 $f(x)$ 在 $[a, b]$ 上可积且 $f(x) \leqslant 0$，那么 $\int_a^b f(x)\,\mathrm{d}x \leqslant 0$. （　　　）

30. 函数 $f(x) = \sin x$ 在区间 $\left[0, \dfrac{\pi}{2}\right]$ 上的弧长 $S = \int_0^{\frac{\pi}{2}} \sqrt{1 + \cos^2 x}\,\mathrm{d}x$. （　　　）

31. 根据定积分的几何意义，$\int_1^2 \sqrt{1 - (x-1)^2}\,\mathrm{d}x = \dfrac{\pi}{2}$. （　　　）

（三）计算题（每题 5 分，共 20 分）

32. 求不定积分 $\int \sec^2 \sqrt{x}\,\mathrm{d}x$.

33. 设 $f(x)=\begin{cases}\dfrac{6(1-\sqrt{1+2ax^3})}{\ln(1+x^3)}, & x<0 \\[3mm] 6, & x=0 \\[3mm] \dfrac{\displaystyle\int_0^{ax}\sin t\,\mathrm{d}t+\sin^2 x}{x\tan\dfrac{x}{4}}, & x>0\end{cases}$

求：(1) a 取何值时，$f(x)$ 在 $x=0$ 处连续；

(2) a 取何值时，$x=0$ 是 $f(x)$ 的可去间断点.

34. 设 $x>1$，证明不等式：$e^x>ex$.

35. 设 S_1 是由曲线 $y=(x-1)^2$ 与直线 $y=(t-1)^2$（$1<t<2$）及 y 轴所围图形的面积，S_2 是由曲线 $y=(x-1)^2$ 与直线 $y=(t-1)^2$（$1<t<2$）及 $x=1$ 所围图形的面积（如下图所示）. 求：t 取何值时，$S(t)=S_1+S_2$ 取到极小值？极小值是多少？

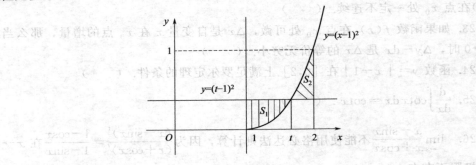

强化练习参考答案

第一章

（一）选择题

1. D; 2. B; 3. B; 4. A; 5. D; 6. A; 7. B;
8. C; 9. B; 10. C; 11. D; 12. C; 13. A; 14. D;
15. A.

（二）填空题

1. $\{1,2\}$; 2. -4 或 -6; 3. $\{y \mid 0 \leqslant y \leqslant 1\}$;
4. -4 或 $2,3$; 5. a,b 至少有一个不为 0;
6. 任何三角形的外角至多有一个钝角;
7. $1+2+2^2+2^3+2^4=31$, $2^{5k}+2^{5k+1}+2^{5k+2}+2^{5k+3}+2^{5k+4}$; 8. 10;
9. 255; 10. 2.

（三）计算题

1. $m=-2$ 或 $m=5$. 2. $a=-1$, $b=1$; $a=1$, $b=1$; $a=0$, $b=-1$.
3. $a=-4$. 4. 证明：设 $a<0$, $\because abc>0$, $\therefore bc<0$, 又由 $a+b+c>0$,
则 $b+c=-a>0$, $\therefore ab+bc+ca=a(b+c)+bc<0$ 与题设矛盾，又若 $a=0$, 则与
$abc>0$ 矛盾，故 $a>0$；同理可证 $b>0$, $c>0$. 5. 略. 6. $a_n=\dfrac{2^n-1}{2^{n-1}}$.

7. 提示：二项式定理展开. 8. 210. 9. $\dfrac{35}{8}$. 10. 22.

第二章

（一）选择题

1. A; 2. A; 3. C; 4. C; 5. A; 6. D; 7. A;

8. C;　　　9. B;　　　10. B;　　　11. B;　　　12. C;　　　13. D;　　　14. C;

15. C.

（二）填空题

1. 1;　　　2. $x^2-2x-8=0$;　　　3. $\pm\dfrac{\sqrt{3}}{2}$;　　　4. -6;　　　5. $\dfrac{-2}{x-2}=1$

（不唯一）;　　　6. $m=-2$ 或 $m=1$;　　　7. $y^2-y-6=0$;　　　8. 0;

9. $\{x\mid-1<x<1$ 或 $x>\sqrt{7}$ 或 $x\leqslant-\sqrt{7}\}$;　　　10. $\{x\mid x<x_1$ 或 $x>x_2\}$.

（三）计算题

1. $x_1=-\dfrac{a-b}{a+b}$, $x_2=\dfrac{a+b}{a-b}$; 2. $k=-2$; 3. 当 $m=1$ 时, $x_1^2+x_2^2$ 的值最小,

且最小值为 3; 4. $x=-3$; 5. $x=4$; 6. $x_1=0$, $x_2=2$; 7. $-4\sqrt{2}\leqslant m\leqslant4\sqrt{2}$;

8. $\begin{cases}x_1=2\\y_1=1\end{cases}$, $\begin{cases}x_2=\dfrac{5}{2}\\y_2=\dfrac{1}{2}\end{cases}$, $\begin{cases}x_3=-1\\y_3=-2\end{cases}$, $\begin{cases}x_4=-\dfrac{1}{2}\\y_4=-\dfrac{5}{2}\end{cases}$; 9. $m\in(-\infty,16]$;

10. $\{x\mid1<x<3\}$.

第三章

（一）选择题

1. A;　　2. B;　　3. D;　　4. C;　　5. B;　　6. C;　　7. C;

8. A;　　9. D;　　10. D;　　11. B;　　12. B;　　13. A;　　14. C;

15. A;　　16. A;　　17. A;　　18. C;　　19. C.

（二）填空题

1. $-\dfrac{\sqrt{2}}{2}$; 2. $-\sqrt{3}<x\leqslant-\sqrt{2}$ 或 $\sqrt{2}\leqslant x<\sqrt{3}$; 3. $x^2-1\ (x\geqslant1)$; 4. $2x-\dfrac{1}{x}$;

5. $(-3,-1)$; 6. $\dfrac{1}{2}$; 7. $(0,1)\bigcup(1,+\infty)$; 8. -1.

（三）计算题

1. $a=\dfrac{1}{3}$, $b=1$. 2. -14. 3. $\dfrac{2}{3}$. 4. $-3<x<1$. 5. 1 或 -5. 6. $\sin\alpha=\dfrac{\sqrt{14}+2}{6}$,

$\cos\alpha = \dfrac{\sqrt{14}-2}{6}$.

7. (1) $-1 < x < 1$. (2) 证明：$f(-x) = \log_a \dfrac{1-x}{1+x} = -\log_a \dfrac{1+x}{1-x} = -f(x)$，故 $f(x)$ 为奇函数. (3) 当 $0 < a < 1$ 时，解集为 $\{x \mid -1 < x < 0\}$；当 $a > 1$ 时，解集为 $\{x \mid 0 < x < 1\}$.

8. (1) $\dfrac{\pi}{6}$；(2) $\dfrac{\pi}{6}$；(3) $-\dfrac{\pi}{3}$；(4) $\dfrac{1}{2}$.

9. $(-4, -1) \cup (1, 4)$. 10. 定义域 $[-1, 2]$，值域 $\left[-\dfrac{\pi}{2}, \dfrac{\pi}{2}\right]$.

11. 单调递增区间 $\left(\dfrac{1}{2}, +\infty\right)$，单调递减区间 $\left(-\infty, \dfrac{1}{2}\right)$.

12. (1) $\dfrac{3}{4}$；(2) $\dfrac{6}{13}$；(3) 2；(4) 22.

13. (1) $-\dfrac{4}{3}$；(2) $-\dfrac{25}{7}$.

14. -1. 15. $T = \pi$，最大值为 2，最小值为 -2.

第四章

（一）选择题

1. A； 2. A； 3. C； 4. A； 5. B； 6. C； 7. C；
8. A； 9. A； 10. B； 11. B； 12. A； 13. B； 14. C；
15. D.

（二）填空题

1. $(9, -24)$；2. -1，3；3. 6；4. $(2, 4)$；5. $2\sqrt{2}$；6. $-i$；

7. $\dfrac{3}{4}\pi$；8. 直线 $y = -x$；9. 2；10. $\dfrac{1+7i}{5}$.

（三）计算题

1. $-\dfrac{7}{12}a + \dfrac{13}{12}b$；2. 略；3. (1) D 点的坐标为 $(5, -4)$，(2) $k = -\dfrac{1}{3}$；

4. 略；5. $-\dfrac{1}{25} - \dfrac{32}{25}i$；6. $a \in (2, 6)$；7. $Z = 0$、$Z = -2 - 2i$、$Z = 3 + 3i$；

8. $\arg \overline{Z} = \dfrac{4\pi}{3}$；9. $Z_1 = \sqrt{3} + 3i$，$Z_2 = -3\sqrt{3} + 3i$；10. $Z = 1 \pm 3i$ 或 $Z = 3 \pm i$.

第五章

（一）选择题

1. C;　　2. B;　　3. C;　　4. D;　　5. D;　　6. C;　　7. C;

8. B;　　9. A;　　10. C;　　11. B;　　12. C;　　13. D;　　14. A;

15. B.

（二）填空题

1. $a_{12}a_{23}a_{32}a_{44}$; 2. 4; 3. 0; 4. -2; 5. 1; 6. 16;

7. 10, $\begin{pmatrix} 3 & 6 & 9 \\ 2 & 4 & 6 \\ 1 & 2 & 3 \end{pmatrix}$; 8. $\boldsymbol{AB} = \boldsymbol{BA}$; 9. $\begin{pmatrix} 13 & 10 \\ -3 & -4 \end{pmatrix}$; 10. $y = x + 1$.

（三）计算题

1. $i=1$, $j=3$, $k=5$, 负; $i=5$, $j=3$, $k=1$, 正. 其中，τ 为逆序数符号;

2. 略; 3. 4; 4. 4;

5. $\begin{pmatrix} 2 & 3 & -2 & 2 \\ 2 & -2 & 1 & -1 \\ \frac{1}{2} & -1 & -\frac{7}{2} & -1 \end{pmatrix}$; 6. $\begin{pmatrix} -\frac{5}{2} & 1 & -\frac{1}{2} \\ 5 & -1 & 1 \\ \frac{7}{2} & -1 & \frac{1}{2} \end{pmatrix}$; 7. $\begin{pmatrix} 2 & 0 & 1 \\ 0 & 3 & 0 \\ 1 & 0 & 2 \end{pmatrix}$;

8. $c_1 \begin{pmatrix} 2 \\ -2 \\ 1 \\ 0 \end{pmatrix} + c_2 \begin{pmatrix} \frac{5}{3} \\ -\frac{4}{3} \\ 0 \\ 1 \end{pmatrix}$ (c_1, $c_2 \in \mathbf{R}$); 9. 方程组无解.

10. $c_1 \begin{pmatrix} \frac{3}{2} \\ \frac{3}{2} \\ 1 \\ 0 \end{pmatrix} + c_2 \begin{pmatrix} -\frac{3}{4} \\ \frac{7}{4} \\ 0 \\ 1 \end{pmatrix} + \begin{pmatrix} \frac{5}{4} \\ -\frac{1}{4} \\ 0 \\ 0 \end{pmatrix}$ (c_1, $c_2 \in \mathbf{R}$).

第六章

（一）选择题

1. C;   2. C;   3. B;   4. D;   5. C;   6. B;   7. A;
8. C;   9. B;   10. B;   11. C;   12. C;   13. A;   14. A;
15. B.

（二）填空题

1. 1;   2. $\sqrt{3}x - y - 3\sqrt{3} + 1 = 0$;   3. 三;   4. $\sqrt{3}x - y + 5 = 0$;

5. $\alpha = \pi - \arctan\dfrac{4}{3}$ 或 $\alpha = \pi - \arccos\dfrac{3}{5}$;   6. $x^2 + (y-2)^2 = 1$;   7. $\sqrt{2}$;

8. $x^2 + (y-1)^2 = 10$;   9. $x^2 + y^2 = 4$;   10. 7;   11. $e = \dfrac{\sqrt{3}}{2}$;

12. $0 < k < 1$;   13. $x^2 - \dfrac{y^2}{9} = 1$ 14. $e = \sqrt{\dfrac{5}{3}}$ 15. $m = 1$;

16. $\dfrac{15}{16}$;   17. $y^2 = -8x$ 或 $x^2 = -y$;

18. $\dfrac{\sqrt{3}}{2}x + \dfrac{1}{2}y = 1$;   19. $\begin{cases} \rho = 2 \\ \theta = \dfrac{5\pi}{3} \end{cases}$;   20. $\dfrac{x^2}{12} + \dfrac{y^2}{18} = 1$.

（三）计算题

1. $\dfrac{x}{10} - \dfrac{y}{6} = 1$;   2. $\theta = \dfrac{\pi}{6}$ 或 $\theta = \dfrac{5\pi}{6}$;

3. $(x-2)^2 + (y-1)^2 = 16$ 或 $\left(x - \dfrac{26}{5}\right)^2 + \left(y - \dfrac{13}{5}\right)^2 = 16$;

4. $x^2 + y^2 - 11x + 3y - 30 = 0$;

5. （1）$3 < k < 9$ 椭圆，（2）$k < 3$ 或 $k > 9$ 双曲线，（3）$k = 6$ 圆;

6. 提示：讨论六种情形（$\alpha = 0$，$\alpha = \dfrac{\pi}{4}$，$\alpha = \dfrac{\pi}{2}$，$0 < \alpha < \dfrac{\pi}{4}$，$\dfrac{\pi}{4} < \alpha < \dfrac{\pi}{2}$，$\dfrac{\pi}{2} < \alpha < \pi$）;

7. $\dfrac{x^2}{3} - y^2 = 1$;   8. $-\dfrac{\sqrt{3}}{2} < k < \dfrac{\sqrt{3}}{2}$;   9. $|MN| = 2\sqrt{6}$;

10. $|AB| = \sqrt{5}$;   11. $\rho = -2\sqrt{2}\cos\theta$;   12. $(x-\sqrt{3})^2 + (y+1)^2 = 4$,

圆心为 ($\sqrt{3}$, -1)、半径为 2 的圆;

13. (1) $y = 1 + 2x$, $(x-1)^2 + (y-1)^2 = 2$, (2) 相交.

第七章

(一) 选择题

1. B; 2. D; 3. A; 4. B; 5. D; 6. C; 7. D;

8. C; 9. B; 10. C; 11. D; 12. B.

(二) 填空题

1. $|A|+1$; 2. 2; 3. $\dfrac{4}{7}$; 4. 1; 5. $e^{\frac{2}{3}}$; 6. 2; 7. $a=3$; 8. $k=-2$;

9. 第一类,可去; 10. $a=1$.

(三) 判断题

1. F; 2. T; 3. T; 4. T; 5. T; 6. F;

7. T; 8. T; 9. T; 10. T; 11. F; 12. F.

(四) 计算题

1. $-\dfrac{1}{2}$; 2. $\dfrac{1-b}{1-a}$; 3. 1; 4. -1; 5. ∞; 6. $\dfrac{m}{n}$;

7. $\dfrac{1}{e}$; 8. e^4; 9. 2; 10. 216 11. -1; 12. $\dfrac{1}{2}$;

13. 0, $\dfrac{1}{2}$, $\dfrac{1}{3}$; 14. e^3; 15. -3; 16. -2; 17. $-3\ln 2$.

(五) 讨论题

1. $x=0$ 为函数的跳跃间断点, $x=1$ 为函数的第二类间断点.

2. $x=0$ 为函数的跳跃间断点.

3. 函数 $f(x)$ 在 $x=\dfrac{1}{2}$ 处连续, 故函数 $f(x)$ 在其定义域内连续.

4. $k=1$.

(六) 证明题

1. 提示: 设 $f(x) = x2^x - 1$, 由零点定理得证.

2. 提示: 设 $F(x) = f(x) - x$, 则 $F(x)$ 在 $[a,b]$ 内连续, 且 $F(a) =$

$f(a)-a<0$，$F(b)=f(b)-b>0$，则由零点定理可知：$\exists \xi \in (a,b)$，使 $f(\xi)-$
$\xi=0$，得证.

第八章

（一）选择题

1. A；　　2. D；　　3. A；　　4. B；　　5. B；　　6. C；　　7. D；

8. D；　　9. B；　　10. D；　　11. A；　12. B；　13. D；　14. A；

15. B；　　16. B；　　17. C；　　18. D.

（二）填空题

1. -3；　2. $y'=\dfrac{a}{1+ax}$，$y''=-\left(\dfrac{a}{1+ax}\right)^2$；

3. $4[\cos^2 2x f''(\sin 2x)-\sin 2x f'(\sin 2x)]$；

4. $\dfrac{2e^y+3x^2}{1-2xe^y}$；　5. $x^{\sin x}\left(\cos x \ln x+\dfrac{\sin x}{x}\right)$；　6. $y-\dfrac{\pi}{4}=\dfrac{1}{2}(x-1)$；

7. $y+2x-1=0$；　8. $f'(0)$；　9. 3；　10. $(\arctan x+C)$ 或 $(-\operatorname{arccot} x+C)$.

（三）判断题

1. F；　　2. F；　　3. F；　　4. F；　　5. T；　　6. T；　　7. T；

8. F；　　9. F；　　10. T.

（四）计算题

1. 利用左、右导数定义得：$f'(0)=0$；　　　　　　2. $y'=3^{\sin x}(\ln 3)\cos x$；

3. $y'=\dfrac{1}{1-\sin x}+2x\sec^2 x \tan x$；　4. $y'=\dfrac{2}{1-x^2}$；

5. $y'=\dfrac{2x}{1+x^2}$，$y''=\dfrac{2-2x^2}{(1+x^2)^2}$；　6. $y'=\left(\dfrac{x}{1+x}\right)^x\left[\left(\dfrac{1}{1+x}\right)+\ln\left(\dfrac{x}{1+x}\right)\right]$；

7. $y'=(\tan x)^{\sin x}[\cos x \ln(\tan x)+\sec x]$；　　　8. $y'|_{(2,0)}=-\dfrac{1}{2}$；

9. $y'=\dfrac{(x+1)^2\sqrt[3]{3x-2}}{\sqrt[3]{(x-1)^2}}\left[\dfrac{2}{x+1}+\dfrac{1}{3x-2}-\dfrac{2}{3(x-1)}\right]$；　　　10. $\dfrac{dy}{dx}\bigg|_{t=\frac{\pi}{2}}=-1$；

11. $y'=\dfrac{2xy}{3y^2-x^2}$；　　12. $y''(x)=\dfrac{3}{4t}$；

13. $\lim\limits_{x\to 0}x\arctan\dfrac{1}{x}=0=f(0)$，$f(x)$ 在 $x=0$ 处连续，

$f'_-(0)=-\dfrac{\pi}{2}\neq f'_+(0)=\dfrac{\pi}{2}$，$f(x)$ 在 $x=0$ 处不可导；

14. $a=2$，$b=-1$，$f'(x)=\begin{cases}2e^{2x}, & x\leqslant 0 \\ 2\cos 2x, & x>0\end{cases}$，$f'(0)=2$.

（五）应用题

1. 切线方程为 $2x-y=0$，法线方程为 $x+2y=0$；　　2. 点 $(-1,-2)$，$x+y+3=0$；

3. $a=2$，$b=-3$；　　4. 切线方程为 $x+2y-3=0$，法线方程为 $2x-y-1=0$；

5. $a=\dfrac{e}{2}-2$，$b=1-\dfrac{e}{2}$，$c=1$.

第九章

（一）选择题

1. A；　　2. B；　　3. C；　　4. B；　　5. C；　　6. B；　　7. A；

8. C；　　9. B；　　10. D；　　11. A；　　12. C；　　13. B；　　14. C；

15. B；　　16. A；　　17. B；　　18. D；　　19. B；　　20. A；　　21. A；

22. A；　　23. D；　　24. C；　　25. B；　　26. D.

（二）填空题

1. $(0,0)$，$\left(\dfrac{2}{3},-\dfrac{16}{27}\right)$；　　2. -8；　　3. $-\dfrac{3}{2}$，$\dfrac{9}{2}$；　　4. $\left(\dfrac{1}{2},+\infty\right)$；

5. 3，1；　　6. $\dfrac{\pi}{2}$；　　7. $y=1$，$x=\pm 1$.

（三）判断题

1. F；　　2. T；　　3. T；　　4. T；　　5. T；　　6. F；　　7. F；

8. F.

（四）计算题

1. 4；　　2. $\dfrac{1}{2}$；　　3. $-\dfrac{1}{8}$；　　4. e；

5. $(-\infty,-1)$，$\left(-\dfrac{1}{2},1\right)$ 为单调递减区间，$\left(-1,-\dfrac{1}{2}\right)$，$(1,+\infty)$ 为单调递

增区间，在 $x=\pm1$ 处取得极小值 0，在 $x=-\dfrac{1}{2}$ 处取得极大值 $\dfrac{9}{8}\sqrt[3]{2}$；

6. $a=2$，$b=-3$，$c=1$，$d=2$；   7.

x	$(-\infty,-\sqrt{3})$	$-\sqrt{3}$	$(-\sqrt{3},-1)$	-1	$(-1,0)$	0	$(0,1)$	1	$(1,\sqrt{3})$	$\sqrt{3}$	$(\sqrt{3},+\infty)$
$f'(x)$	$-$		$-$	0	$+$		$+$	0	$-$		$-$
$f''(x)$	$-$	0	$+$		$+$	0	$-$		$-$	0	$+$
$f(x)$	减、凸	拐点	减、凹	极小	增、凹	拐点	增、凸	极大	减、凸	拐点	减、凹

$f_{极小}=f(-1)=-\dfrac{1}{2}$，$f_{极大}=f(1)=\dfrac{1}{2}$，拐点为 $\left(-\sqrt{3},\dfrac{\sqrt{3}}{4}\right)$，$(0,0)$，$\left(\sqrt{3},\dfrac{\sqrt{3}}{4}\right)$；

8. 略.

（五）证明题

1. 略；2. 略；3. 略.

第十章

（一）选择题

1. A；   2. C；   3. A；   4. D；   5. C；   6. B；   7. B；

8. B；   9. B；   10. D；   11. A；   12. C.

（二）填空题

1. $\ln(2+\sin x)+C$；   2. $\dfrac{1}{3}x-\dfrac{1}{3\sqrt{3}}\arctan\sqrt{3}x+C$；

3. $\sqrt{2x+1}\,\mathrm{e}^{\sqrt{2x+1}}-\mathrm{e}^{\sqrt{2x+1}}+C$；   4. $\dfrac{3}{2}(\sin x-\cos x)^{\frac{2}{3}}+C$；

5. $\dfrac{3}{\sqrt{2}}\ln\left|\dfrac{\sqrt{2}+x}{\sqrt{2}-x}\right|+2\ln|2-x^2|-x+C$；

6. $-\dfrac{1}{2}[\ln(x+1)-\ln x]^2+C$；   7. $x\tan x-\dfrac{1}{2}x^2\ln|\cos x|+C$；

8. $x-\arctan x+C$；   9. $\displaystyle\int xf'(x)\mathrm{d}x=(-2x^2-1)\mathrm{e}^{-x^2}+C$；

10. $x-(1+\mathrm{e}^{-x})\ln(1+\mathrm{e}^x)+C$；   11. $x\cot^2 x+\cot x+x+C$；

12. $\dfrac{1}{3}F(3x-5)+C$；   13. $\dfrac{1}{2}\mathrm{e}^{\sqrt{\frac{x}{2}}}$；   14. $\dfrac{1}{x}+C$；   15. $\ln|x|+C$.

（三）判断题

1. T；   2. T；   3. F；   4. T；   5. F；   6. T；   7. T；

8. F；   9. F；   10. T.

（四）计算题

1. $\dfrac{1}{2(1-x)^2}+C$；   2. $x^3+\arctan x+C$；   3. $\dfrac{1}{2}\ln(x^2+4x+8)+C$；

4. $\dfrac{4}{7}x^{\frac{7}{4}}+4x^{\frac{-1}{4}}+C$；   5. $\ln(x+\sqrt{x^2-2x+5})+C$；   6. $-\dfrac{1}{2}\cot x+C$；

7. $x\tan x+\ln|\cos x|+C$；   8. $\tan x-x+C$；   9. $2\sqrt{3-\cos^2 x}+C$；

10. $\arcsin\dfrac{2x-1}{\sqrt{5}}+C$；   11. $\dfrac{2}{9}\sqrt{9x^2-4}-\ln\left|\dfrac{3x-2}{3x+2}\right|+C$；

12. $\dfrac{1}{14}\sin 7x+\dfrac{1}{2}\sin x+C$；   13. $2\sqrt{x}-2\arctan\sqrt{x}+C$；

14. $-\cos x\ln(\tan x)+\ln|\csc x-\cot x|+C$；

15. $\dfrac{1}{2}\ln\left|\dfrac{\sqrt{x+1}-2}{\sqrt{x+1}+2}\right|+C$；   16. $\left(\dfrac{x^3}{3}-x^2\right)\ln x-\dfrac{x^3}{9}+\dfrac{1}{2}x^2+C$.

第十一章

（一）选择题

1. D；   2. B；   3. A；   4. C；   5. A；   6. A；   7. B；

8. D；   9. C；   10. D；   11. A；   12. C；   13. C；   14. B；

15. D；   16. A；   17. A；   18. B；   19. A；   20. D.

（二）填空题

1. 0； 2. $I_1>I_2$； 3. 原函数； 4. $-\dfrac{1}{2}$； 5. $\arctan f(3)-\arctan f(1)$； 6. 0；

7. 2π； 8. $\tan t$； 9. $\sin[\varphi(x^2)]^2\varphi'(x^2)\times 2x-\sin[\varphi(x)]^2\varphi'(x)$；   10. 6.

（三）判断题

1. T；   2. F；   3. F；   4. F；   5. F；   6. T；   7. T；

8. F；   9. T；   10. T.

（四）计算题

1. $\dfrac{1}{6}$；　　2. 2；　　3. $\cot t$；

4. $y'=-\dfrac{\cos x}{e^y}$；　　5. $\displaystyle\int_0^x f(t)\,\mathrm{d}t=\begin{cases}\dfrac{x^2}{2}, & x<1\\[2mm]\dfrac{x^3}{3}+\dfrac{1}{6}, & x\geqslant 1\end{cases}$；

6. (1) 0，因为 $\ln\dfrac{1-x}{1+x}$ 是奇函数，(2) 0，因为 $\sin x$ 是奇函数，(3) $2-\dfrac{2}{e}$，

(4) $\dfrac{8}{3}$，(5) $\dfrac{2}{7}$，(6) $3(2^{\frac{1}{3}}-1)$，(7) $\dfrac{1-\ln 2}{2}$，(8) $\dfrac{1}{3}\ln\dfrac{10}{7}$.

（五）证明题

1. 利用换元积分法，令 $x=\dfrac{\pi}{2}-t$；

2. 略；3. 略.

（六）综合题

1. $G(x)=\begin{cases}\dfrac{1}{3}x^3, & 0\leqslant x<1\\[2mm]2x-\dfrac{1}{2}x^2-\dfrac{7}{6}, & 1\leqslant x\leqslant 2\end{cases}$；　2. $\varphi(x)=\begin{cases}0, & x\leqslant 0\\[2mm]\dfrac{x^2}{4}, & 0\leqslant x<2\\[2mm]x-1, & x>2\end{cases}$；

3. $F''(2)=\sqrt{257}$；　　4. $\dfrac{\mathrm{d}y}{\mathrm{d}x}=-\dfrac{\cos x+e^{y+x}}{e^{y+x}}$；

5. $\varphi_{极大}(0)=0$，$\varphi_{极小}(1)=-\dfrac{1}{6}$；　　6. $\displaystyle\int_{-1}^1 (x^2+1)f(x)\,\mathrm{d}x=0$.

第十二章

（一）选择题

1. C；　　2. D；　　3. B；　　4. D；　　5. A；　　6. C；　　7. A；

8. D；　　9. D；　　10. C.

（二）填空题

1. $\displaystyle\int_0^1 (e^y-1)\,\mathrm{d}y$；　　2. $\displaystyle\int_0^{\frac{\pi}{2}}\cos x\,\mathrm{d}x-\int_{\frac{\pi}{2}}^{\frac{3\pi}{2}}\cos x\,\mathrm{d}x+\int_{\frac{3\pi}{2}}^{2\pi}\cos x\,\mathrm{d}x$；

3. $2\displaystyle\int_0^{\sqrt{2}}(2x-x^3)\mathrm{d}x$，$2\displaystyle\int_0^{2\sqrt{2}}\left(\sqrt[3]{y}-\dfrac{y}{2}\right)\mathrm{d}y$；　　4. y；

5. $V=\pi\displaystyle\int_0^1(e^x)^2\mathrm{d}x-\pi\displaystyle\int_0^1(e^{-x})^2\mathrm{d}x$；

6. $\dfrac{\pi^2}{2}$；　7. $\dfrac{16}{3}$；　8. $2\sqrt{5}+\ln(2+\sqrt{5})$.

（三）判断题

1. T；　　2. T；　　3. T.

（四）计算题

1. （1）$\dfrac{1}{2}+\ln 3$，（2）$e+\dfrac{1}{e}-2$，（3）$\dfrac{9}{2}$，（4）$\dfrac{15}{2}-2\ln 2$，（5）$\dfrac{1}{3}$；

2. $\dfrac{1}{2}$；　3. $\dfrac{37}{12}$；　4. π；　5.（1）$\dfrac{1}{6}$，（2）$\dfrac{\pi}{6}$；　6.（1）$\dfrac{1}{6}$，（2）$\dfrac{\pi}{30}$；　7. 12π.

高等数学自测题参考答案

自测题（一）

（一）选择题

1. D；　　2. B；　　3. C；　　4. D；　　5. B.

（二）填空题

1. 12；　2. $a+b$；　3. $-1,3$；　4. $\dfrac{3}{8}\pi$；　5. $\dfrac{-[f'(x)]^2}{f^2(x)}+\dfrac{f''(x)}{f(x)}$.

（三）计算题

1. $\displaystyle\lim_{x\to 0}\frac{1-\cos x^2}{x^3\sin x}=\lim_{x\to 0}\frac{\frac{1}{2}x^4}{x^3\sin x}=\lim_{x\to 0}\frac{\frac{1}{2}x^4}{x^4}=\frac{1}{2}$；

2. $\dfrac{\mathrm{d}y}{\mathrm{d}x}\Big|_{x=0}=\sin 1$；

3. $1+\ln 2-\ln(1+\mathrm{e})$；

4. $\dfrac{\mathrm{d}^2 y}{\mathrm{d}x^2}\Big|_{t=0}=\dfrac{3}{2}$；

5. $\displaystyle\int\frac{\cos x+\sin x}{\sin x-\cos x}\mathrm{d}x=\int\frac{1}{\sin x-\cos x}\mathrm{d}(\sin x-\cos x)=\ln|\sin x-\cos x|+C$；

6. $G(x)=\begin{cases}\dfrac{x^3}{3}, & 0\leqslant x<1 \\[2mm] \dfrac{x^2}{2}-\dfrac{1}{6}, & 1\leqslant x\leqslant 2\end{cases}$；

7. 函数在 $\left(0,\dfrac{1}{2}\right]$ 上单调递减，在 $\left[\dfrac{1}{2},+\infty\right)$ 上单调递增，极值为 $y\left(\dfrac{1}{2}\right)=\dfrac{1}{2}+\ln 2$.

（四）讨论题

$$\lim_{x \to 0} f(x) = \lim_{x \to 0} \frac{1 - \cos 2x}{x} = \lim_{x \to 0} \frac{2x^2}{x} = 0 = f(0), \quad \text{故函数 } f(x) \text{ 在 } x = 0 \text{ 处连续；}$$

又 $\lim\limits_{x \to 0} \dfrac{f(x) - f(0)}{x - 0} = \lim\limits_{x \to 0} \dfrac{\dfrac{1 - \cos 2x}{x}}{x} = \lim\limits_{x \to 0} \dfrac{2x}{x} = 2 = f'(0)$，故函数 $f(x)$ 在 $x = 0$

处可导，所以函数 $f(x)$ 在 $x = 0$ 处既连续又可导.

（五）证明题

提示：设 $f(x) = \arctan x - x - \dfrac{x^3}{3}$，$f'(x) = \dfrac{1}{1 + x^2} - 1 - x^2 = \dfrac{x^4}{1 + x^2}$，当

$x > 0$ 时，$f'(x) > 0$，故函数 $f(x)$ 单调递增，即 $f(x) > f(0) = 0$，所以有

$$\arctan x > x - \frac{x^3}{3}.$$

（六）应用题

1. 生产并销售 q 台电视机的利润 $Q = R - C = -0.01q^2 + 150q - 5000$，令 $Q' = -0.02q + 150 = 0$，得驻点 $q = 7500$，由于 $q = 7500$ 是唯一可能的最值点，因此当生产 $q = 7500$ 台取得的利润最大.

2. 绕 x 轴旋转所成的旋转体的体积

$$V_x = \int_0^1 \pi y^2 \, \mathrm{d}x = \int_0^1 \pi (x^2)^2 \, \mathrm{d}x = \pi \int_0^1 x^4 \, \mathrm{d}x = \frac{\pi}{5}.$$

绕 y 轴旋转所成的旋转体的体积

$$V_y = \int_0^1 (\pi - \pi y) \, \mathrm{d}x = \pi \int_0^1 (1 - y) \, \mathrm{d}x = \pi \left(y - \frac{1}{2} y^2 \right) \Big|_0^1 = \frac{\pi}{2}.$$

自测题（二）

（一）选择题

1. B； 2. B； 3. A； 4. D； 5. B.

（二）填空题

1. e^6； 2. 2； 3. 1； 4. $-\dfrac{3\pi}{2}$； 5. $\left(\dfrac{1}{2}, -\dfrac{1}{2} \right)$.

（三）计算题

1. $\dfrac{1}{2}$；　　2. $y' = -\dfrac{y^2 + \sin(x+y^2)}{2xy + e^y + 2y\sin(x+y^2)}$；

3. 切线方程为 $y = 2x$，法线方程为 $y = -\dfrac{1}{2}x$；　　4. $\dfrac{1}{\cos x} - \tan x + x + C$；

5. $\tan\dfrac{1}{2} + \dfrac{1}{2}(1-e^{-4})$；　　6. $y'(0) = 1$；　　7. $a = \dfrac{\pi}{4}$，$b = 0$；

8. 函数 $f(x)$ 的定义域为 $(-1, +\infty)$，$f'(x) = 2x - 4 + \dfrac{4}{1+x} = \dfrac{2x(x-1)}{1+x}$，令 $f'(x) = 0$，得 $x = 0$，$x = 1$，故函数 $f(x)$ 在区间 $(1, +\infty)$ 和 $(-1, 0)$ 上单调递增，在 $(0, 1)$ 上单调递减，故极大值为 $f(0) = 0$，极小值为 $f(1) = 4\ln 2 - 3$.

（四）讨论题

$$f'_-(0) = \lim_{x \to 0^-} \frac{f(x) - f(0)}{x - 0} = \lim_{x \to 0^-} \frac{\dfrac{x}{1 + e^{\frac{1}{x}}}}{x} = \lim_{x \to 0^-} \frac{1}{1 + e^{\frac{1}{x}}} = 1,$$

$$f'_+(0) = \lim_{x \to 0^+} \frac{f(x) - f(0)}{x - 0} = \lim_{x \to 0^+} \frac{\dfrac{x}{1 + e^{\frac{1}{x}}}}{x} = \lim_{x \to 0^+} \frac{1}{1 + e^{\frac{1}{x}}} = 0,$$ 故函数 $f(x)$ 在点 $x = 0$ 处不可导.

（五）证明题

提示：设 $f(x) = (1-x)e^{2x} - x - 1$，$f'(x) = -2xe^{2x}$，当 $x > 0$ 时，$f'(x) < 0$，故函数 $f(x)$ 单调递减，即 $f(x) < f(0) = 0$，所以有 $(1-x)e^{2x} < 1 + x$.

（六）应用题

1. 由题意知，定价每降低 20 元，住房率便增加 10%，则可以得出房价每降低 1 元，住房率增加 $\dfrac{10\%}{20} = 0.5\%$，设 y 代表宾馆一天总收入，x 表示与 160 相比降低的房价，得到

$$y = 150(160 - x)(55\% + 0.5\% x), 0 \leqslant x \leqslant 90$$

由 $y' = 0$ 得到唯一驻点 $x = 25$，则 $160 - 25 = 135$ 为最大收入时的房价。

当房价为 135 时，最大收入 $y = 13668.75$.

2. 联立方程 $\begin{cases} x = 1 - 2y^2 \\ y = x \end{cases}$ 求得交点 $(-1, -1)$ 和 $\left(\dfrac{1}{2}, \dfrac{1}{2}\right)$ 取 y 为积分变量，积

分区间为 $\left[-1,\dfrac{1}{2}\right]$，所围成图形的面积为

$$S=\int_{-1}^{\frac{1}{2}}(1-2y^2-y)\mathrm{d}y=\left(y-\frac{1}{2}y^2-\frac{2}{3}y^3\right)\Big|_{-1}^{\frac{1}{2}}=\frac{9}{8}.$$

自测题（三）

（一）选择题

1. B；　　2. A；　　3. C；　　4. D；　　5. B.

（二）填空题

1. -2；2. $8\csc^2(2x+1)\cot(2x+1)$；3. $[3,+\infty)$；4. $\arctan(\sin x)+C$；

5. $\dfrac{2}{3}$.

（三）计算题

1. $-\dfrac{1}{6}$；

2. $\dfrac{1}{2}$；

3. $\dfrac{\mathrm{d}y}{\mathrm{d}x}=-\dfrac{y^2+5x^2}{y^2+2xy}$, $\dfrac{\mathrm{d}y}{\mathrm{d}x}\Big|_{x=0}=-1$；

4. $x+\dfrac{1}{x+1}+C$；

5. $x-\dfrac{1}{2}\tan x+C$；

6. $x\,\mathrm{e}^x+C$；

7. $\dfrac{5}{3}$.

（四）讨论题

$a=-1$，$b=-1$.

（五）证明题

提示：由题意，令 $f(x)=x\sin x$，显然 $f(x)$ 在 $[0,\pi]$ 上连续，在 $(0,\pi)$ 内可导，$f(0)=f(\pi)$，由罗尔定理知，在开区间 $(0,\pi)$ 内至少存在一点 ξ，使 $f'(\xi)=0$，即 $\sin\xi+\xi\cos\xi=0$.

（六）应用题

1. $h=\dfrac{20\sqrt{3}}{3}$；　　2. $\dfrac{\mathrm{e}}{2}-1$.

自测题（四）

（一）选择题

1. A；   2. A；   3. C；   4. D；   5. A.

（二）填空题

1. 2；   2. $2x\sec(x^2+1)\tan(x^2+1)$；   3. 2；   4. $-\sqrt{1-x^2}+C$；

5. 2.

（三）计算题

1. $-\dfrac{1}{3}$；   2. e；   3. $\mathrm{d}y=\left(\dfrac{1}{y^2}+1\right)\mathrm{d}x$；

4. 递增区间为 $[0,e]$，递减区间为 $[e,+\infty)$，极大值为 1；

5. $x\tan x+\ln|\cos x|+C$；   6. $-\dfrac{1}{\ln x}+C$；   7. $\dfrac{\pi}{4}-\dfrac{1}{2}\ln 2$；

8. $f(x)=x^2-\dfrac{1}{6}$.

（四）讨论题

$a=2$，$b=-1$.

（五）证明题

提示：由题意，令 $f(t)=\ln(1+t)$，显然 $f(x)$ 在 $[0,x]$ 上连续，在 $(0,x)$ 内可导，由拉格朗日中值定理知，$\ln(1+x)-\ln(1+0)=\dfrac{x}{1+\xi}$，$0<\xi<x$，又 $\dfrac{1}{1+\xi}>\dfrac{1}{1+x}$，所以有 $\ln(1+x)>\dfrac{x}{1+x}$.

（六）应用题

1. $2\left(1-\dfrac{1}{e}\right)$；   2. 2π.

高等数学模拟题参考答案

模拟题（一）

（一）选择题

1. B; 2. D; 3. C; 4. C; 5. C; 6. A; 7. D;
8. B; 9. C; 10. D; 11. B; 12. A; 13. B; 14. B;
15. C; 16. D; 17. ACD; 18. ABD.

（二）判断题

19. F; 20. T; 21. T; 22. F; 23. T; 24. F;
25. T; 26. F; 27. F; 28. F; 29. T; 30. T;
31. F.

（三）计算题

32. $2e^{\sqrt{x+1}}(\sqrt{x+1}-1)+C$（换元积分法，令 $t=\sqrt{x+1}$）.

33. （1）$a=-1$; （2）$a=-2$.

34. 证法 1

提示：设 $f(t)=\ln(1+t)$，函数 $f(t)$ 在 $[0,x]$ 上连续，在 $(0,x)$ 内可导，且 $f'(t)=\dfrac{1}{1+t}$，则至少存在一点 $\xi \in (0,x)$，使得 $f(x)-f(0)=f'(\xi)x$，即

$f(x)-f(0)=\dfrac{1}{1+\xi}x > \dfrac{x}{1+x}$，即证 $\ln(1+x) > \dfrac{x}{1+x}$.

证法 2

提示：设 $f(x)=\ln(1+x)-\dfrac{x}{1+x}$，则 $f'(x)=\dfrac{1}{1+x}-\dfrac{1}{(1+x)^2}=\dfrac{x}{(1+x)^2}$，

当 $x>0$ 时，有 $f'(x)>0$，故函数 $f(x)$ 为单调递增，则 $f(x)>f(0)=0$，即

$\ln(1+x) > \dfrac{x}{1+x}$.

35. $t=\dfrac{1}{2}$，极小值 $s=\dfrac{1}{4}$.

模拟题（二）

（一）选择题

1. B;　　2. D;　　3. C;　　4. B;　　5. C;　　6. A;　　7. D;
8. B;　　9. C;　　10. D;　　11. B;　　12. A;　　13. A;　　14. B;
15. D;　　16. C;　　17. ABC;　　18. BCD.

（二）判断题

19. F;　　20. T;　　21. F;　　22. F;　　23. F;　　24. F;
25. T;　　26. F;　　27. T;　　28. F;　　29. T;　　30. T;
31. F.

（三）计算题

32. $-2\sqrt{x}\cos\sqrt{x}+3\sin\sqrt{x}+C$；（本题采用换元积分法，令 $t=\sqrt{x}$，再进行分部积分）

33. （1）$a=-1$；（2）$a=-2$；

34. 提示：令 $f(x)=\ln(1+x)-x$，当 $x>0$ 时，$f'(x)=\dfrac{1}{1+x}-1=-\dfrac{x}{1+x}<0$，则有 $f(x)$ 在 $(0,+\infty)$ 上单调递减，所以 $f(x)<f(0)=0$，即 $\ln(1+x)<x$；

35. $t=\dfrac{1}{2}$，极小值 $s=\dfrac{2-\sqrt{2}}{3}$.

模拟题（三）

（一）选择题

1. B;　　2. D;　　3. C;　　4. A;　　5. C;　　6. A;　　7. C;
8. B;　　9. C;　　10. D;　　11. B;　　12. A;　　13. B;　　14. A;
15. D;　　16. D;　　17. BCD;　　18. ACD.

（二）判断题

19. F;　　20. T;　　21. T;　　22. T;　　23. F;　　24. F;

25. T；　　26. F；　　27. F；　　28. F；　　29. T；　　30. T；
31. F.

（三）计算题

32. $2\sqrt{x}\sin\sqrt{x}+\cos\sqrt{x}+C$（换元积分法，令 $t=\sqrt{x}$）；

33. （1）$a=-1$，（2）$a=-2$；

34. 提示：设 $f(x)=e^x-x-1$，$f'(x)=e^x-1$，当 $x>0$ 时，$f'(x)>0$，则 $f(x)$ 在 $(0,+\infty)$ 上单调递增，即 $f(x)>f(0)=0$，所以有 $e^x>1+x$；

35. $t=\dfrac{3}{2}$，极小值 $s=\dfrac{1}{4}$.

模拟题（四）

（一）选择题

1. B；　2. D；　3. A；　4. C；　5. C；　6. A；　7. D；
8. B；　9. C；　10. D；　11. B；　12. A；　13. A；　14. C；
15. B；　16. D；　17. CD；　18. ABD.

（二）判断题

19. F；　20. T；　21. F；　22. T；　23. F；　24. F；
25. T；　26. T；　27. F；　28. F；　29. T；　30. T；
31. F.

（三）计算题

32. $2\sqrt{x}\tan\sqrt{x}+2\ln|\cos\sqrt{x}|+C$（换元积分法，令 $t=\sqrt{x}$）；

33. （1）$a=-1$，（2）$a=-2$；

34. 提示：设 $f(x)=e^x-ex$，$f'(x)=e^x-e$，当 $x>1$ 时，$f'(x)>0$，则 $f(x)$ 在 $(1,+\infty)$ 上单调递增，即 $f(x)>f(1)=0$，所以有 $e^x>ex$；

35. $t=\dfrac{1}{2}$，极小值 $s=\dfrac{7}{32}$.